高等应用型人才培养规划教材

Higher Mathematics

高等数学

主　编　逄雅妮　陈　峰
副主编　戚永委　崔增社

電子工業出版社
Publishing House of Electronics Industry
北京 • BEIJING

图书在版编目（CIP）数据

高等数学. 下册 / 逄雅妮，陈峰主编. —北京：电子工业出版社，2020.2

ISBN 978-7-121-38232-1

Ⅰ. ①高… Ⅱ. ①逄… ②陈… Ⅲ. ①高等数学－高等学校－教材 Ⅳ. ①O13

中国版本图书馆 CIP 数据核字（2020）第 009172 号

责任编辑：马　杰
印　　刷：北京虎彩文化传播有限公司
装　　订：北京虎彩文化传播有限公司
出版发行：电子工业出版社
　　　　　北京市海淀区万寿路 173 信箱　　　　邮编：100036
开　　本：787×1092　1/16　　印张：11.75　　字数：198 千字
版　　次：2020 年 2 月第 1 版
印　　次：2025 年 2 月第 3 次印刷
定　　价：33.60 元

凡所购买电子工业出版社图书有缺损问题，请向购买书店调换。若书店售缺，请与本社发行部联系，联系及邮购电话：（010）88254888，88258888。

质量投诉请发邮件至 zlts@phei.com.cn，盗版侵权举报请发邮件至 dbqq@phei.com.cn。

本书咨询联系方式：（0532）67772605，邮箱：majie@phei.com.cn。

目　录

CONTENTS

第6章 定积分及其应用

我们在本章讨论积分学中的另一个基本问题——定积分．它在数学、物理领域中的应用非常多，例如，求平面图形的面积，求变速直线运动的路程等．定积分在经济学等领域中也有广泛的应用．本章将从实例出发引入定积分的概念，然后讨论它的性质，并介绍它的计算方法．

不定积分和定积分从表面上看是两个完全不同的概念，而牛顿和莱布尼茨却先后发现它们之间通过原函数有内在的联系．正是由于这种联系，才使定积分的计算得以简化，从而使得积分成为解决实际问题的有力工具．

6.1 定积分的概念

6.1.1 问题引入

1. 曲边梯形的面积

设 $y=f(x)$ 是区间 $[a,b]$ 上的非负连续函数，则由直线 $x=a$，$x=b$，$y=0$ 与曲线 $y=f(x)$ 所围成的平面图形称为**曲边梯形**，如图 6-1 所示．

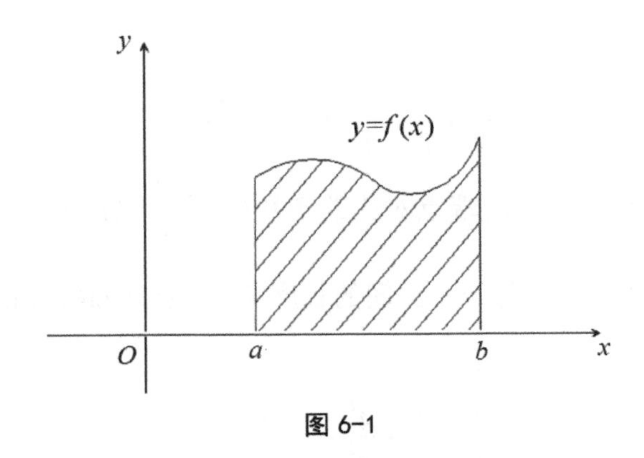

图 6-1

【例 1】如图 6-2 所示，由曲线 $y=x^2$ 和直线 $y=0$，$x=1$ 所围的平面图形称为**曲边三角形**，其中曲线 $y=x^2$ 称为曲边，求这个曲边三角形的面积．

学习心得

学习心得

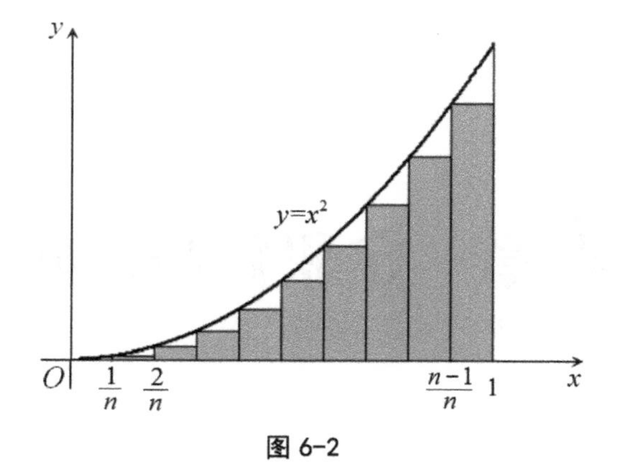

图 6-2

【分析】曲边三角形的面积不能直接用现成的公式来计算．考虑到 $y=x^2$ 在[0,1]上是连续函数，即在[0,1]的一个很小的子区间上，x^2 的值的变化并不大，在这样的子区间上，曲边梯形的形状接近于矩形．我们可以用极限的思想来求曲边三角形的面积，具体步骤为

分割 — 取近似— 求和 — 取极限

(1) 分割

在区间[0,1]中插入 $n-1$ 个分点 $x_1, x_2, \cdots, x_{n-1}$，把区间[0,1] n 等分，每个小区间的长为 $\Delta x=\dfrac{1}{n}$，$x_i=\dfrac{i}{n}$ $(i=1,2,\cdots,n-1)$，另设 $x_0=0$，$x_n=1$．

(2) 取近似

过每个分点 x_i $(i=1,2,\cdots,n)$ 作平行于 y 轴的直线段，把曲边梯形分成 n 个小曲边梯形，每个小曲边梯形可以近似地看成一个矩形．

如果取每个小区间的左端点对应的函数值 $\left(\dfrac{i}{n}\right)^2$ $(i=0,1,2,\cdots,n-1)$ 为其右侧对应的小矩形的高，每个小区间的长度 $\dfrac{1}{n}$ 为矩形的底，则这些小矩形的面积依次为

$$0, \frac{1^2}{n^3}, \frac{2^2}{n^3}, \frac{3^2}{n^3}, \cdots, \frac{(n-1)^2}{n^3}$$

如果取每个小区间的右端点对应的函数值 $\left(\dfrac{i}{n}\right)^2$ $(i=1,2,\cdots,n)$ 为其左侧对应的小矩形的高，每个小区间的长度 $\dfrac{1}{n}$ 为矩形的底，则这些小矩形的面积依次为

$$\frac{1^2}{n^3}, \frac{2^2}{n^3}, \frac{3^2}{n^3}, \cdots, \frac{n^2}{n^3}$$

(3) 求和

把各个小矩形的面积加起来，以所得的和作为曲边三角形面积 S 的近似值．即

$$S_1=0+\frac{1^2}{n^3}+\frac{2^2}{n^3}+\frac{3^2}{n^3}+\cdots+\frac{(n-1)^2}{n^3}=\frac{1^2+2^2+\cdots+(n-1)^2}{n^3}$$
$$=\frac{(n-1)n(2n-1)}{6n^3}=\frac{(n-1)(2n-1)}{6n^2}$$
$$S_2=\frac{1^2}{n^3}+\frac{2^2}{n^3}+\frac{3^2}{n^3}+\cdots+\frac{n^2}{n^3}=\frac{1^2+2^2+\cdots+n^2}{n^3}$$
$$=\frac{(n+1)n(2n+1)}{6n^3}=\frac{(n+1)(2n+1)}{6n^2}$$

(4) 取极限

随着对区间[0,1]的划分逐渐加密，每个小区间的长度越来越小，第(3)步所得的面积 S 的近似值的精确度将不断提高，并逐渐逼近曲边三角形面积的精确值．当 n 趋于无穷大时，两个面积的近似值 S_1 和 S_2 都趋近于 $\frac{1}{3}$．于是可以认定这个曲边三角形的面积就是 $\frac{1}{3}$．(实际上 $S_1\leqslant S\leqslant S_2$．)

下面把上述过程推广应用到一般的曲边梯形，即推广到由连续曲线 $y=f(x)$ $(f(x)\geqslant 0)$，$y=0$，$x=a$，$x=b$ 所围成的平面图形情况(见图 6-3)．

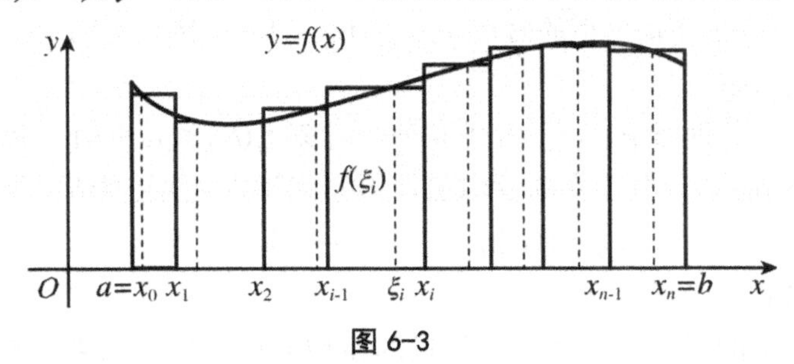

图 6-3

(1) 分割

如图 6-3 所示，在区间$[a,b]$中任意插入若干个分点：

$$a=x_0<x_1<x_2<\cdots<x_{n-1}<x_n=b$$

把$[a,b]$分成 n 个小区间$[x_0,x_1]$，$[x_1,x_2]$，…，$[x_{n-1},x_n]$，第 i 个小区间的长度为 $\Delta x_i=x_i-x_{i-1}\quad(i=1,2,\cdots,n)$．

(2) 取近似

在 $[x_{i-1},x_i]$ 上任取一点 $\xi_i\quad(i=1,2,\cdots,n)$，以 $[x_{i-1},x_i]$ 为底、$f(\xi_i)$ 为高的窄矩形面积近似替代第 i 个窄曲边梯形的面积，即得

$$\Delta A_i=f(\xi_i)\Delta x_i\qquad i=1,2,\cdots,n$$

(3) 求和

把这样得到的 n 个窄矩形面积之和作为所求曲边梯形面积 A 的近似值，即得

学习心得

学习心得

$$A \approx f(\xi_1)\Delta x_1 + f(\xi_2)\Delta x_2 + \cdots + f(\xi_n)\Delta x_n = \sum_{i=1}^{n} f(\xi_i)\Delta x_i$$

(4) 取极限

记 $\lambda=\max\{\Delta x_1, \Delta x_2, \cdots, \Delta x_n\}$，则当 $\lambda \to 0$ 时（这时分段数 n 无限增多，即 $n \to \infty$），取上述和式的极限，便得曲边梯形的面积：

$$A=\lim_{\lambda \to 0}\sum_{i=1}^{n} f(\xi_i)\Delta x_i$$

2. 变速直线运动的路程

【例 2】设某物体作变速直线运动，在时刻 t 的速度 $v=v(t)$ 是时间间隔 $[T_1, T_2]$ 上的连续函数，且 $v(t) \geqslant 0$，计算在这段时间内物体所经过的路程 s.

【分析】对于匀速直线运动，其路程=速度×时间，但现在讨论的问题中，物体的速度不是常量而是随时间变化的变量，所求的路程 s 不能直接按匀速直线运动的路程公式来计算，同样可以考虑用极限的思想来求．具体步骤如下．

(1) 分割

在时间间隔 $[T_1, T_2]$ 内任意插入若干个分点：

$$T_1=t_0 < t_1 < t_2 < \cdots < t_{n-1} < t_n=T_2$$

把 $[T_1, T_2]$ 分成 n 个小的时段 $[t_0, t_1], [t_1, t_2], \cdots, [t_{n-1}, t_n]$．

(2) 取近似

在每个小的时段 $[t_{i-1}, t_i]$ 内任取一个时刻 $\tau_i (t_{i-1} \leqslant \tau_i \leqslant t_i)$，以 τ_i 时的速度 $v(\tau_i)$ 作为 $[t_{i-1}, t_i]$ 上速度的近似值，得到路程 Δs_i 的近似值，即

$$\Delta s_i \approx v(\tau_i)t_i \qquad i=1, 2, \cdots, n$$

(3) 求和

把每个小的时段时间内物体经过的路程的近似值加起来，得到全路程的近似值，即有

$$s \approx \sum_{i=1}^{n} v(\tau_i)\Delta t_i$$

(4) 取极限

记 $\lambda=\max\{\Delta t_1, \Delta t_2, \cdots, \Delta t_n\}$，当 $\lambda \to 0$ 时，取上述和式的极限，就得到在 $[T_1, T_2]$ 时间段上变速直线运动的路程：

$$s=\lim_{\lambda \to 0}\sum_{i=1}^{n} v(\tau_i)\Delta t_i$$

例 1 和例 2 涉及的问题的实际意义虽然不相同，但从数学的角度来看，解决问题的思想和方法是相同的．它们都归结为计算具有相同结构和式的极限．对这一方法进行概括抽象，就得到了定积分的定义．

6.1.2　定积分的定义

定义　设函数 $f(x)$ 在 $[a,b]$ 上有界.

① 设 $a=x_0$，$b=x_n$，在 $[a,b]$ 中任意插入 $n-1$ 个分点 $x_1,x_2,\cdots,x_{n-1}$：

$$a=x_0<x_1<x_2<\cdots<x_{n-1}<x_n=b$$

把区间 $[a,b]$ 分成 n 个小区间：

$$[x_0,x_1],[x_1,x_2],\cdots,[x_{n-1},x_n]$$

每个小区间的长度依次为：

$$\Delta x_1=x_1-x_0,\Delta x_2=x_2-x_1,\cdots,\Delta x_n=x_n-x_{n-1}$$

② 在每个小区间 $[x_{i-1},x_i]$ 上任取一点 ξ_i $(x_{i-1}\leqslant\xi_i\leqslant x_i)$，作乘积：

$$f(\xi_i)\Delta x_i\qquad i=1,2,\cdots,n$$

③ 作和式：

$$\sum_{i=1}^{n}f(\xi_i)\Delta x_i$$

④ 记 $\lambda=\max\{\Delta x_1,\Delta x_2,\cdots,\Delta x_n\}$，列出极限式：

$$\lim_{\lambda\to 0}\sum_{i=1}^{n}f(\xi_i)\Delta x_i$$

如果对 $[a,b]$ 的任意分法以及在小区间 $[x_{i-1},x_i]$ 上 ξ_i 的任意取法，极限 $\lim\limits_{\lambda\to 0}\sum\limits_{i=1}^{n}f(\xi_i)\Delta x_i$ 总是等于同一个定数 I，则称函数 $f(x)$ 在区间 $[a,b]$ 上**可积**，其极限值称为 $f(x)$ 在 $[a,b]$ 上的**定积分**(简称积分)，记为 $\int_a^b f(x)\mathrm{d}x$，即

$$\int_a^b f(x)\mathrm{d}x=\lim_{\lambda\to 0}\sum_{i=1}^{n}f(\xi_i)\Delta x_i$$

其中 $f(x)$ 称为**被积函数**，$f(x)\mathrm{d}x$ 称为**被积表达式**，x 称为**积分变量**，a 称为**积分下限**，b 称为**积分上限**，$[a,b]$ 称为**积分区间**.

利用定积分的定义，前面所讨论的两个具体问题可用定积分表示如下.

① 由直线 $x=a$，$x=b$，$y=0$ 及曲线 $y=f(x)$ $(f(x)\geqslant 0)$ 所围成的曲边梯形的面积为

$$A=\int_a^b f(x)\mathrm{d}x$$

② 物体以变速 $v=v(t)$ $(v(t)\geqslant 0)$ 作直线运动，从 T_1 时刻到 T_2 时刻经过的路程为

$$s=\int_{T_1}^{T_2}v(t)\mathrm{d}t$$

关于定积分的概念，需要注意下面几个问题.

① 定积分 $\int_a^b f(x)\mathrm{d}x$ 是一个**确定的数值**，而不定积分 $\int f(x)\mathrm{d}x$ 却表示由 $f(x)$ 的全体原函数构成的集合，因此定积分与不定积分是完全不相同的两个概念.

学习心得

② $\int_a^b f(x)\mathrm{d}x$ 的值与对闭区间 $[a,b]$ 的分法以及 ξ_i 在每个小区间中的取法均无关，只与被积函数及积分区间有关.

③ $\int_a^b f(x)\mathrm{d}x$ 的值与积分变量用什么字母表示无关，即

$$\int_a^b f(x)\mathrm{d}x=\int_a^b f(t)\mathrm{d}t=\int_a^b f(u)\mathrm{d}u$$

对于定积分，自然有这样一个问题：函数 $f(x)$ 在 $[a,b]$ 上满足怎样的条件才可积？本教材对这个问题不进行深入讨论，只是不加证明地给出以下两个充分条件.

定理 1 如果 $f(x)$ 在区间 $[a,b]$ 上连续，则 $f(x)$ 在 $[a,b]$ 上可积.

定理2 如果 $f(x)$ 在区间 $[a,b]$ 上有界，且只有有限个间断点，则 $f(x)$ 在 $[a,b]$ 上可积.

6.1.3 定积分的几何意义

① 若连续函数 $f(x)$ 在 $[a,b]$ 上非负，即 $f(x)\geqslant 0$，则定积分 $\int_a^b f(x)\mathrm{d}x$ 表示由曲线 $y=f(x)$，直线 $x=a$，$x=b$，以及 x 轴所围成的曲边梯形的面积 A，如图 6-4 所示.

② 若连续函数 $f(x)$ 在 $[a,b]$ 上非正，即 $f(x)\leqslant 0$，则定积分 $\int_a^b f(x)\mathrm{d}x$ 表示由曲线 $y=f(x)$，直线 $x=a$，$x=b$，以及 x 轴所围成的曲边梯形的面积 A 的相反数$-A$，如图 6-5 所示.

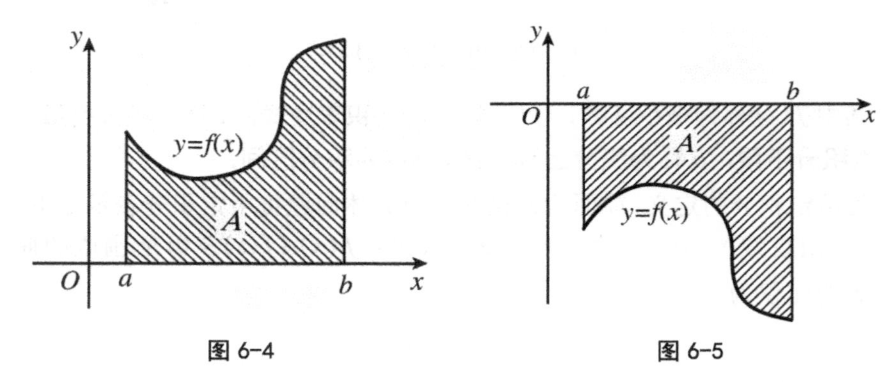

图 6-4　　图 6-5

③ 若连续函数 $f(x)$ 在 $[a,b]$ 上既能取得正值又能取得负值，即函数 $f(x)$ 的图形某些部分在 x 轴的上方，而其他部分在 x 轴的下方，如图 6-6 所示，则定积分 $\int_a^b f(x)\mathrm{d}x$ 表示由曲线 $y=f(x)$，直线 $x=a$，$x=b$，以及 x 轴所围成的曲边梯形的面积的代数和，即有

$$\int_a^b f(x)\mathrm{d}x=A_1-A_2+A_3$$

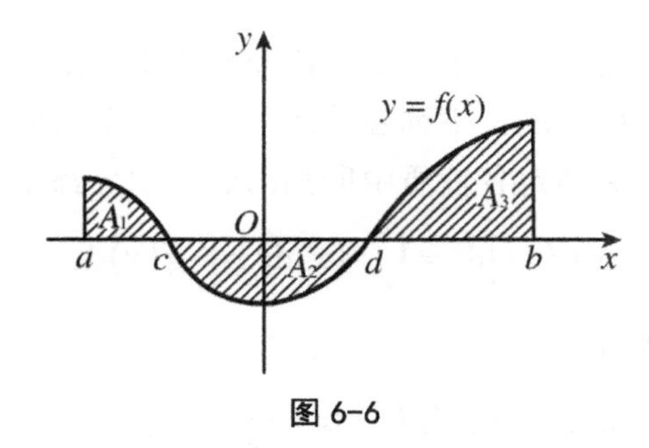

图 6-6

【例 3】 利用定积分的几何意义求定积分 $\int_{-1}^{1}\sqrt{1-x^2}\mathrm{d}x$ 的值.

【解】 在几何上，$\int_{-1}^{1}\sqrt{1-x^2}\mathrm{d}x$ 表示半径为 1 的圆在第一和第二象限部分的面积，如图 6-7 所示，因此

$$\int_{-1}^{1}\sqrt{1-x^2}\mathrm{d}x=\frac{1}{2}\pi\cdot1^2=\frac{\pi}{2}$$

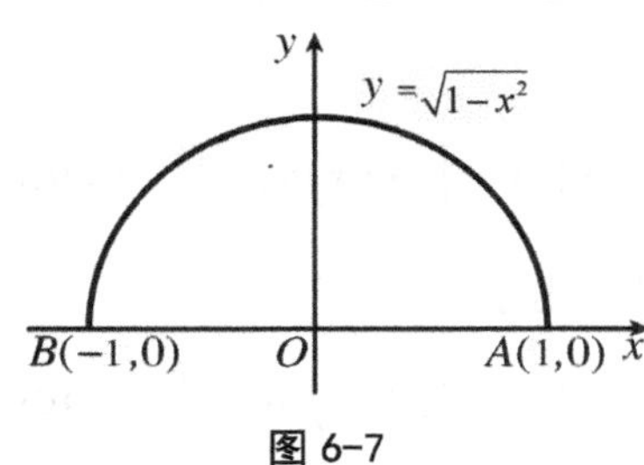

图 6-7

练习 6.1

1. 用定积分的几何意义或定义计算下列定积分的值.

① $\int_{-1}^{2}x\mathrm{d}x$；　② $\int_{-1}^{1}(2x-1)\mathrm{d}x$；

③ $\int_{0}^{1}\mathrm{e}^x\mathrm{d}x$；　④ $\int_{-\pi}^{\pi}\sin x\mathrm{d}x$.

*2. 用定积分表示下列极限.

① $\lim\limits_{n\to\infty}\sum\limits_{i=1}^{n}\frac{n}{n^2+i^2}$；　② $\lim\limits_{n\to\infty}\sum\limits_{i=1}^{n}\frac{1}{n+i}$.

6.2　定积分的性质

在 6.1 节中给出的定积分的定义中，实际上假定了 $a<b$，为了便于计算和应用，先对定积分给出以下规定：

① 当 $a>b$ 时，$\int_a^b f(x)\mathrm{d}x=-\int_b^a f(x)\mathrm{d}x$；

② 当 $a=b$ 时，$\int_a^b f(x)\mathrm{d}x=0$.

学习心得

学习心得

这样规定以后，定积分的下限不一定非要小于上限.

下面讨论定积分的性质. 下列各性质中积分上下限的大小，如不特别指明，均不加限制，并假定各性质中所列出的定积分都是存在的.

性质 1 $\int_a^b [f(x) \pm g(x)]\mathrm{d}x = \int_a^b f(x)\mathrm{d}x \pm \int_a^b g(x)\mathrm{d}x$.

此性质可推广到被积函数为有限个的情况.

性质 2 若 k 为常数，则 $\int_a^b kf(x)\mathrm{d}x = k\int_a^b f(x)\mathrm{d}x$.

上述两个性质统称为定积分的**线性性质**.

性质 3（积分区间的可加性）

$$\int_a^b f(x)\mathrm{d}x = \int_a^c f(x)\mathrm{d}x + \int_c^b f(x)\mathrm{d}x$$

说明：只要 $\int_a^b f(x)\mathrm{d}x$，$\int_a^c f(x)\mathrm{d}x$，$\int_c^b f(x)\mathrm{d}x$ 存在，则不论 a, b, c 的相对大小如何，总有等式

$$\int_a^b f(x)\mathrm{d}x = \int_a^c f(x)\mathrm{d}x + \int_c^b f(x)\mathrm{d}x$$

例如，当 $a<b<c$ 时，由于

$$\int_a^b f(x)\mathrm{d}x = \int_a^c f(x)\mathrm{d}x + \int_c^b f(x)\mathrm{d}x$$

于是得

$$\begin{aligned}\int_a^b f(x)\mathrm{d}x &= \int_a^c f(x)\mathrm{d}x - \int_b^c f(x)\mathrm{d}x \\ &= \int_a^c f(x)\mathrm{d}x + \int_c^b f(x)\mathrm{d}x\end{aligned}$$

性质 4 若在区间 $[a, b]$ 上 $f(x) \equiv 1$，则 $\int_a^b \mathrm{d}x = b-a$.

性质 5 若在区间 $[a, b]$ 上 $f(x) \geqslant 0$，则 $\int_a^b f(x)\mathrm{d}x \geqslant 0$.

推论 1 若在区间 $[a, b]$ 上 $f(x) \leqslant g(x)$，则 $\int_a^b f(x)\mathrm{d}x \leqslant \int_a^b g(x)\mathrm{d}x$.

证明 因为 $g(x)-f(x) \geqslant 0$，由性质 5 得

$$\int_a^b [g(x)-f(x)]\mathrm{d}x \geqslant 0$$

再利用性质 1 便可得推论 1.

推论 2 在区间 $[a, b]$ 上，$\left|\int_a^b f(x)\mathrm{d}x\right| \leqslant \int_a^b |f(x)|\mathrm{d}x$.

证明 因为 $-|f(x)| \leqslant f(x) \leqslant |f(x)|$，所以由推论 1 及性质 2 可得

$$-\int_a^b |f(x)|\mathrm{d}x \leqslant \int_a^b f(x)\mathrm{d}x \leqslant \int_a^b |f(x)|\mathrm{d}x$$

即

$$\left|\int_a^b f(x)\mathrm{d}x\right| \leqslant \int_a^b |f(x)|\mathrm{d}x$$

性质 6(估值定理)　若函数 $f(x)$ 在区间 $[a,b]$ 上的最大值与最小值分别为 M 与 m，则

$$m(b-a) \leqslant \int_a^b f(x)\mathrm{d}x \leqslant M(b-a)$$

证明　因为 $m \leqslant f(x) \leqslant M$，由性质 5 的推论 1 得

$$\int_a^b m\mathrm{d}x \leqslant \int_a^b f(x)\mathrm{d}x \leqslant \int_a^b M\mathrm{d}x$$

由性质 2 和性质 4，得

$$m(b-a) \leqslant \int_a^b f(x)\mathrm{d}x \leqslant M(b-a)$$

由估值定理可知，根据被积函数在积分区间上的最大值和最小值可以估计积分值的范围.

性质 7(积分中值定理)　设函数 $f(x)$ 在闭区间 $[a,b]$ 上连续，则在区间 $[a,b]$ 上至少存在一点 ξ，使

$$\int_a^b f(x)\mathrm{d}x = f(\xi)(b-a),\quad a \leqslant \xi \leqslant b$$

或

$$f(\xi) = \frac{\int_a^b f(x)\mathrm{d}x}{b-a},\quad a \leqslant \xi \leqslant b$$

证明　因为 $f(x)$ 在闭区间 $[a,b]$ 上连续，所以 $f(x)$ 在区间 $[a,b]$ 上有最大值 M 和最小值 m.

由性质 6，得

$$m(b-a) \leqslant \int_a^b f(x)\mathrm{d}x \leqslant M(b-a)$$

从而有

$$m \leqslant \frac{\int_a^b f(x)\mathrm{d}x}{b-a} \leqslant M$$

根据闭区间上连续函数的介值定理可知，在区间 $[a,b]$ 上至少存在一点 ξ，使

$$f(\xi) = \frac{\int_a^b f(x)\mathrm{d}x}{b-a},\quad a \leqslant \xi \leqslant b$$

即

$$\int_a^b f(x)\mathrm{d}x = f(\xi)(b-a),\quad a \leqslant \xi \leqslant b$$

积分中值定理的几何解释如下：若函数 $f(x)$ 在闭区间 $[a,b]$ 上连续，且 $f(x) \geqslant 0$，则在区间 $[a,b]$ 上至少存在一点 ξ，使得以区间 $[a,b]$ 为底边，

学习心得

学习心得

以曲线 $y=f(x)$ 为曲边的曲边梯形的面积与某个同底边而高为 $f(\xi)$、$\xi\in[a,b]$ 的矩形面积相等，如图 6-8 所示.

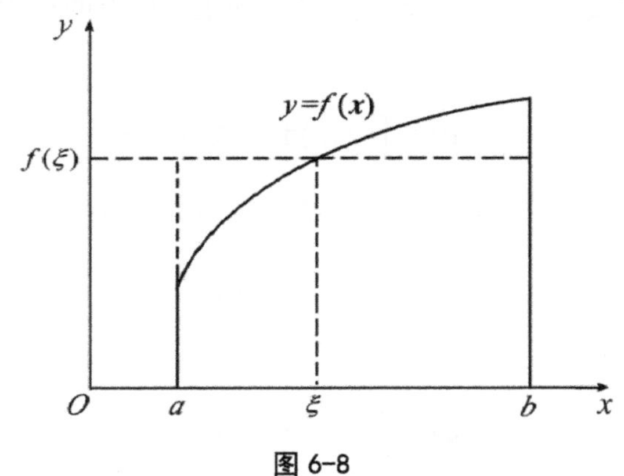

图 6-8

通常称 $f(\xi)=\dfrac{1}{b-a}\int_a^b f(x)\mathrm{d}x$ 为函数 $f(x)$ 在区间 $[a,b]$ 上的平均值.

【例 4】 ① 比较定积分 $\int_1^2 \ln x\mathrm{d}x$ 和 $\int_1^2 \ln^2 x\mathrm{d}x$ 的大小；

② 比较定积分 $\int_0^1 \mathrm{e}^{x^2}\mathrm{d}x$ 与 $\int_0^1 \mathrm{e}^x\mathrm{d}x$ 的大小.

【解】 ① 在区间 $[1,2]$ 上有

$$\ln x \geqslant \ln^2 x$$

由性质 5 的推论 1 知

$$\int_1^2 \ln x\mathrm{d}x \geqslant \int_1^2 \ln^2 x\mathrm{d}x$$

② 在区间 $[0,1]$ 上有

$$\mathrm{e}^{x^2} \leqslant \mathrm{e}^x$$

由性质 5 的推论 1 知

$$\int_0^1 \mathrm{e}^{x^2}\mathrm{d}x \leqslant \int_0^1 \mathrm{e}^x\mathrm{d}x$$

【例 5】 估计定积分 $\int_{\frac{\pi}{4}}^{\frac{\pi}{3}} \dfrac{1}{1+\sin^2 x}\mathrm{d}x$ 的值的范围.

【解】 在区间 $\left[\dfrac{\pi}{4},\dfrac{\pi}{3}\right]$ 上有

$$\frac{\sqrt{2}}{2}=\sin\frac{\pi}{4}\leqslant \sin x\leqslant \sin\frac{\pi}{3}=\frac{\sqrt{3}}{2}$$

从而有

$$\frac{4}{7}\leqslant\frac{1}{1+\sin^2 x}\leqslant\frac{2}{3}$$

因此，$\dfrac{\pi}{21}\leqslant\int_{\frac{\pi}{4}}^{\frac{\pi}{3}}\dfrac{1}{1+\sin^2 x}\mathrm{d}x\leqslant\dfrac{\pi}{18}$.

【例 6】利用定积分的性质证明

$$1\leqslant\int_0^1 e^{x^2}dx\leqslant e$$

【证明】设 $f(x)=e^{x^2}$，则 $f'(x)=2xe^{x^2}$.

在 $[0,1]$ 上，$f'(x)\geqslant 0$，故 $f(x)$ 在 $[0,1]$ 上单调递增，从而有

$$f(0)\leqslant f(x)\leqslant f(1)$$

即

$$1\leqslant e^{x^2}\leqslant e$$

因此　　$1=\int_0^1 dx\leqslant\int_0^1 e^{x^2}dx\leqslant\int_0^1 e dx=e$.

练习 6.2

1. 估计下列各定积分的值的范围.

① $\int_1^4 (x^2-1)dx$；　② $\int_{\frac{\pi}{4}}^{\frac{5\pi}{4}}(1+\cos^2 x)dx$；

③ $\int_{\frac{1}{\sqrt{3}}}^{\sqrt{3}} x\arctan x\,dx$；　④ $\int_2^0 e^{x^2-x}dx$.

2. 不通过计算，比较下列各题中每对定积分的值的大小.

① $\int_0^1 x^2 dx$ 与 $\int_0^1 x^3 dx$；　② $\int_3^4 \ln x dx$ 与 $\int_3^4 (\ln x)^3 dx$；

③ $\int_0^{-2} x dx$ 与 $\int_0^{-2} e^x dx$；　④ $\int_0^1 x dx$ 与 $\int_0^1 \ln(1+x)dx$.

3. 证明不等式 $2\leqslant\int_{-1}^1\sqrt{1+x^4}\,dx\leqslant 2\sqrt{2}$.

6.3　微积分基本定理

一般来说，直接按定义计算定积分是比较困难的，因此有必要寻找新的方法来计算定积分.

下面先从实际问题中寻找解决问题的线索，为此我们进一步研究变速直线运动中遇到的路程函数 $s(t)$ 及速度函数 $v(t)$ 之间的联系.

6.3.1　变速直线运动中路程函数与速度函数之间的关系

设物体进行直线运动，速度为 $v=v(t)$，在时间间隔 $[T_1, T_2]$ 内经过的路程为

$$\int_{T_1}^{T_2} v(t)dt$$

学习心得

学习心得

从另一方面说，这段路程等于函数 $s(t)$ 在区间 $[T_1, T_2]$ 上的增量 $s(T_2)-s(T_1)$，由此可见

$$\int_{T_1}^{T_2} v(t)\mathrm{d}t = s(T_2)-s(T_1)$$

其中 $s'(t)=v(t)$. 上述从变速直线运动的路程这个特殊问题中得出来的关系在一定条件下具有普遍性，这就给定积分的计算提供了一个简便有效的方法.

6.3.2 积分上限函数及其导数

如果函数 $f(x)$ 在闭区间 $[a, b]$ 上连续，则对任意的 $x\in[a, b]$，函数 $f(x)$ 在该区间的部分区间 $[a, x]$ 上连续，这样就可以得到一个函数

$$\int_a^x f(x)\mathrm{d}x$$

为了不致引起混淆，把积分变量改用其他符号表示，例如用 t 表示：$\int_a^x f(t)\mathrm{d}t$. 如果上限 x 在区间 $[a, b]$ 上任意取值，那么对于每一个取定的 x 值，定积分 $\int_a^x f(t)\mathrm{d}t$ 有一个相应的值，这样就在 $[a, b]$ 上定义了一个函数. 记为

$$\Phi(x)=\int_a^x f(t)\mathrm{d}t, \quad x\in[a, b]$$

定义 若 $f(x)$ 在区间 $[a, b]$ 上连续，则称

$$\Phi(x)=\int_a^x f(t)\mathrm{d}t, \quad x\in[a, b]$$

为**积分上限函数**或**变上限积分**.

类似地，还可以定义**变下限积分**：

$$\Psi(x)=\int_x^b f(t)\mathrm{d}t, \quad x\in[a, b]$$

同理，可给出一般**变限积分函数**的定义：

$$F(x)=\int_{\psi(x)}^{\varphi(x)} f(t)\mathrm{d}t, \quad x\in[a, b]$$

其中在 $[a, b]$ 上 $a\leqslant\varphi(x), \psi(x)\leqslant b$，且 $f(t), \varphi(x), \psi(x)$ 是 $[a, b]$ 上的连续函数.

定理 1 如果函数 $f(x)$ 在区间 $[a, b]$ 上连续，则积分上限函数

$$\Phi(x)=\int_a^x f(t)\mathrm{d}t$$

在 $[a, b]$ 上可导，并且它的导数

$$\Phi'(x)=\frac{\mathrm{d}}{\mathrm{d}x}\int_a^x f(t)\mathrm{d}t = f(x) \qquad x\in[a, b] \tag{1}$$

证明 若 $x\in(a, b)$，设 x 获得增量 Δx，$|\Delta x|$ 足够小，使得 $x+\Delta x\in(a, b)$，如图 6-9 所示(图中 $\Delta x>0$)，则 $\Phi(x)$ 在 $x+\Delta x$ 处的函数值为

$$\Phi(x+\Delta x)=\int_a^{x+\Delta x} f(t)\mathrm{d}t$$

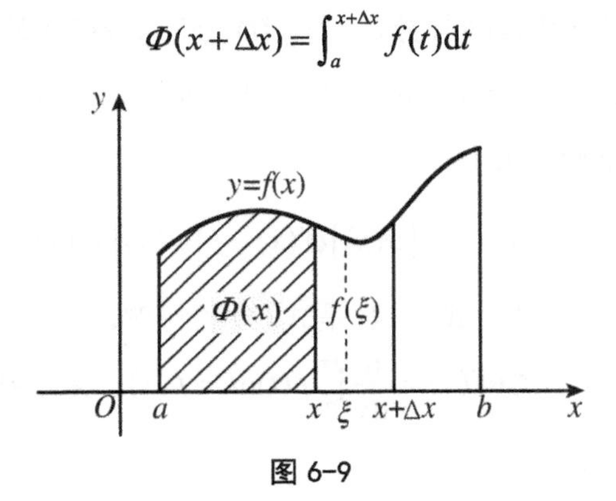

图 6-9

由此得函数的增量

$$\begin{aligned}\Delta\Phi=\Phi(x+\Delta x)-\Phi(x)&=\int_a^{x+\Delta x} f(t)\mathrm{d}t-\int_a^x f(t)\mathrm{d}t\\&=\int_a^x f(t)\mathrm{d}t+\int_x^{x+\Delta x} f(t)\mathrm{d}t-\int_a^x f(t)\mathrm{d}t\\&=\int_x^{x+\Delta x} f(t)\mathrm{d}t\end{aligned}$$

再应用积分中值定理，即得到等式

$$\Delta\Phi=f(\xi)\Delta x$$

其中 ξ 在 x 与 $x+\Delta x$ 之间，从而得到 $\dfrac{\Delta\Phi}{\Delta x}=f(\xi)$，已知 $f(x)$ 在 $[a,b]$ 上连续，故 $\lim\limits_{\Delta x\to 0} f(\xi)=f(x)$，即 $\Phi'(x)=f(x)$．

若 $x=a$，取 $\Delta x>0$，则同理可证 $\Phi'_+(a)=f(a)$；若 $x=b$，取 $\Delta x<0$，则同理可证 $\Phi'_-(b)=f(b)$．

公式(1)是积分上限函数的求导公式，它的一般形式如定理 2 所述．

定理 2　设 $f(x)$ 在区间 $[a,b]$ 上连续，$\varphi(x)$ 在 $[a,b]$ 上可导，且 $a\leqslant\varphi(x)\leqslant b$，$x\in[a,b]$，则

$$\frac{\mathrm{d}}{\mathrm{d}x}\int_a^{\varphi(x)} f(t)\mathrm{d}t=f[\varphi(x)]\varphi'(x) \tag{2}$$

证明　设 $\Phi(x)=\int_a^x f(t)\mathrm{d}t$，则 $\int_a^{\varphi(x)} f(t)\mathrm{d}t=\Phi[\varphi(x)]$．

由复合函数求导法则及公式(1)，得

$$\begin{aligned}\frac{\mathrm{d}}{\mathrm{d}x}\int_a^{\varphi(x)} f(t)\mathrm{d}t=\frac{\mathrm{d}}{\mathrm{d}x}\Phi[\varphi(x)]&=\Phi'[\varphi(x)]\varphi'(x)\\&=f[\varphi(x)]\varphi'(x)\end{aligned}$$

对变下限积分函数 $\Psi(x)$，同理有

$$\Psi'(x)=\left[\int_{\psi(x)}^b f(t)\mathrm{d}t\right]'=-f[\psi(x)]\psi'(x)\ ,\ x\in[a,b] \tag{3}$$

一般地，对变限积分函数 $F(x)$，有以下定理．

学习心得

学习心得

定理 3（变限积分函数的导数） 若$f(t)$，$\psi'(x)$，$\varphi'(x)$是$[a,b]$上的连续函数，并且在$[a,b]$上$a\leqslant\psi(x)$，$\varphi(x)\leqslant b$，则变限积分函数$F(x)=\int_{\psi(x)}^{\varphi(x)}f(t)\mathrm{d}t$是$[a,b]$上的可导函数，并且

$$F'(x)=\left[\int_{\psi(x)}^{\varphi(x)}f(t)\mathrm{d}t\right]'=f[\varphi(x)]\varphi'(x)-f[\psi(x)]\psi'(x)，\ x\in[a,b] \qquad (4)$$

显然，式(1)、式(2)、式(3)都是式(4)的特例.

按照定理 1 中的公式$\Phi'(x)=\dfrac{\mathrm{d}}{\mathrm{d}x}\int_a^x f(t)\mathrm{d}t=f(x)$，联想到原函数的定义，立即可以得到下面的重要定理.

定理 4（原函数存在定理） 如果函数$f(x)$在区间$[a,b]$上连续，则函数

$$\Phi(x)=\int_a^x f(t)\mathrm{d}t$$

就是$f(x)$在$[a,b]$上的一个原函数.

这个定理肯定了连续函数一定存在原函数，而且初步揭示了定积分与原函数之间的联系，它提示我们有可能利用原函数来计算定积分.

【例 7】计算下列变限积分函数的导数.

① $\Phi(x)=\int_0^x \sin t^2\mathrm{d}t$，求$\Phi'(x)$；

② $\Phi(x)=\int_x^2 \dfrac{\sin t}{t}\mathrm{d}t$，求$\Phi'(1)$；

③ $F(x)=\int_0^{\sqrt{x}}\mathrm{e}^{t^2}\mathrm{d}t$，求$F'(x)$；

④ $F(x)=\int_x^{x^2}\ln(1+t^2)\mathrm{d}t$，求$F'(x)$.

【解】① $\Phi'(x)=\left[\int_0^x \sin t^2\mathrm{d}t\right]'=\sin x^2$.

② $\Phi(x)=\int_x^2 \dfrac{\sin t}{t}\mathrm{d}t=-\int_2^x \dfrac{\sin t}{t}\mathrm{d}t$，

$\Phi'(x)=-\dfrac{\sin x}{x}$，故$\Phi'(1)=-\sin 1$.

③ $F'(x)=\left[\int_0^{\sqrt{x}}\mathrm{e}^{t^2}\mathrm{d}t\right]'=\mathrm{e}^{(\sqrt{x})^2}\left(\sqrt{x}\right)'=\dfrac{\mathrm{e}^x}{2\sqrt{x}}$.

④ $F'(x)=\left[\int_x^{x^2}\ln(1+t^2)\mathrm{d}t\right]'=\ln\left[1+(x^2)^2\right]\cdot(x^2)'-\ln(1+x^2)\cdot x'$

$=2x\ln(1+x^4)-\ln(1+x^2)$.

【例 8】求下列未定式的极限.

① $\lim\limits_{x\to 0}\dfrac{\int_{\cos x}^{1}\mathrm{e}^{-t^2}\mathrm{d}t}{\sin x^2}$；　　② $\lim\limits_{x\to 0}\dfrac{1}{x^2}\int_0^x\arctan t\mathrm{d}t$.

【解】① 这是 $\dfrac{0}{0}$ 型未定式，用洛必达法则计算：

$$\lim_{x\to 0}\frac{\int_{\cos x}^{1}\mathrm{e}^{-t^2}\mathrm{d}t}{\sin x^2}=\lim_{x\to 0}\frac{-\int_{1}^{\cos x}\mathrm{e}^{-t^2}\mathrm{d}t}{\sin x^2}=\lim_{x\to 0}\frac{-\int_{1}^{\cos x}\mathrm{e}^{-t^2}\mathrm{d}t}{x^2}$$

$$=\lim_{x\to 0}\frac{\left[-\int_{1}^{\cos x}\mathrm{e}^{-t^2}\mathrm{d}t\right]'}{(x^2)'}=\lim_{x\to 0}\frac{-\mathrm{e}^{-\cos^2 x}(-\sin x)}{2x}=\frac{1}{2\mathrm{e}}.$$

② 这是 $\dfrac{0}{0}$ 型未定式，用洛必达法则计算：

$$\lim_{x\to 0}\frac{1}{x^2}\int_0^x\arctan t\mathrm{d}t=\lim_{x\to 0}\frac{\left[\int_0^x\arctan t\mathrm{d}t\right]'}{(x^2)'}=\lim_{x\to 0}\frac{\arctan x}{2x}=\frac{1}{2}.$$

6.3.3　牛顿—莱布尼茨公式

现在根据定理 1 证明下面的重要定理，给出用原函数计算定积分的公式.

定理 5　如果函数 $F(x)$ 是连续函数 $f(x)$ 在区间 $[a,b]$ 上的一个原函数，则

$$\int_a^b f(x)\mathrm{d}x=F(b)-F(a)$$

这个公式称为**牛顿—莱布尼茨公式**，通常也称其为**微积分基本公式**.

证明　已知函数 $F(x)$ 是连续函数 $f(x)$ 的一个原函数，根据定理 1 可知，积分上限函数

$$\varPhi(x)=\int_a^x f(t)\mathrm{d}t,\ x\in[a,b]$$

也是 $f(x)$ 的一个原函数.

因为 $F(x)$, $\varPhi(x)$ 都是 $f(x)$ 的原函数，故 $F(x)-\varPhi(x)=C$ ，C 为常数，即

$$F(x)-\int_a^x f(t)\mathrm{d}t=C,\ x\in[a,b]\tag{5}$$

在 (5) 式中令 $x=a$ ，由于 $\varPhi(a)=\int_a^a f(t)\mathrm{d}t=0$ ，得 $C=F(a)$ ，即

$$\int_a^x f(t)\mathrm{d}t=F(x)-F(a)\tag{6}$$

在 (6) 式中令 $x=b$ ，得 (7) 式

$$\int_a^b f(x)\mathrm{d}x=F(b)-F(a)\tag{7}$$

为便于书写，(7) 式常表示为

学习心得

$$\int_a^b f(x)\mathrm{d}x = F(x)\Big|_a^b = F(b) - F(a)$$

牛顿—莱布尼茨公式表明，一个连续函数在区间$[a, b]$上的定积分等于它的任意一个原函数在区间$[a, b]$上的增量，从而给定积分提供了一个有效而简便的计算方法.

【例 9】 计算下列定积分.

① $\int_0^1 x^2\mathrm{d}x$；　② $\int_{-2}^{-1}\frac{\mathrm{d}x}{x}$；

③ $\int_{-1}^{\sqrt{3}}\frac{\mathrm{d}x}{1+x^2}$；　④ $\int_0^{\pi}\sin x\mathrm{d}x$；

⑤ $\int_{-1}^{3}|x-2|\mathrm{d}x$；　⑥ $\int_0^{\pi}\sqrt{1-\sin^2 x}\mathrm{d}x$.

【解】 ① 由于$\frac{x^3}{3}$是x^2的一个原函数，所以按牛顿—莱布尼茨公式，有

$$\int_0^1 x^2\mathrm{d}x = \frac{x^3}{3}\Big|_0^1 = \frac{1}{3} - 0 = \frac{1}{3}$$

② $\int_{-2}^{-1}\frac{\mathrm{d}x}{x} = \ln|x|\Big|_{-2}^{-1} = \ln 1 - \ln 2 = -\ln 2$.

③ $\int_{-1}^{\sqrt{3}}\frac{\mathrm{d}x}{1+x^2} = [\arctan x]\Big|_{-1}^{\sqrt{3}} = \arctan\sqrt{3} - \arctan(-1)$

$$= \frac{\pi}{3} - \arctan(-1) = \frac{\pi}{3} - \left(-\frac{\pi}{4}\right) = \frac{7\pi}{12}.$$

④ $\int_0^{\pi}\sin x\mathrm{d}x = (-\cos x)\Big|_0^{\pi} = -\cos\pi + \cos 0 = -(-1) + 1 = 2$.

⑤ $|x-2| = \begin{cases} x-2 & x>2 \\ 2-x & x\leqslant 2 \end{cases}$，函数在$[-1, 3]$上连续.

$$\int_{-1}^{3}|x-2|\mathrm{d}x = \int_{-1}^{2}|x-2|\mathrm{d}x + \int_{2}^{3}|x-2|\mathrm{d}x = \int_{-1}^{2}(2-x)\mathrm{d}x + \int_{2}^{3}(x-2)\mathrm{d}x$$

$$= \left(2x - \frac{x^2}{2}\right)\Big|_{-1}^{2} + \left(\frac{x^2}{2} - 2x\right)\Big|_{2}^{3} = \left(4-2+2+\frac{1}{2}\right) + \left(\frac{9}{2} - 6 - 2 + 4\right)$$

$$=5.$$

⑥ $\int_0^{\pi}\sqrt{1-\sin^2 x}\mathrm{d}x = \int_0^{\pi}|\cos x|\mathrm{d}x$

$$= \int_0^{\frac{\pi}{2}}\cos x\mathrm{d}x + \int_{\frac{\pi}{2}}^{\pi}(-\cos x)\mathrm{d}x$$

$$= \sin x\Big|_0^{\frac{\pi}{2}} - \sin x\Big|_{\frac{\pi}{2}}^{\pi}$$

$$= \left(\sin\frac{\pi}{2} - \sin 0\right) - \left(\sin\pi - \sin\frac{\pi}{2}\right)$$

$$=2.$$

【例 10】设 $f(x)=\begin{cases}2x, & 0\leqslant x\leqslant 1\\ 5, & 1<x\leqslant 2\end{cases}$，求 $\int_0^2 f(x)\mathrm{d}x$．

【解】$\int_0^2 f(x)\mathrm{d}x=\int_0^1 2x\mathrm{d}x+\int_1^2 5\mathrm{d}x=x^2\Big|_0^1+5x\Big|_1^2=6$．

练习 6.3

1. 计算下列各导数．

① $\dfrac{\mathrm{d}}{\mathrm{d}x}\int_0^{x^2}\sqrt{1+t^2}\,\mathrm{d}t$；　　② $\dfrac{\mathrm{d}}{\mathrm{d}x}\int_1^{\sqrt{x}}\cos t\mathrm{d}t$；

③ $\dfrac{\mathrm{d}}{\mathrm{d}x}\int_x^1\sin t\mathrm{d}t$；　　④ $\dfrac{\mathrm{d}}{\mathrm{d}x}\int_{\sin x}^{\cos x}\cos(t^2)\mathrm{d}t$．

2. 计算下列各定积分．

① $\int_0^a(3x^2-x)\mathrm{d}x$；　　② $\int_1^2\left(x^2+\dfrac{1}{x^4}\right)\mathrm{d}x$；

③ $\int_1^0\sqrt{x}(1+\sqrt{x})\mathrm{d}x$；　　④ $\int_{-\frac{1}{2}}^{\frac{1}{2}}\dfrac{\mathrm{d}x}{\sqrt{1-x^2}}$；

⑤ $\int_0^{\frac{\pi}{4}}\tan^2x\mathrm{d}x$；　　⑥ $\int_{-\mathrm{e}-1}^{-2}\dfrac{\mathrm{d}x}{1+x}$；

⑦ $\int_{-\frac{\pi}{2}}^{0}\sqrt{1-\cos x}\,\mathrm{d}x$；　　⑧ $\int_0^{2\pi}|\sin x|\mathrm{d}x$；

⑨ $\int_0^2 f(x)\mathrm{d}x$，其中 $f(x)=\begin{cases}x+1 & x\leqslant 1\\ \dfrac{x^2}{2} & x>1\end{cases}$．

3. 求下列极限．

① $\lim\limits_{x\to 0}\dfrac{\int_0^x\cos t^2\mathrm{d}t}{x}$；　　② $\lim\limits_{x\to 0}\dfrac{\left(\int_0^x\mathrm{e}^{t^2}\mathrm{d}t\right)^2}{\int_0^x\mathrm{e}^{2t^2}\mathrm{d}t}$；

③ $\lim\limits_{x\to 0}\dfrac{\int_0^x(\arctan t)^2\mathrm{d}t}{x^3}$．

6.4 定积分的换元积分法

由 6.3 节的结果知道，连续函数定积分的计算可转化为不定积分的计算．但是在许多情况下，这样进行运算显得比较复杂，并且当原函数不是初等函数或原函数不易求出时，无法直接应用牛顿—莱布尼茨公式进行计

学习心得

学习心得

算．对于不定积分，有换元法与分部积分法两种方法，同样地，在定积分中也有类似的方法，现在用下面的定理来介绍换元积分法．

定理 假设函数 $f(x)$ 在区间 $[a,b]$ 上连续，函数 $x=\varphi(t)$ 满足条件：

① $\varphi(\alpha)=a$，$\varphi(\beta)=b$；

② $\varphi(t)$ 在 $[\alpha,\beta]$（或 $[\beta,\alpha]$）上具有连续导数，且其值域 $R_\varphi\in[a,b]$，则有

$$\int_a^b f(x)\mathrm{d}x=\int_\alpha^\beta f[\varphi(t)]\varphi'(t)\mathrm{d}t \tag{1}$$

此公式称为**定积分的换元公式．**

证明 由假设可以知道，(1) 式两边的被积函数都是连续的，因此其两边的定积分不仅都存在，而且由 6.3 节的定理 1 可知，被积函数的原函数也都存在，所以，对 (1) 式两边的定积分都可以应用牛顿—莱布尼茨公式．假设 $F(x)$ 是 $f(x)$ 的一个原函数，则

$$\int_a^b f(x)\mathrm{d}x=F(b)-F(a)$$

记 $\Phi(t)=F[\varphi(t)]$，由复合函数求导法则，得

$$\Phi'(t)=\{F[\varphi(t)]\}'=F'[\varphi(t)]\cdot\varphi'(t)=f[\varphi(t)]\cdot\varphi'(t)$$

这表明 $\Phi(t)$ 是 $f[\varphi(t)]\varphi'(t)$ 的一个原函数，因此有

$$\begin{aligned}\int_\alpha^\beta f[\varphi(t)]\varphi'(t)\mathrm{d}t&=\Phi(\beta)-\Phi(\alpha)=F[\varphi(\beta)]-F[\varphi(\alpha)]\\&=F(b)-F(a)\end{aligned}$$

注意 ① 用换元积分法计算定积分时，首先要变换定积分的上、下限，换元后所得新下限 α 不一定比新上限 β 小．

② 变换被积表达式 $f(x)\mathrm{d}x$ 时，只需将其中 x 的位置替换为 $\varphi(t)$ 便可，即

$$f(x)\mathrm{d}x=f[\varphi(t)]\mathrm{d}\varphi(t)=f[\varphi(t)]\varphi'(t)\mathrm{d}t$$

③ 换元后积分，直接计算出结果 $F[\varphi(\beta)]-F[\varphi(\alpha)]$ 即可，不需要再将 $F[\varphi(t)]$ 中的新变量 t 换回原变量 x 的形式 $F\left[\varphi(\varphi^{-1}(x))\right]=F(x)$，这正是定积分换元法的简便之处．

④ 式 (1) 从左到右为变量代换法，换元同时换限；从右到左为凑微分法，此时不需换元．

【例 11】计算下列定积分．

① $\int_0^a\sqrt{a^2-x^2}\mathrm{d}x \quad (a>0)$；　　② $\int_0^4\frac{x+2}{\sqrt{2x+1}}\mathrm{d}x$．

【解】① 令 $x=a\sin t$，则 $\mathrm{d}x=a\cos t\mathrm{d}t$，当 $x=0$ 时，$t=0$；当 $x=a$ 时，$t=\frac{\pi}{2}$．

于是有 $\int_0^a \sqrt{a^2-x^2}\,dx = a^2\int_0^{\frac{\pi}{2}}\cos^2 t\,dt = \frac{a^2}{2}\int_0^{\frac{\pi}{2}}(1+\cos 2t)\,dt$

$$=\frac{a^2}{2}\left(t+\frac{1}{2}\sin 2t\right)\Big|_0^{\frac{\pi}{2}} = \frac{\pi}{4}a^2 .$$

注　此题也可用定积分的几何意义来做.

② 令 $t=\sqrt{2x+1}$，则 $x=\frac{t^2-1}{2}$，$dx = t\,dt$，

当 $x=0$ 时，$t=1$；当 $x=4$ 时，$t=3$.

$$\int_0^4 \frac{x+2}{\sqrt{2x+1}}dx = \int_1^3 \frac{\frac{t^2-1}{2}+2}{t}t\,dt = \frac{1}{2}\int_1^3 (t^2+3)\,dt$$

$$=\frac{1}{2}\left(\frac{1}{3}t^3+3t\right)\Big|_1^3 = \left(\frac{27}{6}+\frac{9}{2}\right)-\left(\frac{1}{6}+\frac{3}{2}\right)=\frac{22}{3} .$$

还可以反过来使用换元公式(1)，把公式左右两边位置对调得

$$\int_\alpha^\beta f[\varphi(x)]\varphi'(x)\,dx = \int_a^b f(t)\,dt$$

【例 12】计算 $\int_0^{\frac{\pi}{2}}\sin^2 x\cos x\,dx$.

【解】设 $t=\sin x$，则 $dt=\cos x\,dx$.

当 $x=0$ 时，$t=0$；当 $x=\frac{\pi}{2}$ 时，$t=1$.

$$\int_0^{\frac{\pi}{2}}\sin^2 x\cos x\,dx = \int_0^1 t^2\,dt = \left[\frac{1}{3}t^3\right]\Big|_0^1 = \frac{1}{3} .$$

注　在例 12 中，如果不明显写出新变量 t，那么定积分的上、下限就不用变更，用这种记法写出计算过程如下：

$$\int_0^{\frac{\pi}{2}}\sin^2 x\cos x\,dx = \int_0^{\frac{\pi}{2}}\sin^2 x\,d\sin x = \left[\frac{1}{3}\sin^3 x\right]\Big|_0^{\frac{\pi}{2}} = \frac{1}{3}$$

【例 13】计算下列定积分.

① $\int_1^{e^3}\frac{1}{x\sqrt{1+\ln x}}dx$；　　② $\int_0^{\sqrt{\frac{\pi}{2}}} x\sin x^2\,dx$.

【解】① $\int_1^{e^3}\frac{1}{x\sqrt{1+\ln x}}dx = \int_1^{e^3}\frac{1}{\sqrt{1+\ln x}}d(1+\ln x)$

$$=2\sqrt{1+\ln x}\Big|_1^{e^3} = 2 .$$

② $\int_0^{\sqrt{\frac{\pi}{2}}} x\sin x^2\,dx = \frac{1}{2}\int_0^{\sqrt{\frac{\pi}{2}}}\sin x^2\,dx^2 = -\frac{1}{2}\cos x^2\Big|_0^{\sqrt{\frac{\pi}{2}}} = \frac{1}{2}$.

学习心得

【例 14】设函数 $f(x)=\begin{cases} xe^{-x^2}, & x\geqslant 0 \\ \dfrac{1}{1+\cos x}, & -\pi<x<0 \end{cases}$，计算 $\int_1^4 f(x-2)\mathrm{d}x$.

【解】设 $x-2=t$，则 $\mathrm{d}x=\mathrm{d}t$，且当 $x=1$ 时，$t=-1$；当 $x=4$ 时，$t=2$.

于是有 $\int_1^4 f(x-2)\mathrm{d}x=\int_{-1}^2 f(t)\mathrm{d}t=\int_{-1}^0 \frac{\mathrm{d}t}{1+\cos t}+\int_0^2 t\mathrm{e}^{-t^2}\mathrm{d}t$

$$=\tan\frac{t}{2}\Big|_{-1}^{0}-\frac{1}{2}\mathrm{e}^{-t^2}\Big|_0^2=\tan\frac{1}{2}-\frac{1}{2}\mathrm{e}^{-4}+\frac{1}{2}.$$

【例 15】设 $a>0$，$f(x)$ 在 $[-a,a]$ 上连续，证明以下结论：

① 当 $f(x)$ 是奇函数时，$\int_{-a}^{a} f(x)\mathrm{d}x=0$；

② 当 $f(x)$ 是偶函数时，$\int_{-a}^{a} f(x)\mathrm{d}x=2\int_0^a f(x)\mathrm{d}x$.

【证明】因为 $\int_{-a}^{a} f(x)\mathrm{d}x=\int_{-a}^{0} f(x)\mathrm{d}x+\int_0^a f(x)\mathrm{d}x$，

对积分 $\int_{-a}^{0} f(x)\mathrm{d}x$ 作代换 $x=-t$，则

$$\int_{-a}^{0} f(x)\mathrm{d}x=-\int_a^0 f(-t)\mathrm{d}t=\int_0^a f(-t)\mathrm{d}t=\int_0^a f(-x)\mathrm{d}x$$

所以 $\int_{-a}^{a} f(x)\mathrm{d}x=\int_0^a f(x)\mathrm{d}x+\int_0^a f(-x)\mathrm{d}x=\int_0^a [f(x)+f(-x)]\mathrm{d}x$.

① 当 $f(x)$ 是奇函数时，$f(x)+f(-x)=0$，故 $\int_{-a}^{a} f(x)\mathrm{d}x=0$.

② 当 $f(x)$ 是偶函数时，因为 $f(x)=f(-x)$，所以 $f(x)+f(-x)=2f(x)$，故 $\int_{-a}^{a} f(x)\mathrm{d}x=2\int_0^a f(x)\mathrm{d}x$.

注 利用例 15 的结论，可简化对称于原点区间上的偶函数、奇函数定积分的计算.

例如，因为 $\frac{|x|\sin x}{(1+x^2)\cos x^3}$ 是奇函数，所以 $\int_{-2}^{2}\frac{|x|\sin x}{(1+x^2)\cos x^3}\mathrm{d}x=0$.

【例 16】若 $f(x)$ 在 $[0,1]$ 上连续.

① 证明 $\int_0^{\frac{\pi}{2}} f(\sin x)\mathrm{d}x=\int_0^{\frac{\pi}{2}} f(\cos x)\mathrm{d}x$；

② 证明 $\int_0^{\pi} xf(\sin x)\mathrm{d}x=\frac{\pi}{2}\int_0^{\pi} f(\sin x)\mathrm{d}x$，并由此计算 $\int_0^{\pi}\frac{x\sin x}{1+\cos^2 x}\mathrm{d}x$.

【证明】① 令 $x=\frac{\pi}{2}-t$，则 $\mathrm{d}x=-\mathrm{d}t$.

当 $x=0$ 时，$t=\frac{\pi}{2}$；当 $x=\frac{\pi}{2}$ 时，$t=0$.

故 $\int_0^{\frac{\pi}{2}} f(\sin x)\mathrm{d}x=-\int_{\frac{\pi}{2}}^{0} f\left[\sin\left(\frac{\pi}{2}-t\right)\right]\mathrm{d}t$

$$=\int_0^{\frac{\pi}{2}} f(\cos t)\mathrm{d}t=\int_0^{\frac{\pi}{2}} f(\cos x)\mathrm{d}x.$$

② 令 $x=\pi-t$，则 $dx=-dt$．

当 $x=0$ 时，$t=\pi$；当 $x=\pi$ 时，$t=0$．

故 $$\begin{aligned}\int_0^{\pi} xf(\sin x)dx &= -\int_{\pi}^{0}(\pi-t)f\left[\sin(\pi-t)\right]dt \\ &= \int_0^{\pi}(\pi-t)f\left[\sin(\pi-t)\right]dt \\ &= \pi\int_0^{\pi} f(\sin t)dt - \int_0^{\pi} tf(\sin t)dt \\ &= \pi\int_0^{\pi} f(\sin x)dx - \int_0^{\pi} xf(\sin x)dx .\end{aligned}$$

可得 $\int_0^{\pi} xf(\sin x)dx = \frac{\pi}{2}\int_0^{\pi} f(\sin x)dx$．

利用结论②得

$$\begin{aligned}\int_0^{\pi}\frac{x\sin x}{1+\cos^2 x}dx = \frac{\pi}{2}\int_0^{\pi}\frac{\sin x}{1+\cos^2 x}dx = -\frac{\pi}{2}\int_0^{\pi}\frac{d\cos x}{1+\cos^2 x} \\ = -\frac{\pi}{2}\arctan\cos x\Big|_0^{\pi} = \frac{\pi^2}{4}\end{aligned}$$

练习 6.4

1. 计算下列定积分．

① $\int_{\frac{\pi}{3}}^{\pi}\sin\left(x+\frac{\pi}{3}\right)dx$；　② $\int_{-2}^{1}\frac{dx}{9+4x}$；

③ $\int_0^{\frac{\pi}{2}}\sin x\cos^2 x dx$；　④ $\int_0^{\pi}(1-\cos^3 x)dx$；

⑤ $\int_0^{\sqrt{2}} x\sqrt{2-x^2}\,dx$；　⑥ $\int_{\frac{\pi}{6}}^{\frac{\pi}{3}}\sin^2\theta d\theta$；

⑦ $\int_1^4\frac{dx}{1+\sqrt{x}}$；　⑧ $\int_0^1\frac{\sqrt{x}}{1+\sqrt{x}}dx$；

⑨ $\int_0^{\sqrt{2}}\sqrt{2-x^2}\,dx$；　⑩ $\int_0^{\frac{1}{2}}\frac{x^2}{\sqrt{1-x^2}}dx$；

⑪ $\int_0^1 x^2\sqrt{1-x^2}\,dx$；　⑫ $\int_0^{\frac{1}{2}}\frac{1}{x\sqrt{1-\ln^2 x}}dx$．

2. 利用函数的奇偶性计算下列定积分．

① $\int_{-\frac{1}{2}}^{\frac{1}{2}}\frac{(\arcsin x)^2}{\sqrt{1-x^2}}dx$；　② $\int_{-5}^{5}\frac{x^2\sin x^3}{x^4+2x^2+1}dx$．

学习心得

6.5 定积分的分部积分法

定理 设函数$u(x)$, $v(x)$在区间$[a,b]$上有连续导数$u'(x)$, $v'(x)$，则

$$\int_a^b u(x)v'(x)\mathrm{d}x = u(x)v(x)\Big|_a^b - \int_a^b u'(x)v(x)\mathrm{d}x \tag{1}$$

或简写为 $\int_a^b u\mathrm{d}v = uv\Big|_a^b - \int_a^b v\mathrm{d}u$.

(1)式是定积分的**分部积分公式**.

证明 因为$u(x)$，$v(x)$为$[a,b]$上的连续可导函数，因此有

$$[u(x)v(x)]' = u'(x)v(x) + u(x)v'(x), \quad a \leqslant x \leqslant b$$

即

$$u(x)v'(x) = [u(x)v(x)]' - u'(x)v(x), \quad a \leqslant x \leqslant b$$

对上式两边积分并结合定积分的线性性质得

$$\int_a^b u(x)v'(x)\mathrm{d}x = \int_a^b [u(x)v(x)]'\mathrm{d}x - \int_a^b u'(x)v(x)\mathrm{d}x$$

即

$$\int_a^b u(x)v'(x)\mathrm{d}x = u(x)v(x)\Big|_a^b - \int_a^b u'(x)v(x)\mathrm{d}x$$

【例 17】 计算下列定积分.

① $\int_1^{\mathrm{e}} \ln x\mathrm{d}x$; ② $\int_0^1 x\mathrm{e}^x\mathrm{d}x$;

③ $\int_0^{\frac{1}{2}} \arcsin x\mathrm{d}x$; ④ $\int_0^4 \mathrm{e}^{\sqrt{x}}\mathrm{d}x$.

【解】 ① $\int_1^{\mathrm{e}} \ln x\mathrm{d}x = x\ln x\Big|_1^{\mathrm{e}} - \int_1^{\mathrm{e}} x\mathrm{d}\ln x$

$$= \mathrm{e} - \int_1^{\mathrm{e}} x \cdot \frac{1}{x}\mathrm{d}x$$

$$= \mathrm{e} - x\Big|_1^{\mathrm{e}} = 1 .$$

② $\int_0^1 x\mathrm{e}^x\mathrm{d}x = \int_0^1 x\mathrm{d}\mathrm{e}^x = (x\mathrm{e}^x)\Big|_0^1 - \int_0^1 \mathrm{e}^x\mathrm{d}x$

$$= \mathrm{e} - (\mathrm{e}-1) = 1 .$$

③ $\int_0^{\frac{1}{2}} \arcsin x\mathrm{d}x = x\arcsin x\Big|_0^{\frac{1}{2}} - \int_0^{\frac{1}{2}} x\mathrm{d}\arcsin x$

$$= \frac{1}{2}\cdot\frac{\pi}{6} - \int_0^{\frac{1}{2}} \frac{x}{\sqrt{1-x^2}}\mathrm{d}x$$

$$= \frac{1}{2}\cdot\frac{\pi}{6} - \frac{1}{2}\int_0^{\frac{1}{2}} \frac{\mathrm{d}x^2}{\sqrt{1-x^2}}$$

$$= \frac{\pi}{12} + (1-x^2)^{\frac{1}{2}}\Big|_0^{\frac{1}{2}} = \frac{\pi}{12} + \frac{\sqrt{3}}{2} - 1 .$$

④ 令 $\sqrt{x}=t$，则 $x=t^2$，$\mathrm{d}x=2t\mathrm{d}t$，

当 $x=0$ 时，$t=0$；当 $x=4$ 时，$t=2$.

故 $$\int_0^4 \mathrm{e}^{\sqrt{x}}\mathrm{d}x=\int_0^2 \mathrm{e}^t 2t\mathrm{d}t=2\int_0^2 t\mathrm{d}\mathrm{e}^t$$

$$=2\left(t\mathrm{e}^t\Big|_0^2-\int_0^2 \mathrm{e}^t\mathrm{d}t\right)=2\left(2\mathrm{e}^2-\mathrm{e}^t\Big|_0^2\right)$$

$$=2\left(\mathrm{e}^2+1\right).$$

练习 6.5

计算下列定积分.

① $\int_0^{\frac{\pi}{2}} x\cos x\mathrm{d}x$；　② $\int_0^1 x\mathrm{e}^{-x}\mathrm{d}x$；

③ $\int_1^{\mathrm{e}} x\ln x\mathrm{d}x$；　④ $\int_0^1 x\arctan x\mathrm{d}x$；

⑤ $\int_1^2 \ln(1+x)\mathrm{d}x$；　⑥ $\int_0^{\pi^2} \sin\sqrt{x}\mathrm{d}x$.

6.6　广义积分

对定积分 $\int_a^b f(x)\mathrm{d}x$ 有两个重要的限制：一是积分区间 $[a,b]$ 有限，二是被积函数在积分区间有界. 但在实际问题中，常会遇到积分区间无限或被积函数无界的情形，这就需要推广定积分的概念，考虑无限区间上的积分和无界函数的积分，前者称为无穷限积分，后者称为瑕积分，统称为广义积分.

6.6.1　无穷限的广义积分

定义 1　设函数 $f(x)$ 在区间 $[a,+\infty)$ 上连续，对任何大于 a 的实数 b，如果极限

$$\lim_{b\to+\infty}\int_a^b f(x)\mathrm{d}x$$

存在，则称无穷限积分 $\int_a^{+\infty} f(x)\mathrm{d}x$ 收敛，并称此极限值为该**无穷限积分**的积分值，记为

$$\int_a^{+\infty} f(x)\mathrm{d}x=\lim_{b\to+\infty}\int_a^b f(x)\mathrm{d}x \tag{1}$$

若上式等号右面的极限不存在，则称无穷限积分 $\int_a^{+\infty} f(x)\mathrm{d}x$ 发散.

类似地，我们可以定义 $f(x)$ 在 $(-\infty,b]$，$(-\infty,+\infty)$ 上的无穷限积分

学习心得

学习心得

$$\int_{-\infty}^{b} f(x)\mathrm{d}x = \lim_{a\to-\infty}\int_{a}^{b} f(x)\mathrm{d}x \tag{2}$$

$$\begin{aligned}\int_{-\infty}^{+\infty} f(x)\mathrm{d}x &= \int_{-\infty}^{c} f(x)\mathrm{d}x + \int_{c}^{+\infty} f(x)\mathrm{d}x \\ &= \lim_{a\to-\infty}\int_{a}^{c} f(x)\mathrm{d}x + \lim_{b\to+\infty}\int_{c}^{b} f(x)\mathrm{d}x \end{aligned}\tag{3}$$

若(2)式等号右面的极限存在，则称无穷限积分 $\int_{-\infty}^{b} f(x)\mathrm{d}x$ 收敛；否则，则称无穷限积分 $\int_{-\infty}^{b} f(x)\mathrm{d}x$ 发散.

若(3)式第 2 个等号右面的两个广义积分都收敛，则称无穷限积分 $\int_{-\infty}^{+\infty} f(x)\mathrm{d}x$ 收敛；否则，只要有一个发散，则称无穷限积分 $\int_{-\infty}^{+\infty} f(x)\mathrm{d}x$ 发散.

在计算广义积分时，可直接利用定积分的各种计算方法，设 $F(x)$ 是 $f(x)$ 的一个原函数，若 $\lim\limits_{x\to+\infty} F(x)$ 存在，记它为 $F(+\infty)$，若 $\lim\limits_{x\to-\infty} F(x)$ 存在，记它为 $F(-\infty)$，则无穷限积分可简记为

$$\int_{a}^{+\infty} f(x)\mathrm{d}x = F(x)\Big|_{a}^{+\infty} = \lim_{x\to+\infty} F(x) - F(a) = F(+\infty) - F(a)$$

$$\int_{-\infty}^{b} f(x)\mathrm{d}x = F(x)\Big|_{-\infty}^{b} = F(b) - \lim_{x\to-\infty} F(x) = F(b) - F(-\infty)$$

$$\int_{-\infty}^{+\infty} f(x)\mathrm{d}x = F(x)\Big|_{-\infty}^{+\infty} = \lim_{x\to+\infty} F(x) - \lim_{x\to-\infty} F(x) = F(+\infty) - F(-\infty)$$

【例 18】 计算下列广义积分.

① $\int_{1}^{+\infty} \frac{1}{x^2}\mathrm{d}x$；　　② $\int_{-\infty}^{+\infty} \frac{1}{1+x^2}\mathrm{d}x$；

③ $\int_{-\infty}^{0} \frac{\mathrm{e}^x}{1+\mathrm{e}^{2x}}\mathrm{d}x$；　　④ $\int_{0}^{+\infty} x\mathrm{e}^{-x}\mathrm{d}x$.

【解】 ① $\int_{1}^{+\infty} \frac{1}{x^2}\mathrm{d}x = -\frac{1}{x}\Big|_{1}^{+\infty} = -\left(\lim\limits_{x\to+\infty}\frac{1}{x} - 1\right) = 1$.

② $$\begin{aligned}\int_{-\infty}^{+\infty} \frac{1}{1+x^2}\mathrm{d}x &= \int_{-\infty}^{0} \frac{1}{1+x^2}\mathrm{d}x + \int_{0}^{+\infty} \frac{1}{1+x^2}\mathrm{d}x = \arctan x\Big|_{-\infty}^{0} + \arctan x\Big|_{0}^{+\infty} \\ &= \left(\arctan 0 - \lim_{x\to-\infty}\arctan x\right) + \left(\lim_{x\to+\infty}\arctan x - \arctan 0\right) = \pi .\end{aligned}$$

这个积分值的几何意义是：当 $a\to-\infty$、$b\to+\infty$ 时，虽然图 6-10 中阴影部分向左、右无限延伸，但其面积却有极限值 π. 简单地说，位于曲线 $y=\frac{1}{1+x^2}$ 的下方和 x 轴上方的图形面积为 π.

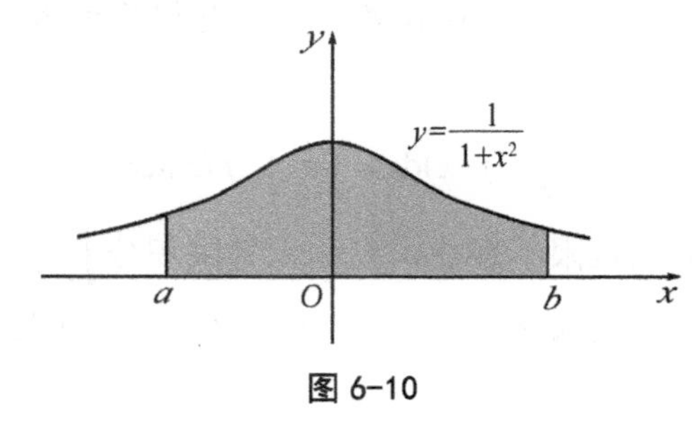

图 6-10

③ $\int_{-\infty}^{0}\frac{e^x}{1+e^{2x}}dx=\int_{-\infty}^{0}\frac{de^x}{1+e^{2x}}=\arctan e^x\Big|_{-\infty}^{0}$

$$=\arctan e^0-\lim_{x\to-\infty}\arctan e^x=\frac{\pi}{4}.$$

④ $\int_0^{+\infty}xe^{-x}dx=-\int_0^{+\infty}xde^{-x}=-\left(xe^{-x}\Big|_0^{+\infty}-\int_0^{+\infty}e^{-x}dx\right)$

$$=-\left[\left(\lim_{x\to+\infty}xe^{-x}-0\right)+e^{-x}\Big|_0^{+\infty}\right]$$

$$=-\left(\lim_{x\to+\infty}e^{-x}-e^0\right)=1.$$

其中 $\lim_{x\to+\infty}xe^{-x}=\lim_{x\to+\infty}\frac{x}{e^x}=0$.

【例 19】 讨论无穷限积分 $\int_1^{+\infty}\frac{1}{x^p}dx$ 的敛散性.

【解】 当 $p=1$ 时，$\int_1^{+\infty}\frac{1}{x^p}dx=\int_1^{+\infty}\frac{1}{x}dx=\ln x\Big|_1^{+\infty}$

$$=\lim_{x\to+\infty}\ln x-\ln 1=+\infty.$$

当 $p\neq 1$ 时，$\int_1^{+\infty}\frac{1}{x^p}dx=\frac{1}{1-p}x^{1-p}\Big|_1^{+\infty}=\begin{cases}+\infty, & p<1\\ \frac{1}{p-1}, & p>1\end{cases}.$

因此，当 $p>1$ 时，广义积分 $\int_1^{+\infty}\frac{1}{x^p}dx$ 收敛，且 $\int_1^{+\infty}\frac{1}{x^p}dx=\frac{1}{p-1}$；当 $p\leqslant 1$ 时，广义积分 $\int_1^{+\infty}\frac{1}{x^p}dx$ 发散.

6.6.2　无界函数的广义积分

若 $f(x)$ 在点 a 的任一邻域内都无界，那么点 a 称为函数 $f(x)$ 的**瑕点**(也称为无界间断点). 无界函数的广义积分又称为**瑕积分**.

定义 2　设函数 $f(x)$ 在 $(a,b]$ 上连续，点 a 为 $f(x)$ 的瑕点，取 $t>a$，若极限

$$\lim_{t\to a^+}\int_t^b f(x)dx$$

存在，则该极限称为函数 $f(x)$ 在 $(a,b]$ 上的瑕积分，仍然记作 $\int_a^b f(x)dx$，即

$$\int_a^b f(x)dx=\lim_{t\to a^+}\int_t^b f(x)dx \tag{4}$$

这时称广义积分 $\int_a^b f(x)dx$ **收敛**；如果 $\lim_{t\to a^+}\int_t^b f(x)dx$ 极限不存在，则称广义积分 $\int_a^b f(x)dx$ **发散**.

学习心得

学习心得

类似地，设函数 $f(x)$ 在 $[a,b)$ 上连续，点 b 为 $f(x)$ 的瑕点，取 $t<b$，如果极限

$$\lim_{t\to b^-}\int_a^t f(x)\mathrm{d}x$$

存在，则该极限称为函数 $f(x)$ 在 $[a,b)$ 上的瑕积分，仍然记作 $\int_a^b f(x)\mathrm{d}x$，即

$$\int_a^b f(x)\mathrm{d}x=\lim_{t\to b^-}\int_a^t f(x)\mathrm{d}x \tag{5}$$

这时称广义积分 $\int_a^b f(x)\mathrm{d}x$ **收敛**；如果 $\lim\limits_{t\to b^-}\int_a^t f(x)\mathrm{d}x$ 极限不存在，则称广义积分 $\int_a^b f(x)\mathrm{d}x$ **发散**.

设函数 $f(x)$ 在 $[a,b]$ 上除点 $c(a<c<b)$ 外连续，点 c 为 $f(x)$ 的瑕点，如果两个广义积分

$$\int_a^c f(x)\mathrm{d}x \quad 与 \quad \int_c^b f(x)\mathrm{d}x$$

都收敛，则定义

$$\begin{aligned}\int_a^b f(x)\mathrm{d}x&=\int_a^c f(x)\mathrm{d}x+\int_c^b f(x)\mathrm{d}x\\&=\lim_{t_1\to c^-}\int_a^{t_1} f(x)\mathrm{d}x+\lim_{t_2\to c^+}\int_{t_2}^b f(x)\mathrm{d}x\end{aligned} \tag{6}$$

如果 $\lim\limits_{t_1\to c^-}\int_a^{t_1} f(x)\mathrm{d}x$ 或 $\lim\limits_{t_2\to c^+}\int_{t_2}^b f(x)\mathrm{d}x$ 中有一个极限不存在，就称广义积分 $\int_a^b f(x)\mathrm{d}x$ 发散.

【例 20】计算 $\int_0^2 \frac{x}{\sqrt{4-x^2}}\mathrm{d}x$.

【解】$x=2$ 为被积函数 $f(x)=\frac{x}{\sqrt{4-x^2}}$ 的瑕点，于是

$$\begin{aligned}\int_0^2 \frac{x}{\sqrt{4-x^2}}\mathrm{d}x&=\lim_{t\to 2^-}\int_0^t \frac{x}{\sqrt{4-x^2}}\mathrm{d}x=\lim_{t\to 2^-}\left[-\frac{1}{2}\int_0^t\left(4-x^2\right)^{-\frac{1}{2}}\mathrm{d}\left(4-x^2\right)\right]\\&=\lim_{t\to 2^-}\left[-\left(4-x^2\right)^{\frac{1}{2}}\Big|_0^t\right]=2.\end{aligned}$$

【例 21】讨论广义积分 $\int_{-1}^1 \frac{\mathrm{d}x}{x^2}$ 的敛散性.

【解】被积函数 $f(x)=\frac{1}{x^2}$ 在积分区间 $[-1,1]$ 上除 $x=0$ 外连续，且 $\lim\limits_{x\to 0}\frac{1}{x^2}=\infty$.

由于

$$\int_{-1}^0 \frac{1}{x^2}\mathrm{d}x=\lim_{t\to 0^-}\int_{-1}^t \frac{1}{x^2}\mathrm{d}x=\lim_{t\to 0^-}\left(-\frac{1}{x}\right)\Big|_{-1}^t$$

$$= \lim_{t \to 0^-} \left(-\frac{1}{t}\right) - 1 = +\infty$$

即广义积分$\int_{-1}^{0} \frac{\mathrm{d}x}{x^2}$发散，所以广义积分$\int_{-1}^{1} \frac{\mathrm{d}x}{x^2}$发散.

注意 如果疏忽了$x=0$是被积函数的瑕点，就会得到以下的错误结果：

$$\int_{-1}^{1} \frac{1}{x^2} \mathrm{d}x = \left(-\frac{1}{x}\right)\Big|_{-1}^{1} = -1-1=-2$$

【例22】 当$q>0$时，讨论广义积分$\int_0^1 \frac{\mathrm{d}x}{x^q}$的敛散性.

【证明】 当$q=1$时

$$\int_0^1 \frac{1}{x^q}\mathrm{d}x = \int_0^1 \frac{1}{x}\mathrm{d}x = \lim_{t\to 0^+}\int_t^1 \frac{1}{x}\mathrm{d}x = \lim_{t \to 0^+} \ln x\Big|_t^1$$
$$= \ln 1 - \lim_{t\to 0^+} \ln x = +\infty$$

当$q \neq 1$时，

$$\int_0^1 \frac{1}{x^q}\mathrm{d}x = \lim_{t\to 0^+}\int_t^1 \frac{1}{x^q}\mathrm{d}x = \lim_{t\to 0^+}\left[\frac{1}{1-q}x^{1-q}\right]_t^1$$
$$= \lim_{t\to 0^+}\left(\frac{1}{1-q} - \frac{t^{1-q}}{1-q}\right) = \begin{cases} \dfrac{1}{1-q}, & 0<q<1 \\ +\infty, & q>1 \end{cases}$$

因此，当$0<q<1$时，$\int_0^1 \frac{\mathrm{d}x}{x^q}$收敛，其值为$\frac{1}{1-q}$，当$q \geqslant 1$时，$\int_0^1 \frac{\mathrm{d}x}{x^q}$发散.

6.6.3 *Γ* 函数

利用广义积分可以定义一类重要的函数——Γ函数，它是特殊形式的广义积分，在许多学科中都有广泛的应用.

定义3 含参变量$r(r>0)$的广义积分

$$\Gamma(r) = \int_0^{+\infty} x^{r-1}\mathrm{e}^{-x}\mathrm{d}x$$

称为***Γ*函数**.

Γ函数是一个重要的广义积分，可以证明它是收敛的. 下面介绍Γ函数的性质，以方便今后应用.

性质1(递推公式) $\Gamma(r+1) = r\Gamma(r) \quad (r>0)$.

证明 $\Gamma(r+1) = \int_0^{+\infty} x^r \mathrm{e}^{-x}\mathrm{d}x = \int_0^{+\infty} x^r \mathrm{d}(-\mathrm{e}^{-x})$

$$= (-x^r\mathrm{e}^{-x})\Big|_0^{+\infty} + \int_0^{+\infty}\mathrm{e}^{-x}\mathrm{d}x^r$$

学习心得

学习心得

$$=r\int_0^{+\infty}e^{-x}x^{r-1}dx$$
$$=r\Gamma(r).$$

性质 2 $\Gamma(n+1)=n!\ (n\in\mathbf{N})$.

证明 由性质 1 得

$\Gamma(n+1)=n\Gamma(n)=n(n-1)\Gamma(n-1)=\cdots=n!\Gamma(1)$.

又因为 $\Gamma(1)=\int_0^{+\infty}e^{-x}dx=(-e^{-x})\Big|_0^{+\infty}=1$，

所以 $\Gamma(n+1)=n!\ (n\in\mathbf{N})$.

【例 23】 计算下列各值.

① $\dfrac{\Gamma(6)}{2\Gamma(3)}$；　　② $\dfrac{\Gamma\left(\frac{5}{2}\right)}{\Gamma\left(\frac{1}{2}\right)}$.

【解】① 由递推公式得 $\Gamma(6)=5\Gamma(5)=5\cdot4\Gamma(4)=5\cdot4\cdot3\Gamma(3)=60\Gamma(3)$，

因此 $\dfrac{\Gamma(6)}{2\Gamma(3)}=\dfrac{60\Gamma(3)}{2\Gamma(3)}=30$.

② 由递推公式得 $\Gamma\left(\frac{5}{2}\right)=\Gamma\left(\frac{3}{2}+1\right)=\frac{3}{2}\Gamma\left(\frac{3}{2}\right)=\frac{3}{2}\cdot\frac{1}{2}\Gamma\left(\frac{1}{2}\right)=\frac{3}{4}\Gamma\left(\frac{1}{2}\right)$，

因此 $\dfrac{\Gamma\left(\frac{5}{2}\right)}{\Gamma\left(\frac{1}{2}\right)}=\dfrac{\frac{3}{4}\Gamma\left(\frac{1}{2}\right)}{\Gamma\left(\frac{1}{2}\right)}=\dfrac{3}{4}$.

【例 24】 计算积分.

① $\int_0^{+\infty}x^3e^{-x}dx$；　　② $\int_0^{+\infty}x^{-\frac{1}{2}}e^{-x}dx$.

【解】 ① $\int_0^{+\infty}x^3e^{-x}dx=\Gamma(4)=3!=6$.

② 令 $x=y^2$，$dx=2ydy$，

$$\Gamma\left(\frac{1}{2}\right)=\int_0^{+\infty}x^{-\frac{1}{2}}e^{-x}dx=\int_0^{+\infty}y^{-1}e^{-y^2}\cdot2ydy=2\int_0^{+\infty}e^{-y^2}dy$$
$$=\int_{-\infty}^{+\infty}e^{-y^2}dy=\int_{-\infty}^{+\infty}e^{-x^2}dx.$$

即 $\Gamma\left(\frac{1}{2}\right)=\int_{-\infty}^{+\infty}e^{-x^2}dx=\sqrt{\pi}$.

这个积分是概率论中的一个重要积分，最后的结果 $\int_{-\infty}^{+\infty}e^{-x^2}dx=\sqrt{\pi}$ 的原因见第 9 章的例 6.

练习 6.6

1. 判断下列各广义积分的敛散性，如果收敛，计算广义积分的值.

① $\int_1^{+\infty}\frac{dx}{x^4}$；　② $\int_1^{+\infty}\frac{dx}{\sqrt{x}}$；

③ $\int_0^{+\infty}e^{-4x}dx$；　④ $\int_0^{+\infty}e^{-x}\cos x dx$；

⑤ $\int_{-\infty}^{+\infty}xe^{-x^2}dx$；　⑥ $\int_{-1}^{0}\frac{1}{\sqrt{1-x^2}}dx$；

⑦ $\int_1^{2}\frac{1}{x\ln x}dx$；　⑧ $\int_1^{2}\frac{x}{\sqrt{x-1}}dx$.

2. 用 Γ 函数表示下列积分，并计算积分值.

① $\int_0^{+\infty}\sqrt{x}e^{-x}dx$；　② $\int_0^{+\infty}x^3e^{1-x}dx$.

6.7　定积分的应用

本节应用前面学过的定积分理论求平面图形的面积和空间立体的体积，还要介绍定积分理论在经济学中的简单应用.

6.7.1　定积分的元素法

定积分是符合某种格式的和式的极限，这种量有三个共同的特征．一般地，如果某一实际问题中所求的量 U 符合下述三个条件.

① U 的大小取决于某个变量 x 的变化区间 $[a,b]$ 及定义在该区间上的一个函数 $f(x)$.

② U 对于区间 $[a,b]$ 具有可加性.

③ 在区间 $[a,b]$ 的每个子区间 $[x,x+\Delta x]$ 上，部分量 ΔU 的近似值可以表示为 $f(\xi)\Delta x$，其中 $\xi\in[x,x+\Delta x]$.

则可以将 U 表达为定积分，下面以图 6-11 说明得到积分表达式的步骤.

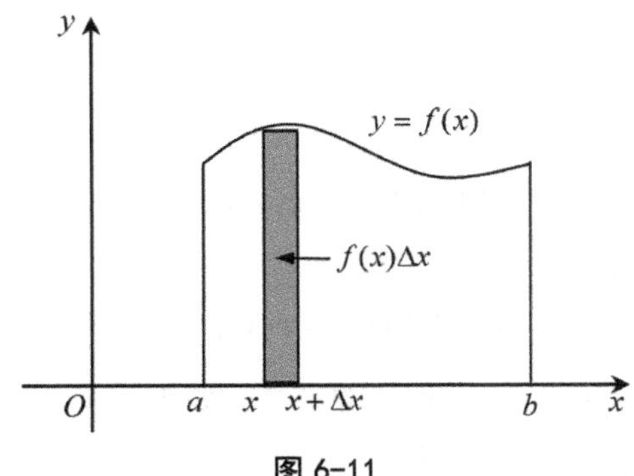

图 6-11

学习心得

① 根据问题的具体情况，选取一个变量(例如 x)为积分变量，并确定它的变化区间$[a,b]$.

② 设想把区间$[a,b]$分成 n 个小区间，在其中任取一个小区间记作$[x,x+\mathrm{d}x]$，求出相应于这个小区间的部分量ΔU的近似值. 如果ΔU能近似地表示为$[a,b]$上的一个连续函数在x处的值$f(x)$与$\mathrm{d}x$的乘积，就把$f(x)\mathrm{d}x$称为**量 U 的元素**且记作$\mathrm{d}U$，即

$$\mathrm{d}U=f(x)\mathrm{d}x$$

③ 以所求量 U 的元素$f(x)\mathrm{d}x$为被积表达式，在区间$[a,b]$上作定积分，得

$$U=\int_a^b f(x)\mathrm{d}x$$

这就是所求量U的积分表达式.

这个方法通常称为**元素法**，下面用这个方法来讨论几何中的一些问题.

6.7.2 平面图形的面积

下面介绍求由两条直线$x=a$, $x=b$及两条连续曲线$y=f(x)$，$y=g(x)$ $(g(x)\leqslant f(x),x\in[a,b])$所围成的平面图形面积的方法，见图 6-12.

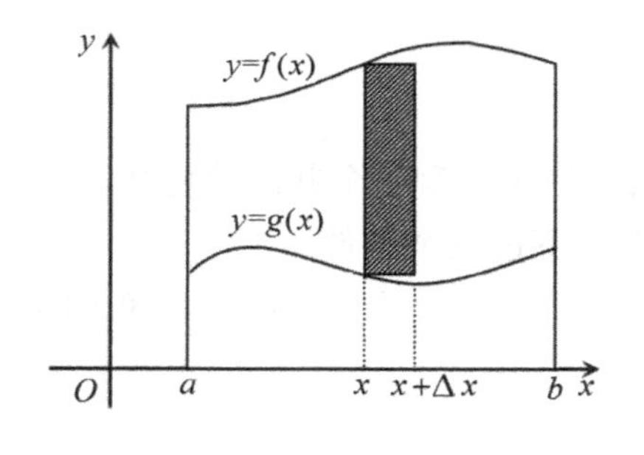

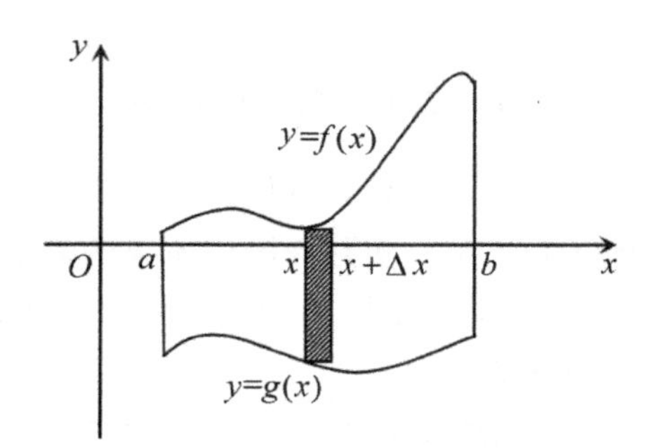

图 6-12

在区间$[a,b]$上任取位于$[x,x+\Delta x]$子区间的部分图形，把截取的部分图形看作矩形，计算近似值，矩形的长(高)为$f(x)-g(x)$，宽为Δx，面积的近似值为

$$\Delta A\approx[f(x)-g(x)]\Delta x$$

故所对应的面积元素为

$$\mathrm{d}A=[f(x)-g(x)]\mathrm{d}x$$

从a到b积分就得到所求的面积

$$A=\int_a^b[f(x)-g(x)]\mathrm{d}x \tag{1}$$

公式(1)就是平面图形的面积计算公式. 如果$f(x)$, $g(x)$相互之间的大小不能确定，可以把(1)式改写为

$$A=\int_a^b |f(x)-g(x)| \mathrm{d}x$$

注　使用上式时，**必须按** $f(x)$，$g(x)$ **实际的大小，把** $[a,b]$ **分成若干个小区间再计算积分.**

同样地，当 $f(y) \geqslant g(y)$ 时，由直线 $y=c$，$y=d$ 和连续曲线 $x=f(y)$，$x=g(y)$ 所围成的平面图形（见图 6-13）的面积为

$$A=\int_c^d [f(y)-g(y)] \mathrm{d}y$$

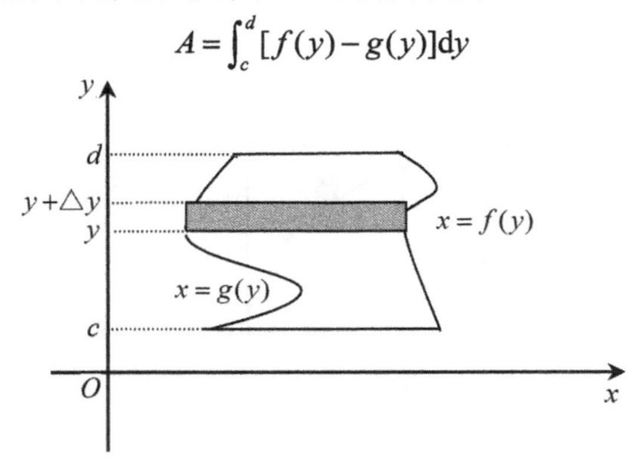

图 6-13

【例 25】 计算由两条抛物线 $y^2=x$，$y=x^2$ 所围成的图形的面积.

【解】 这两条抛物线及其围成的图形如图 6-14 所示.

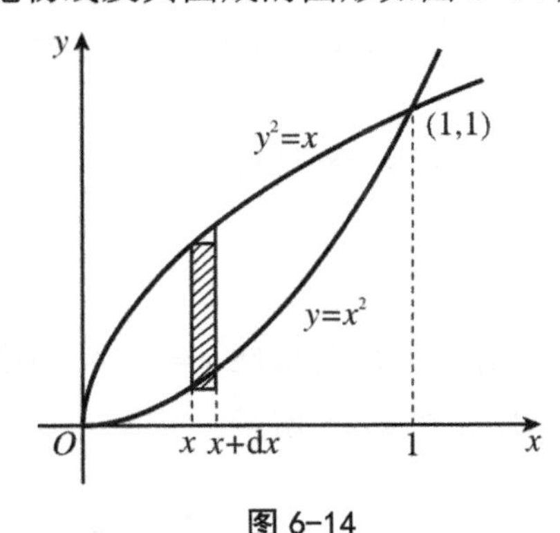

图 6-14

为了具体定出两条抛物线所围成的图形的范围，先求出这两条抛物线的交点. 为此，解方程组

$$\begin{cases} y^2=x \\ y=x^2 \end{cases}$$

得到两个交点 $(0,0)$，$(1,1)$.

取横坐标 x 为积分变量，它的变化区间为 $[0,1]$. 对应于 $[0,1]$ 上的任意一个小区间 $[x,x+\mathrm{d}x]$ 的窄条的面积近似于高为 $\sqrt{x}-x^2$、底为 $\mathrm{d}x$ 的窄矩形的面积，从而得到面积元素

$$\mathrm{d}A=(\sqrt{x}-x^2)\mathrm{d}x$$

所求图形面积为

学习心得

$$A=\int_0^1\left(\sqrt{x}-x^2\right)\mathrm{d}x=\left(\frac{2}{3}x^{\frac{3}{2}}-\frac{1}{3}x^3\right)\Big|_0^1=\frac{1}{3}$$

【例 26】 如图 6-15 所示，求由曲线 $y=\sin x$，$y=\cos x$ 及直线 $x=0$，$x=\dfrac{\pi}{2}$ 所围成的平面图形的面积．

【解】

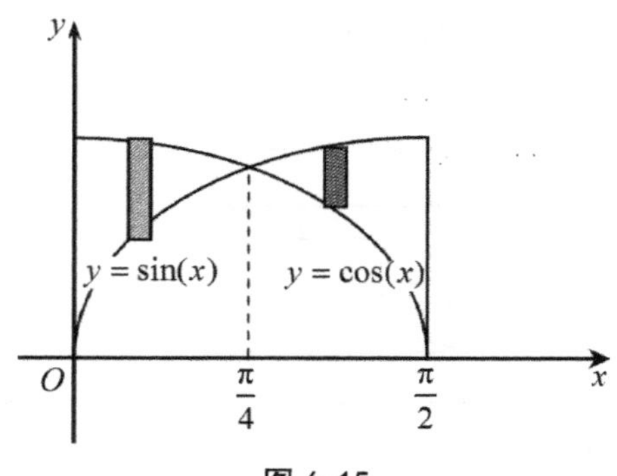

图 6-15

$y=\sin x$，$y=\cos x$ 两曲线在 $\left[0,\dfrac{\pi}{2}\right]$ 区间上的交点为 $\left(\dfrac{\pi}{4},\dfrac{\sqrt{2}}{2}\right)$．

故 $A=\int_0^{\frac{\pi}{2}}|\sin x-\cos x|\mathrm{d}x=\int_0^{\frac{\pi}{4}}(\cos x-\sin x)\mathrm{d}x+\int_{\frac{\pi}{4}}^{\frac{\pi}{2}}(\sin x-\cos x)\mathrm{d}x$

$$=(\sin x+\cos x)\Big|_0^{\frac{\pi}{4}}+(-\cos x-\sin x)\Big|_{\frac{\pi}{4}}^{\frac{\pi}{2}}$$

$$=2\left(\sqrt{2}-1\right).$$

【例 27】 计算由抛物线 $y^2=2x$ 与直线 $y=x-4$ 所围成的图形的面积．

【解】 所求面积的图形如图 6-16 所示．

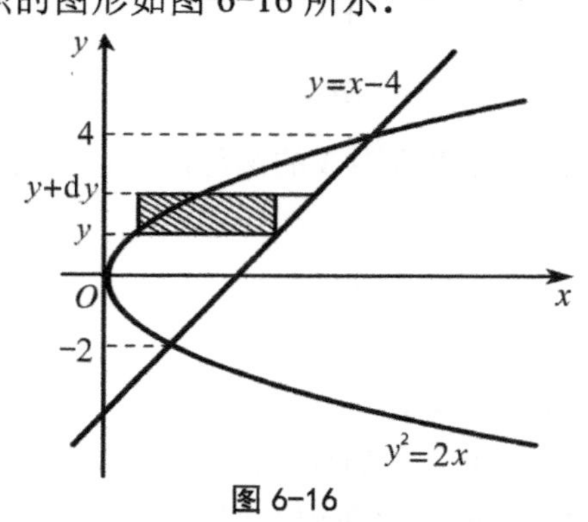

图 6-16

为了定出这图形所在的范围，先求出所给抛物线和直线的交点．解方程组

$$\begin{cases}y^2=2x\\y=x-4\end{cases}$$

得交点 $(2,-2)$，$(8,4)$．

取纵坐标值 y 为积分变量，它的变化区间为 $[-2,4]$．相应于 $[-2,4]$ 上任意一个小区间 $[y,y+\mathrm{d}y]$ 的窄条面积近似于高为 $\mathrm{d}y$、底为 $(y+4)-\frac{1}{2}y^2$ 的窄矩形的面积，从而得到面积元素

$$\mathrm{d}A=\left(y+4-\frac{1}{2}y^2\right)\mathrm{d}y$$

所求图形面积为

$$A=\int_{-2}^{4}\left[y+4-\frac{1}{2}y^2\right]\mathrm{d}y=\left[\frac{y^2}{2}+4y-\frac{1}{6}y^3\right]_{-2}^{4}=18$$

注　读者可以考虑一下，取横坐标值 x 为积分变量进行计算有什么不方便的地方，由此例可以看到，适当选择积分变量，可使计算变得方便．

6.7.3　立体的体积

1．旋转体的体积

旋转体是由一个平面图形绕这个平面内一条直线旋转一周而成的立体，这条直线叫旋转轴．例如圆柱可以看作矩形绕它的一边旋转一周而成的立体．

① 求由直线 $x=a$，$x=b$，连续曲线 $y=f(x)$ 和 x 轴所围成的曲边梯形(见图 6-17)绕 x 轴旋转一周所成的旋转体的体积．

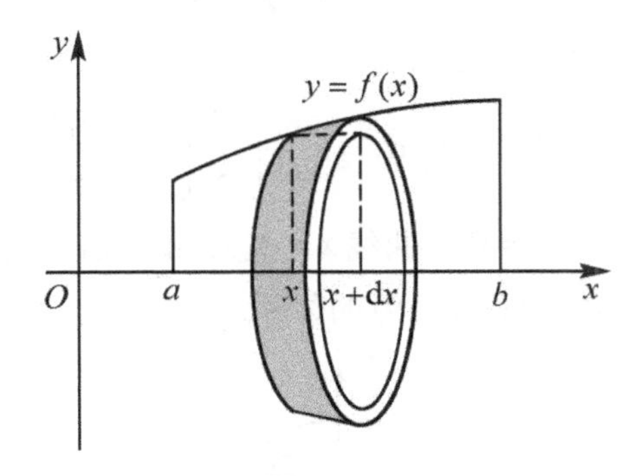

图 6-17

取横坐标值 x 为积分变量，它的变化区间为 $[a,b]$，在 $[a,b]$ 上任意一个小区间 $[x,x+\mathrm{d}x]$ 的窄曲边梯形绕 x 轴旋转一周而成的薄片的体积近似于以 $f(x)$ 为底面半径、$\mathrm{d}x$ 为高的扁圆柱体的体积(见图 6-17)，即体积元素

$$\mathrm{d}V=\pi[f(x)]^2\mathrm{d}x$$

在 $[a,b]$ 上作定积分，便得旋转体体积为

$$V=\pi\int_a^b[f(x)]^2\mathrm{d}x$$

学习心得

学习心得

【例 28】连接坐标原点 O 及点 $P(h, r)$ 的直线，直线 $x=h$ 和 x 轴围成一个直角三角形．将它绕 x 轴旋转一周构成一个底半径为 r、高为 h 的圆锥体(见图 6-18)，计算这个圆锥体的体积．

【解】过原点 O 及点 $P(h, r)$ 的直线方程为 $y=\frac{r}{h}x$，取横坐标值 x 为积分变量，它的变化区间为$[0, h]$．

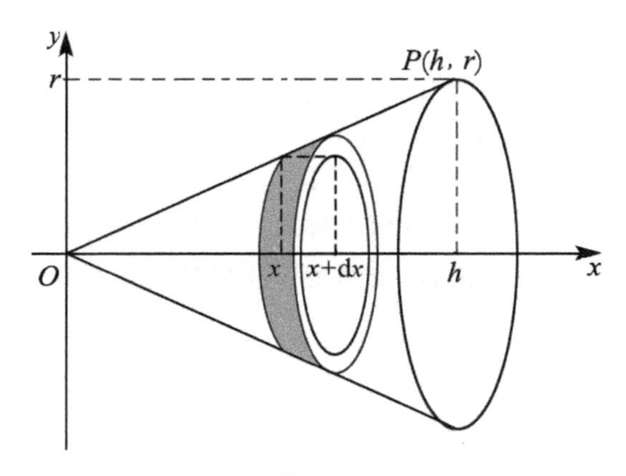

图 6-18

圆锥体中，在$[0, h]$上任意一个小区间$[x, x+dx]$上的薄片的体积近似于底面半径为$\frac{r}{h}x$、高为 dx 的扁圆柱体的体积，即体积元素

$$dV=\pi\left(\frac{r}{h}x\right)^2 dx$$

于是所求圆锥体的体积为

$$V=\pi\int_0^h\left(\frac{r}{h}x\right)^2 dx=\pi\frac{r^2}{h^2}\left[\frac{x^3}{3}\right]_0^h=\frac{\pi h r^2}{3}$$

② 求由直线 $y=c$，$y=d$，曲线 $x=\varphi(y)$ 和 y 轴所围平面图形绕 y 轴旋转一周所成的旋转体(见图 6-19)的体积．

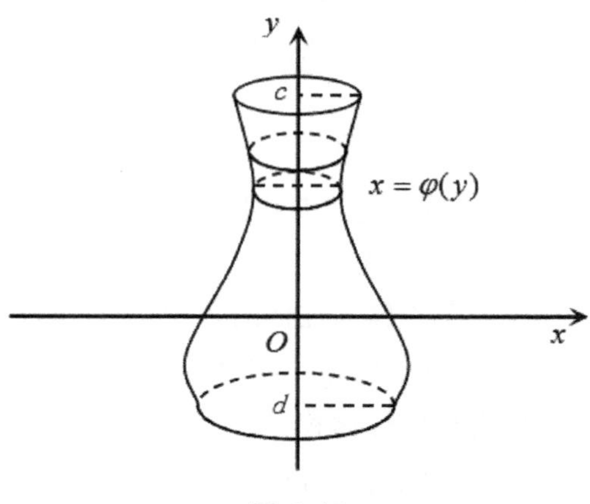

图 6-19

类似地可得旋转体体积公式为

$$V=\pi\int_c^d[\varphi(y)]^2\mathrm{d}y$$

【例 29】计算由 $x=0$，$y=0$，$y=\cos x$ $\left(0\leqslant x\leqslant\frac{\pi}{2}\right)$ 所围成平面图形绕 y 轴旋转一周所成的旋转体（见图 6-20）的体积．

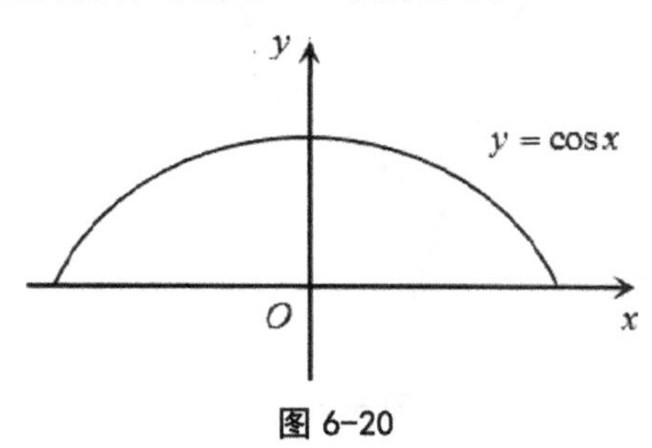

图 6-20

【解】 $y=\cos x$ 的反函数为 $x=\arccos y$．

$$\begin{aligned}V&=\pi\int_0^1(\arccos y)^2\mathrm{d}y\\&=-\pi\int_0^{\frac{\pi}{2}}t^2\mathrm{d}(\cos t)\qquad(令t=\arccos y)\\&=[-\pi t^2\cos t]\Big|_0^{\frac{\pi}{2}}+2\pi\int_0^{\frac{\pi}{2}}t\cos t\mathrm{d}t\\&=2\pi\int_0^{\frac{\pi}{2}}t(\mathrm{d}\sin t)=[2\pi t\sin t]\Big|_0^{\frac{\pi}{2}}-2\pi\int_0^{\frac{\pi}{2}}\sin t\mathrm{d}t\\&=\pi^2+[2\pi\cos t]\Big|_0^{\frac{\pi}{2}}=\pi^2-2\pi\ .\end{aligned}$$

2. 平行截面面积为已知的立体的体积

由计算旋转体体积的过程可以发现：如果知道该立体上垂直于一个定轴的各个截面的面积，那么这个立体的体积也可以用定积分来计算．

设一个立体在过点 $x=a$ 和 $x=b$ 且垂直于 x 轴的两个平面之内，如图 6-21 所示．取 x 轴为定轴，以 $A(x)$ 表示过点 x 且垂直于 x 轴的截面面积．

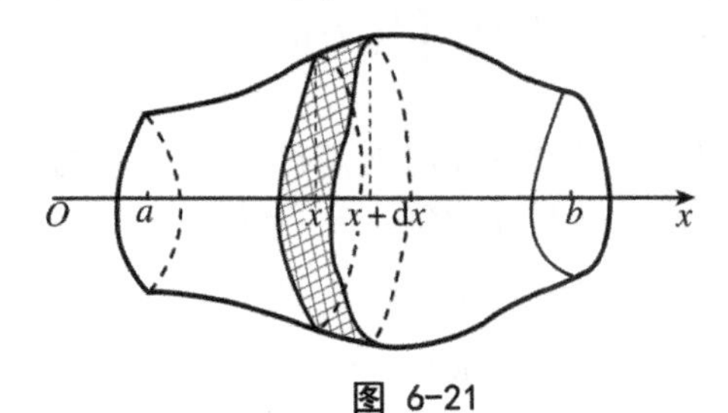

图 6-21

取 x 为积分变量，它的变化区间为 $[a,b]$．立体中相应于 $[a,b]$ 上任一小区间 $[x,x+\mathrm{d}x]$ 的一薄片的体积近似于底面积为 $A(x)$、高为 $\mathrm{d}x$ 的扁圆柱体的体积．则体积元素为 $\mathrm{d}V=A(x)\mathrm{d}x$，于是，该立体的体积为

$$V=\int_a^bA(x)\mathrm{d}x$$

学习心得

学习心得

【例 30】一平面经过半径为 R 的圆柱体的底圆中心，并与底面交成 α 角（见图 6-22），计算这平面截圆柱体所得立体的体积．

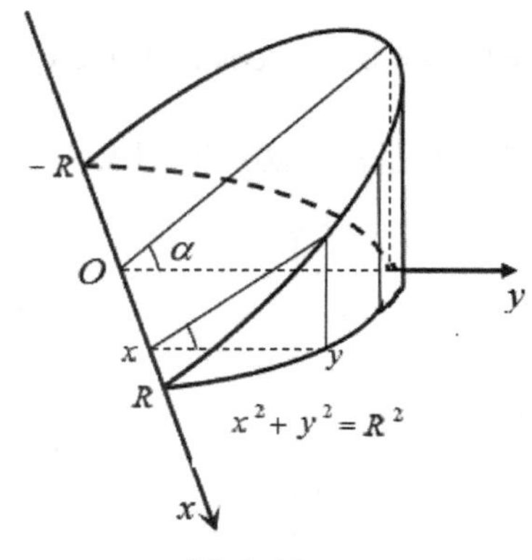

图 6-22

【解】取这平面与圆柱体的底面交线为 x 轴，底面上过圆心且垂直于 x 轴的直线为 y 轴，那么底圆的方程为 $x^2+y^2=R^2$，立体中过 x 轴上的点 x 且垂直于 x 轴的截面是一个直角三角形，这个三角形的两条直角边的长分别为 y 和 $y=\tan\alpha$，即 $\sqrt{R^2-x^2}$ 和 $\sqrt{R^2-x^2}\tan\alpha$，因而截面积为 $A=\frac{1}{2}(R^2-x^2)\tan\alpha$，于是所求立体体积为

$$V=\int_{-R}^{R}\frac{1}{2}(R^2-x^2)\tan\alpha\,\mathrm{d}x=\frac{1}{2}\tan\alpha\left[R^2x-\frac{1}{3}x^3\right]\Big|_{-R}^{R}$$

$$=\frac{2}{3}R^3\tan\alpha$$

6.7.4 定积分在经济上的应用

1. 已知边际产量函数求总产量

若总产量 Q 是时间 t 的函数 $Q=Q(t)$，并且其边际产量函数为 $Q'(t)$，则在时间段 $[T_1,T_2]$ 内的产量为 $Q=\int_{T_1}^{T_2}Q'(t)\mathrm{d}t$．

【例 31】已知某产品在时刻 t 时的总产量变化率为

$$Q'(t)=100+6t-0.3t^2$$

求从 t=8 到 t=12 这 4 小时内的总产量．

【解】$Q=\int_{8}^{12}(100+6t-0.3t^2)\mathrm{d}t=518.4$．

从 t=8 到 t=12 这 4 小时内的总产量为 518.4．

2. 已知边际成本函数求总成本

设固定成本为 C_0，可变成本 $C_1=C_1(Q)$，则总成本函数为

$$C(Q)=C_0+C_1(Q)$$

已知边际成本为 $C'(Q)=C_1(Q)$ 时，生产 Q 个单位产品的总成本为

$$C(Q)=\int_0^Q C'(t)\mathrm{d}t+C_0$$

【例 32】已知某工厂生产某产品的边际成本为产量 Q 的函数 $C'(Q)=Q^2-4Q+6$，固定成本为 $C_0=200$ 元，求：

① 总成本函数 $C(Q)$；

② 产量从 2 个单位增加到 4 个单位时的成本变化量.

【解】① $C(Q)=\int_0^Q C'(t)\mathrm{d}t+C_0$

$$=\int_0^Q (t^2-4t+6)\mathrm{d}t+200$$

$$=\frac{Q^3}{3}-2Q^2+6Q+200.$$

② $C(4)-C(2)=\int_2^4 C'(t)\mathrm{d}t=\int_2^4 (t^2-4t+6)\mathrm{d}t$

$$=\left(\frac{t^3}{3}-2t^2+6t\right)\Bigg|_2^4=\frac{20}{3}.$$

3. 已知边际收益函数求总收益

若总收益函数为 $R=R(Q)$，并且其边际收益函数为 $R'(Q)$，则生产(或销售)Q 个单位产品时的总收益为

$$R(Q)=\int_0^Q R'(t)\mathrm{d}t$$

【例 33】已知边际收益函数为 $R'(Q)=200-\frac{Q}{2}$，求：

① 总收益函数 $R=R(Q)$；

② 如果已生产了 200 个单位，求再生产 100 单位的总收益.

【解】① $R(Q)=\int_0^Q R'(t)\mathrm{d}t=\int_0^Q\left(200-\frac{t}{2}\right)\mathrm{d}t=200Q-\frac{1}{4}Q^2$.

② $R(300)-R(200)=\int_{200}^{300}\left(200-\frac{t}{2}\right)\mathrm{d}t=\left(200t-\frac{t^2}{4}\right)\Bigg|_{200}^{300}=7500$.

4. 已知边际收益函数和边际成本函数求总利润

若边际收益函数和边际成本函数分别为 $R'(Q)$ 和 $C'(Q)$，则总收益函数和总成本函数分别为

$$R(Q)=\int_0^Q R'(t)\mathrm{d}t \quad 和 \quad C(Q)=\int_0^Q C'(t)\mathrm{d}t+C_0$$

利润函数为

$$L(Q)=R(Q)-C(Q)$$

即利润函数为

学习心得

学习心得

$$L(Q)=R(Q)-C(Q)=\int_0^Q\left[R'(t)-C'(t)\right]\mathrm{d}t-C_0$$

【例 34】 生产某种产品的固定成本是 10000 元，边际成本与边际收益分别为

$$C'(Q)=0.03Q^2-24Q+100 \text{（元/单位产品）}$$
$$R'(Q)=90-4Q \text{（元/单位产品）}$$

试求工厂生产 200 单位产品的总利润.

【解】 $L(Q)=R(Q)-C(Q)=\int_0^{200}\left[R'(t)-C'(t)\right]\mathrm{d}t-C_0$

$$=\int_0^{200}\left[(90-4t)-(0.03t^2-24t+100)\right]\mathrm{d}t-10000$$
$$=\int_0^{200}\left[-0.03t^2+20t-10\right]\mathrm{d}t-10000$$
$$=(-0.01t^3+10t^2-10t)\Big|_0^{200}-10000$$
$$=308000.$$

工厂生产 200 单位产品的总利润为 308000 元.

练习 6.7

1. 求由下列各小题中的曲线所围成的平面图形的面积.

① $y=x$, $y=\sqrt{x}$；

② $y=\mathrm{e}^x$, $x=0$, $y=\mathrm{e}$；

③ $y=x^2$, $x+y=2$；

④ $y^2=2x$, $y=x-4$；

⑤ $y=\dfrac{1}{x}$, $y=x$, $x=2$；

⑥ $y=\mathrm{e}^x$, $y=\mathrm{e}^{-x}$, $x=1$.

2. 求下列各题中的曲线所围成的平面图形绕指定轴旋转一周所得的旋转体的体积.

① $y=x^3$, $y=0$, $x=2$，绕 x 轴；

② $y=x^2$, $x=y^2$，绕 y 轴；

③ $xy=4$, $x=1$, $x=4$, $y=0$，绕 x 轴.

3. 用平行截面面积已知的立体体积公式计算以半径为 R 的圆为底面，平行且等于底面圆直径的线段为顶，高为 h 的正劈椎体的体积.

4. 已知边际成本为 $C'(Q)=100-2Q$，求当产量由 Q=20 增加到 Q=30 时，增加的成本数.

5. 设生产某产品的边际成本为 $C'(Q)=0.03Q^2-10Q-42$（元/单位产品），边际收益为 $R'(Q)=58+10Q$（元/单位产品），固定成本是 10^5 元，求：

① 生产 200 单位产品的总利润；

② 生产 300 单位后再生产 200 单位产品的总利润.

习 题 6

一、选择题

1. 已知函数 $f(x)$ 是区间 $[a,b]$ 上的连续函数，则下列说法中正确的是（　　）.

A. $\int_a^b f(x)\mathrm{d}x$ 是 $f(x)$ 的一个原函数

B. $\int_a^b f(x)\mathrm{d}x$ 是 $f(x)$ 的全体原函数

C. $\left[\int_a^b f(x)\mathrm{d}x\right]'=0$

D. $f(x)$ 在 $[a,b]$ 上的积分可能不存在

2. 若在区间 $[a,b]$ 上 $f(x)\geqslant 0$，且 $f(x)$ 连续，则 $\int_a^b f(x)\mathrm{d}x$ 在几何上表示（　　）.

A. 曲边 $y=f(x)\ \ (a\leqslant x\leqslant b)$

B. 曲边 $y=f(x)\ \ (a\leqslant x\leqslant b)$ 的长度

C. 曲边梯形

D. 曲边梯形的面积

3. 设 $f(x)$ 在区间 $[a,b]$ 上连续，则 $\int_a^b f(x)\mathrm{d}x-\int_a^b f(t)\mathrm{d}t$ 的值（　　）.

A. 小于零　　B. 等于零

C. 大于零　　D. 不确定

4. 设 $f(x)$ 为连续函数，则变上限积分 $\int_a^x f(t)\mathrm{d}t$ 是（　　）.

A. $f'(x)$ 的一个原函数　　B. $f'(x)$ 的所有原函数

C. $f(x)$ 的一个原函数　　D. $f(x)$ 的所有原函数

5. $\left(\int_a^b \arctan x\mathrm{d}x\right)'$ 等于（　　）.

A. $\arctan x$　　B. $\dfrac{1}{1+x^2}$

C. $\arctan b-\arctan a$　　D. 0

6. 若函数 $f(x)$ 在区间 $[a,b]$ 上可积，下列结论中错误的是（　　）.

A. $\int_a^b f(x)\mathrm{d}x=-\int_b^a f(x)\mathrm{d}x$

B. $\int_a^b f(x)\mathrm{d}x=\int_a^c f(x)\mathrm{d}x+\int_c^b f(x)\mathrm{d}x$

C. $\int_a^a f(x)\mathrm{d}x=0$

D. $\left[\int_a^b f(x)\mathrm{d}x\right]'=f(x)$

学习心得

学习心得

7. 下列定积分中，值为零的是(　　).

A. $\int_{-2}^{2}(x^3+x^5)\mathrm{d}x$　　B. $\int_{-2}^{2}(x^3+x^5+1)\mathrm{d}x$

C. $\int_{-2}^{2}x\sin x\mathrm{d}x$　　D. $\int_{-2}^{2}x^2\cos x\mathrm{d}x$

8. 下列不等式中，不成立的是(　　).

A. $\int_0^1 x^n\mathrm{d}x \geqslant \int_0^1 x^{n+1}\mathrm{d}x$

B. $\int_0^{\frac{\pi}{2}} x\mathrm{d}x \geqslant \int_0^{\frac{\pi}{2}} \sin x\mathrm{d}x$

C. $\int_1^{\mathrm{e}} x\mathrm{d}x \leqslant \int_1^{\mathrm{e}} \ln(1+x)\mathrm{d}x$

D. $\int_0^1 \sin x^n\mathrm{d}x \geqslant \int_0^1 \sin^n x\mathrm{d}x$

9. 设函数 $f(x)$ 在区间 $[0,2]$ 上连续，令 $t=2x$，则 $\int_0^1 f(2x)\mathrm{d}x=$(　　).

A. $\int_0^2 f(t)\mathrm{d}t$　　B. $\frac{1}{2}\int_0^1 f(t)\mathrm{d}t$

C. $2\int_0^2 f(t)\mathrm{d}t$　　D. $\frac{1}{2}\int_0^2 f(t)\mathrm{d}t$

10. 以下积分中，不是广义积分的是(　　).

A. $\int_0^{2\pi}\sin^2 x\mathrm{d}x$　　B. $\int_0^1 \frac{1}{x^3}\mathrm{d}x$

C. $\int_0^1 \ln x\mathrm{d}x$　　D. $\int_{-1}^{1}\frac{1}{\sin x}\mathrm{d}x$

11. 下列广义积分中，收敛的是(　　).

A. $\int_1^{+\infty}\frac{1}{\sqrt{x}}\mathrm{d}x$　　B. $\int_1^{+\infty}\frac{1}{x}\mathrm{d}x$

C. $\int_1^{+\infty}\sqrt{x}\mathrm{d}x$　　D. $\int_1^{+\infty}\frac{1}{x^2}\mathrm{d}x$

12. 某产品的边际收益函数和边际成本函数分别为 $R'(Q)$ 和 $C'(Q)$，而固定成本为 C_0，则利润函数 $L(Q)=$(　　).

A. $\int_0^Q[R'(t)-C'(t)]\mathrm{d}t+C_0$

B. $\int_0^Q[R'(t)-C'(t)]\mathrm{d}t-C_0$

C. $\int_0^Q[C'(t)-R'(t)]\mathrm{d}t+C_0$

D. $\int_0^Q[C'(t)-R'(t)]\mathrm{d}t-C_0$

二、填空题

1. 已知 $F(x)=\int_0^x \cos t^2\mathrm{d}t$，则 $F'(x)=$__________.

2. $\int_{-\frac{\pi}{2}}^{\frac{\pi}{2}}\frac{x+\sin x}{1+\cos^2 x}\mathrm{d}x=$__________.

3. 极限 $\lim\limits_{x\to 0}\dfrac{\int_0^{2x}\tan t^3\,\mathrm{d}t}{x^4}=$____________.

4. $f(x)$ 有连续导数，$f(b)=5$，$f(a)=3$，则 $\int_a^b f'(x)\mathrm{d}x=$____________.

5. 由曲线 $y=\mathrm{e}^x$，$y=\mathrm{e}^{-2x}$ 与直线 $x=-1$ 所围成的图形的面积是__________.

6. 已知 $f(x)$ 连续，设 $F(x)=\int_0^x tf(x^2-t^2)\mathrm{d}t$，则 $F'(x)=$____________.

三、解答题

1. 计算 $\int_1^3\left(x^3+\dfrac{3}{x}+1\right)\mathrm{d}x$.

2. 计算 $\int_0^{2\pi}|\sin t|\mathrm{d}t$.

3. 计算 $\int_0^{\frac{\pi}{2}}\sin x\cos^5 x\mathrm{d}x$.

4. 计算 $\int_0^1\dfrac{\sqrt{x}}{1+\sqrt{x}}\mathrm{d}x$.

5. 计算 $\int_0^1 x^2\mathrm{e}^x\mathrm{d}x$.

6. 计算 $\int_0^{+\infty}\dfrac{\arctan x}{(1+x^2)^{\frac{3}{2}}}\mathrm{d}x$.

7. 求由曲线 $y=2^x$ 与直线 $y=1-x$，$x=1$ 所围成的平面图形的面积.

8. 求由抛物线 $y^2=4x$ 与直线 $x=1$ 所围成的图形绕 x 轴旋转一周所得的旋转体的体积.

学习心得

第7章 空间解析几何简介

借助于坐标系，解析几何把“数”与“形”结合起来，通过代数的方法研究几何问题，使得许多几何问题可以通过代数的方法解决．为了研究多元函数的图形和性质，本章介绍空间解析几何的一些基本知识．

7.1 空间直角坐标系

7.1.1 空间直角坐标系

通过建立平面直角坐标系，可以确定平面上任意一点的位置．现在为确定空间中任意一点的位置，引入空间直角坐标系．

在空间中取一定点 O，过点 O 作三条两两垂直的数轴 Ox、Oy、Oz，并规定单位长度．就构成了**空间直角坐标系** $Oxyz$，如图 7-1 所示．

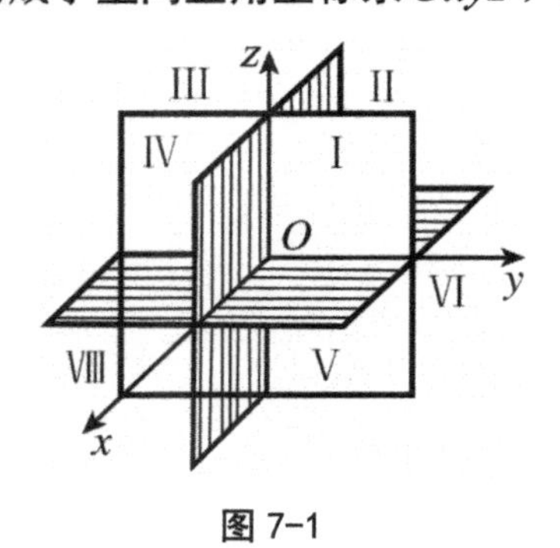

图 7-1

点 O 称为**坐标原点**，Ox、Oy、Oz 依次为 x 轴（横轴）、y 轴（纵轴）、z 轴（竖轴），它们统称为**坐标轴**．x 轴、y 轴、z 轴的方向符合右手法则，即以右手握住 z 轴，当右手的四指从 x 轴正向以 $\frac{\pi}{2}$ 角度转向 y 轴正向时，大拇指的指向就是 z 轴的正向．

每两条坐标轴所确定的平面称为**坐标平面**，分别称为 xOy，yOz，zOx 平面．三个坐标平面把空间分成八个部分，每一部分称为一个**卦限**，八个卦限分别用字母Ⅰ、Ⅱ、Ⅲ、Ⅳ、Ⅴ、Ⅵ、Ⅶ、Ⅷ表示．含有三个正半轴的卦限称为第一卦限；在 xOy 平面的上方，按逆时针方向排列着第二卦限、第三卦限和第四卦限．在 xOy 平面的下方，与第一卦限对应的是第五卦限；按逆时针方向还排列着第六卦限、第七卦限和第八卦限．

对于空间中的任意一点 M，过点 M 作三个平面，分别垂直于 x 轴、y 轴、z 轴，且与这三个坐标轴依次交于 P、Q、R 三点，如图 7-2 所示．

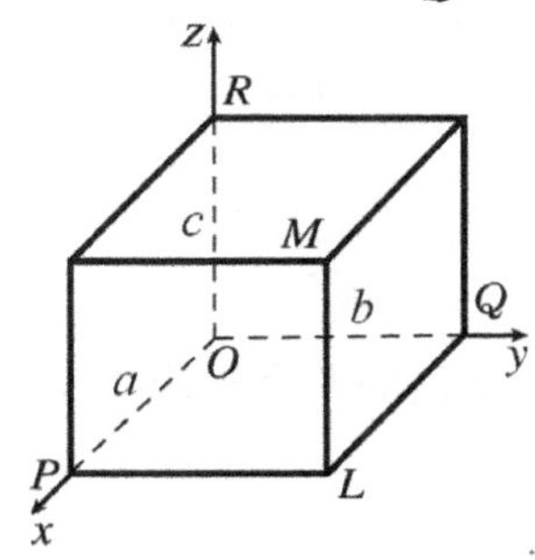

图 7-2

设 $OP=a, OQ=b, OR=c$，则点 M 唯一确定了一个三元有序数组 (a,b,c)．反之，对任意一个三元有序数组 (a,b,c)，在 x 轴、y 轴、z 轴上分别取点 P、Q、R，使得 $OP=a, OQ=b, OR=c$，然后过 P、Q、R 分别作垂直于 x 轴、y 轴、z 轴的平面，这三个平面相交于空间中一点 M，则由一个三元有序数组 (a,b,c) 唯一确定了空间中的一个点 M．于是，空间中任意一点 M 与一个三元有序数组 (a,b,c) 建立了一一对应的关系，称这个三元有序数组 (a,b,c) 为点 M 的**坐标**，记为 $M(a,b,c)$．

显然，坐标原点的坐标为 $(0,0,0)$，当 a,b,c 分别为任意实数时，x 轴上点的坐标为 $(a,0,0)$，y 轴上点的坐标为 $(0,b,0)$，z 轴上点的坐标为 $(0,0,c)$．

7.1.2　空间中两点间的距离

我们都知道，在平面直角坐标系中，任意两点 $M_1(x_1,y_1)$ 和 $M_2(x_2,y_2)$ 间的距离公式为

$$|M_1M_2|=\sqrt{(x_1-x_2)^2+(y_1-y_2)^2}$$

下面给出空间直角坐标系中任意两点间的距离公式．

设 $M_1(x_1,y_1,z_1)$ 和 $M_2(x_2,y_2,z_2)$ 为空间中的任意两点，过 M_1 和 M_2 各作三个平面分别垂直于三个坐标平面，此时这六个平面构成了一个以线段 M_1M_2 为对角线的长方体，如图 7-3 所示．由勾股定理可知：

$$|M_1M_2|^2=|M_1B|^2+|M_2B|^2=|M_1A|^2+|AB|^2+|M_2B|^2$$

学习心得

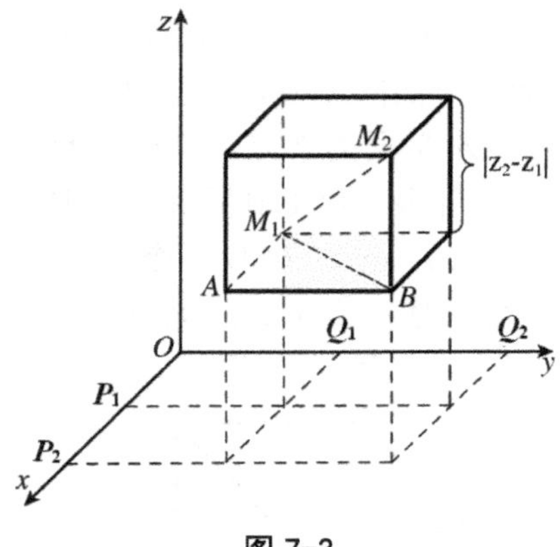

图 7-3

设过点 M_1 和 M_2 垂直于 x 轴的两个平面与 x 轴分别相交于点 P_1 和 P_2，则 $OP_1=x_1$，$OP_2=x_2$，因此有

$$|M_1A|=|P_1P_2|=|x_1-x_2|$$

同理可得　$|AB|=|y_1-y_2|$，$|M_2B|=|z_1-z_2|$.

于是

$$|M_1M_2|^2=|x_1-x_2|^2+|y_1-y_2|^2+|z_1-z_2|^2$$
$$=(x_1-x_2)^2+(y_1-y_2)^2+(z_1-z_2)^2.$$

从而得点 $M_1(x_1,y_1,z_1)$ 和点 $M_2(x_2,y_2,z_2)$ 之间的距离公式为

$$|M_1M_2|=\sqrt{(x_1-x_2)^2+(y_1-y_2)^2+(z_1-z_2)^2}$$

如果点 M_2 为坐标原点，则点 $M_1(x_1,y_1,z_1)$ 与坐标原点之间的距离公式为

$$|OM_1|=\sqrt{x_1^2+y_1^2+z_1^2}$$

【例 1】 已知空间中两点 $P(1,-1,1)$ 和 $Q(3,1,0)$，求点 P 到点 Q 的距离.

【解】 由空间中两点间的距离公式可得

$$|PQ|=\sqrt{(3-1)^2+(1+1)^2+(0-1)^2}=\sqrt{9}=3$$

【例 2】 已知空间中三点 $P(1,2,1)$，$Q(3,1,2)$，$R(4,-1,3)$，求证：由这三点构成的三角形是等腰三角形.

【证明】 因为　$|PQ|=\sqrt{(3-1)^2+(1-2)^2+(2-1)^2}=\sqrt{6}$；

$$|QR|=\sqrt{(4-3)^2+(-1-1)^2+(3-2)^2}=\sqrt{6}；$$

所以　$|PQ|=|QR|$.

所以 $\triangle PQR$ 是等腰三角形.

练习 7.1

1. 在空间直角坐标系中，指出下列各点分别在哪个卦限？

$A(1,-2,3)$　　$B(2,3,-4)$　　$C(2,-3,-4)$　　$D(-2,-3,1)$

2. 在坐标平面上和坐标轴上的点的坐标各有什么特征？分别指出下列各点的位置(所在的坐标平面或坐标轴).

$A(3,4,0)$　　$B(0,3,-4)$　　$C(2,0,0)$　　$D(0,-3,0)$

3. 已知三点 $A(1,-2,1)$，$B(2,1,0)$，$C(2,-1,-2)$，求证 $\triangle ABC$ 是等腰三角形.

7.2　曲面及其方程

在空间解析几何中，任何曲面都可以看作点的几何轨迹. 本节将介绍关于曲面研究的两个基本问题：①已知曲面上点的几何轨迹，如何建立该曲面的方程；②已知一个方程，研究该方程表示的曲面的形状.

7.2.1　曲面方程的概念

定义 1　如果曲面 S 与三元方程 $F(x, y, z)=0$ 有下述关系：

① 曲面 S 上任一点的坐标都满足方程 $F(x, y, z)=0$；

② 满足方程 $F(x, y, z)=0$ 的 (x, y, z) 为坐标的点都在曲面 S 上.

那么，方程 $F(x, y, z)=0$ 就称为**曲面 S 的方程**，而曲面 S 则称为**方程 $F(x, y, z)=0$ 的图形**，见图 7-4.

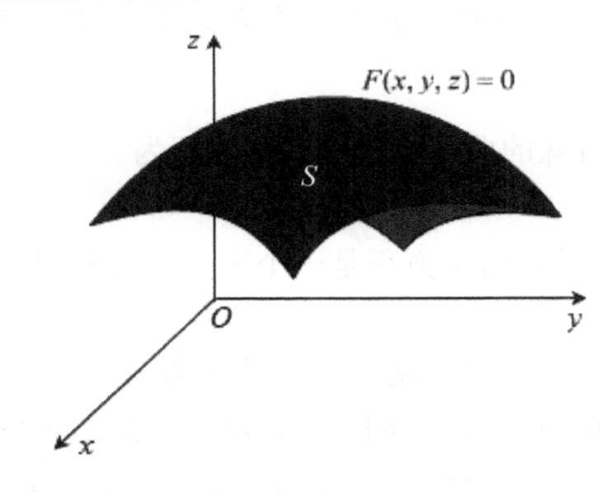

图 7-4

【例 3】建立球心在点 $M_0(x_0, y_0, z_0)$，半径为 R 的球面的方程.

【解】设 $M(x, y, z)$ 是球面上的任一点，那么如图 7-5 所示，有

$$|MM_0|=R$$

即

$$\sqrt{(x-x_0)^2+(y-y_0)^2+(z-z_0)^2}=R$$

或

$$(x-x_0)^2+(y-y_0)^2+(z-z_0)^2=R^2$$

学习心得

学习心得

这就是球面的方程.

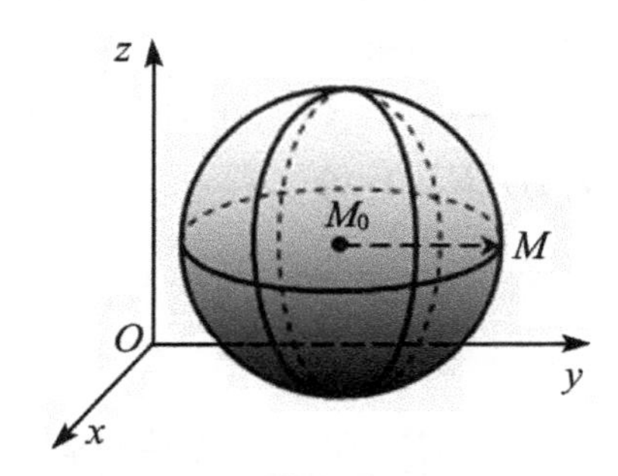

图 7-5

特殊地，球心在原点 $O(0,0,0)$，半径为 R 的球面的方程为

$$x^2+y^2+z^2=R^2$$

【例 4】方程 $x^2+y^2+z^2-2x+4y=0$ 表示怎样的曲面？

【解】通过配方，原方程可以改写成

$$(x-1)^2+(y+2)^2+z^2=5$$

这是一个球心在点 $M_0(1,-2,0)$，半径 $R=\sqrt{5}$ 的球面的方程.

一般地，设有三元二次方程

$$Ax^2+Ay^2+Az^2+Dx+Ey+Fz+G=0 \quad (A\neq 0)$$

这个方程的特点是没有 xy、yz、zx 项，而且 x^2、y^2、z^2 这三个平方项的系数相同且均不为零，对方程左边配方，如果可以将它化成方程 $(x-x_0)^2+(y-y_0)^2+(z-z_0)^2=R^2$ （R 为一个实数）的形式，则其图形就是一个球面.

空间平面是一个特殊的曲面，它的一般方程为

$$Ax+By+Cz+D=0$$

其中 A、B、C、D 为常数，这个方程是一个三元一次方程.

特别情形：

① 方程 $Ax+By+Cz=0$ 表示通过原点的平面.

② 当 $A=0$，$D\neq 0$，B 和 C 不同时为零时，方程 $By+Cz+D=0$ 表示平行于 x 轴的平面；类似地，方程 $Ax+Cz+D=0$ 表示平行于 y 轴的平面；方程 $Ax+By+D=0$ 平行于 z 轴的平面.

③ 当 $A=B=0$，$C\neq 0$，$D\neq 0$ 时，方程 $Cz+D=0$ 表示平行于 xOy 平面的平面；类似地，方程 $Ax+D=0$ 表示平行于 yOz 平面的平面；方程 $By+D=0$ 表示平行于 xOz 平面的平面.

④ 方程 $x=0$ 表示 yOz 平面；类似地，方程 $y=0$ 表示 xOz 平面，方程 $z=0$ 表示 xOy 平面.

7.2.2　旋转曲面

定义 2　平面内的一条曲线绕其所在平面上的一条定直线旋转一周所成的曲面称为**旋转曲面**，这条定直线称为**旋转轴**.

设 L 是 yOz 平面上一条曲线，它的方程为

$$\begin{cases} f(y,z)=0 \\ x=0 \end{cases}$$

L 绕 z 轴旋转一周后，得到一个旋转曲面，设 $M(x,y,z)$ 是旋转曲面上任一点，它由 L 上的点 $M_1(0,y_1,z_1)$ 旋转而来，点 $P(0,0,z)$ 是旋转时的圆心，如图 7-6 所示. 由 $|y_1|=|\overrightarrow{PM_1}|=|\overrightarrow{PM}|=\sqrt{x^2+y^2}$，$z_1=z$，得旋转曲面方程为

$$f\left(\pm\sqrt{x^2+y^2},z\right)=0$$

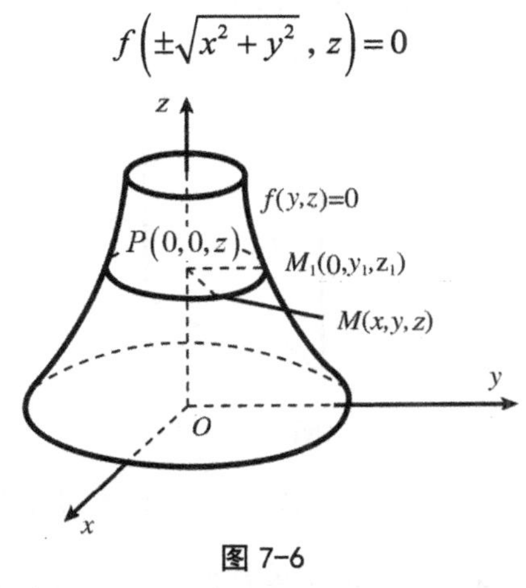

图 7-6

同理，一条曲线 L 绕 y 轴旋转所成的旋转曲面的方程为

$$f\left(y,\pm\sqrt{x^2+z^2}\right)=0$$

【例 5】直线 L 绕另一条与 L 相交的直线旋转一周，所得旋转曲面称为**圆锥面**. 两直线的交点称为**圆锥面的顶点**，两直线的夹角 α $\left(0<\alpha<\frac{\pi}{2}\right)$ 称为**圆锥面的半顶角**. 试建立顶点在坐标原点 O，旋转轴为 z 轴，半顶角为 α 的圆锥面(如图 7-7 所示)的方程.

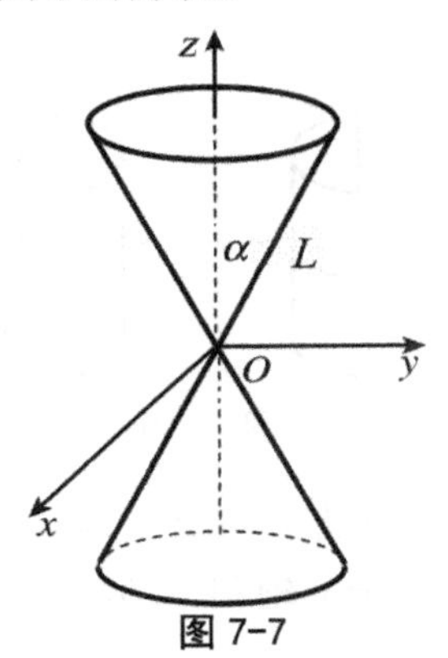

图 7-7

学习心得

【解】在 yOz 坐标平面内，直线 L 的方程为 $z=y\cot\alpha$.

L 绕 z 轴旋转所得的圆锥面的方程为

$$z=\pm\sqrt{x^2+y^2}\cot\alpha \quad 或 \quad z^2=a^2\left(x^2+y^2\right)$$

上面第 2 个式子中的 $a=\cot\alpha$.

7.2.3 柱面

定义 3 平行于定直线并沿定曲线 C 移动的直线 L 形成的曲面称为**柱面**，定曲线 C 称为**柱面的准线**，动直线 L 称为**柱面的母线**.

一般地，只含 x、y 而缺 z 的方程 $F(x,y)=0$，在空间直角坐标系中表示母线平行于 z 轴的柱面，其准线是 xOy 平面上的曲线 C，如图 7-8 所示.

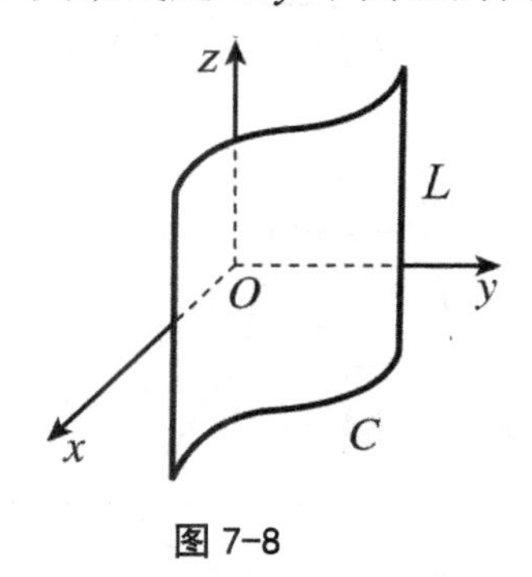

图 7-8

例如：方程 $x^2+y^2=R^2$ 表示母线平行于 z 轴的柱面(见图 7-9)，它的准线是 xOy 平面上的圆 $x^2+y^2=R^2$，该柱面称为圆柱面；方程 $\frac{x^2}{a^2}-\frac{y^2}{b^2}=1$ 表示母线平行于 z 轴的柱面(见图 7-10)，它的准线是 xOy 平面上的双曲线 $\frac{x^2}{a^2}-\frac{y^2}{b^2}=1$，该柱面称为双曲柱面；方程 $y^2=2px$ 表示母线平行于 z 轴的柱面(见图 7-11)，它的准线是 xOy 平面上的抛物线 $y^2=2px$，该柱面称为抛物柱面.

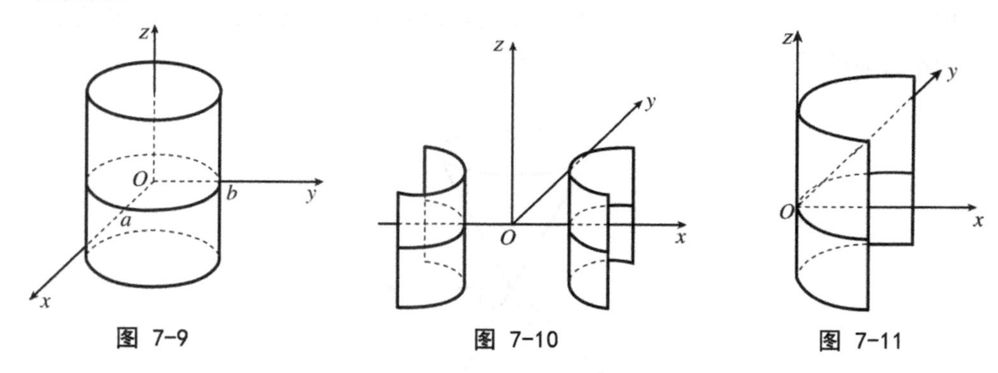

图 7-9　　图 7-10　　图 7-11

类似地，只含 x、z 而缺 y 的方程 $G(x,z)=0$ 和只含 y、z 而缺 x 的方程 $H(y,z)=0$ 分别表示母线平行于 y 轴和 x 轴的柱面.

7.2.4　二次曲面

定义 4　三元二次方程所表示的曲面称为**二次曲面**.

上面提到的各旋转曲面和柱面的例子都是二次曲面，平面则称为**一次曲面**.

表 7-1 介绍了几种常用的二次曲面.

表 7-1　几种常见的二次曲面

曲面名称	方　程	图　形
椭球面	$\frac{x^2}{a^2}+\frac{y^2}{b^2}+\frac{z^2}{c^2}=1$	图 7-12
椭圆锥面	$\frac{x^2}{a^2}+\frac{y^2}{b^2}=z^2$	图 7-13
椭圆抛物面	$\frac{x^2}{a^2}+\frac{y^2}{b^2}=z$	图 7-14
双曲抛物面	$\frac{x^2}{a^2}-\frac{y^2}{b^2}=z$	图 7-15
单叶双曲面	$\frac{x^2}{a^2}+\frac{y^2}{b^2}-\frac{z^2}{c^2}=1$	图 7-16
双叶双曲面	$\frac{x^2}{a^2}-\frac{y^2}{b^2}-\frac{z^2}{c^2}=1$	图 7-17

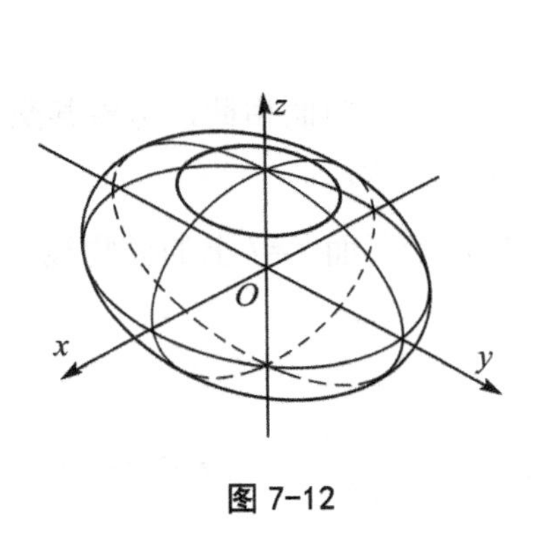

图 7-12

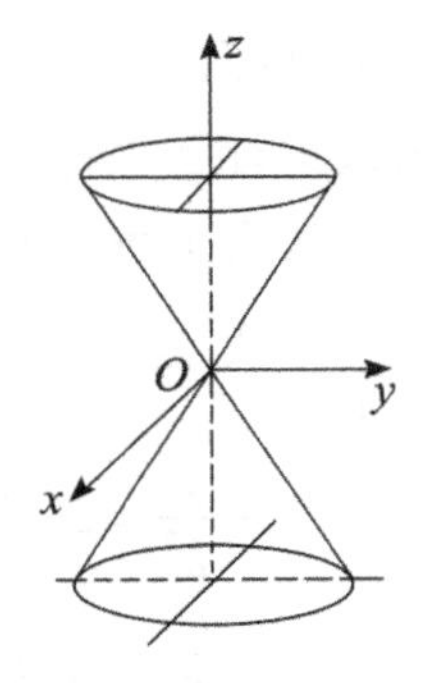

图 7-13

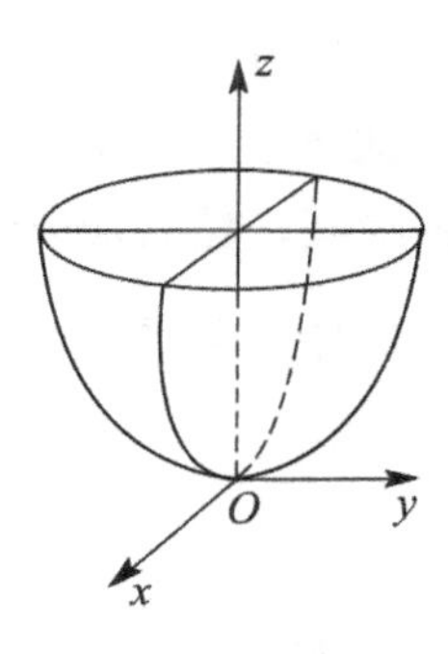

图 7-14

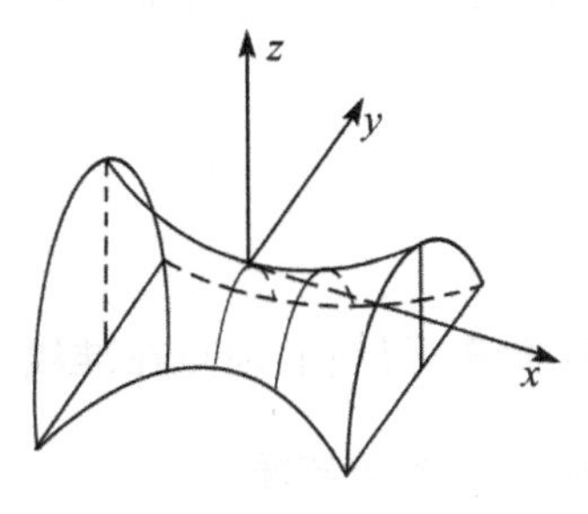

图 7-15

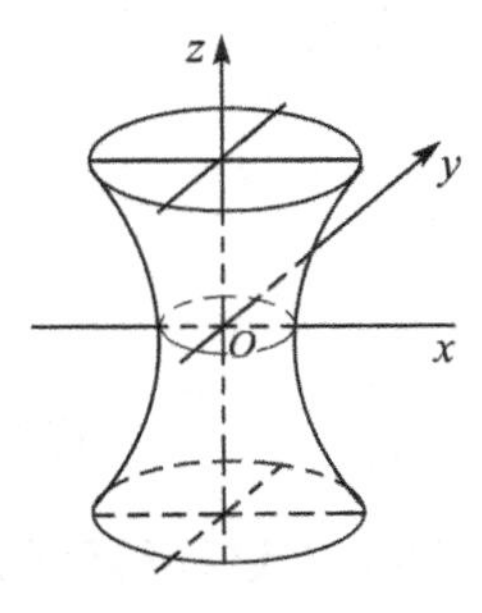

图 7-16

学习心得

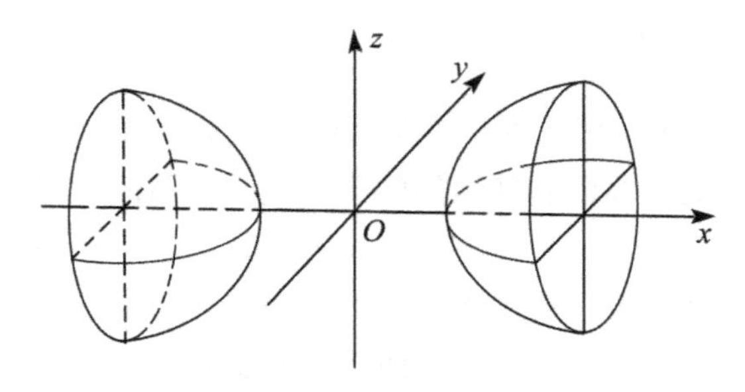

图 7-17

怎样了解三元方程 $F(x, y, z)=0$ 所表示的曲面的形状呢？常用的方法有两种，一种是伸缩法，一种是截痕法.

伸缩法 设 S 是一个曲面，其方程为 $F(x, y, z)=0$，S' 是将曲面 S 沿 x 轴方向伸缩 λ 倍所得的曲面. 显然，若点 $(x, y, z)\in S$，则点 $(\lambda x, y, z)\in S'$；若点 $(x, y, z)\in S'$，则点 $\left(\frac{1}{\lambda}x, y, z\right)\in S$. 因此，对于任意的点 $(x, y, z)\in S'$，有 $F\left(\frac{1}{\lambda}x, y, z\right)=0$，即 $F\left(\frac{1}{\lambda}x, y, z\right)=0$ 是曲面 S' 的方程.

例如，把圆锥面 $x^2+y^2=a^2z^2$ 沿 y 轴方向伸缩 $\frac{b}{a}$ 倍，所得曲面的方程为

$$x^2+\left(\frac{a}{b}y\right)^2=a^2z^2 \quad 即 \quad \frac{x^2}{a^2}+\frac{y^2}{b^2}=z^2$$

上述方程表示一个椭圆锥面.

截痕法 用坐标平面或平行于坐标平面的平面与曲面相截，考察其交线的形状，然后加以综合，从而了解曲面的立体形状.

例如，用平面 $x=t$ 截 $\frac{x^2}{a^2}-\frac{y^2}{b^2}=z$，所得截痕为平面 $x=t$ 上的抛物线

$$-\frac{y^2}{b^2}=z-\frac{t^2}{a^2}$$

此抛物线开口朝下，其顶点坐标为 $\left(t, 0, \frac{t^2}{a^2}\right)$. 当 t 变化时，$-\frac{y^2}{b^2}=z-\frac{t^2}{a^2}$ 的形状不变，只作位置平移，而它的顶点的轨迹 L 为平面 $y=0$ 上的抛物线

$$z=\frac{x^2}{a^2}$$

因此，以 $-\frac{y^2}{b^2}=z-\frac{t^2}{a^2}$ 为母线，L 为准线，母线的顶点在准线 L 上滑动，且母线作平行移动，这样得到的曲面便是双曲抛物面.

练习 7.2

1. 建立以点 $(1,3,-2)$ 为球心，且通过坐标原点的球面方程.

2. 方程 $x^2+y^2+z^2-2x+4y+2z=0$ 表示什么曲面？

3. 将 xOy 坐标平面上的双曲线 $4x^2-9y^2=36$ 分别绕 x 轴及 y 轴旋转一周，求所生成的旋转曲面的方程.

4. 画出下列各方程所表示的曲面.

① $\dfrac{x^2}{4}-\dfrac{y^2}{9}=1$；　　② $y^2-z=0$.

5. 说明下列旋转曲面是怎样形成的.

① $\dfrac{x^2}{4}+\dfrac{y^2}{9}+\dfrac{z^2}{9}=1$；　　② $x^2-y^2-z^2=1$.

*7.3　空间曲线及其在坐标平面上的投影

7.3.1　空间曲线的一般方程

空间曲线可以看作两个曲面的交线，方程的一般形式为

$$\begin{cases}F(x,y,z)=0\\G(x,y,z)=0\end{cases}$$

如果方程 $F(x,y,z)=0$ 和方程 $G(x,y,z)=0$ 分别表示曲面 S_1 和 S_2，它们的交线为 C，则两个曲面及它们的交线如图 7-18 所示.

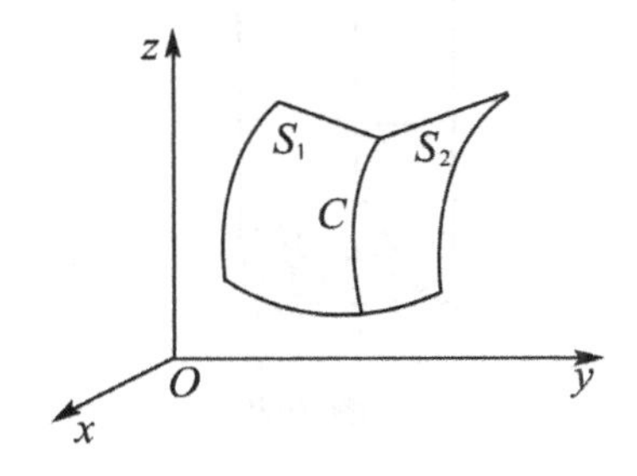

图 7-18

【例 6】已知 $a>0$，方程组 $\begin{cases}z=\sqrt{4a^2-x^2-y^2}\\(x-a)^2+y^2=a^2\end{cases}$ 表示怎样的曲线.

【解】方程组中的第一个方程表示球心在坐标原点 O，半径为 $2a$ 的上半球面. 第二个方程表示母线平行于 z 轴的圆柱面，它的准线是 xOy 平面上的圆，这个圆的圆心在点 $(a,0,0)$，半径为 a. 方程组就表示上述半球面与圆柱面的交线，如图 7-19 所示.

学习心得

学习心得

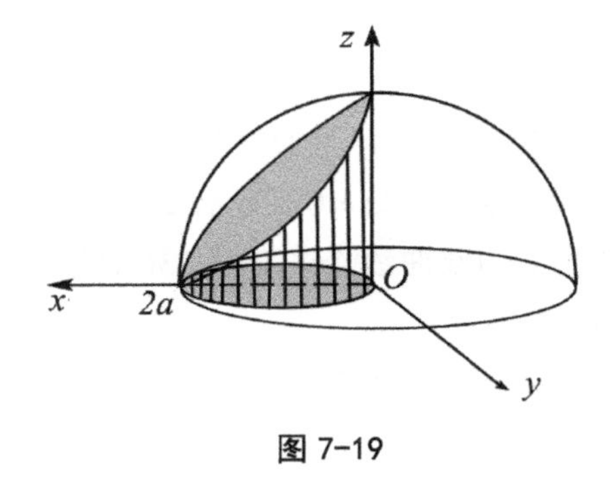

图 7-19

7.3.2 空间曲线的参数方程

将空间曲线 C 上动点的坐标 x, y, z 表示为参数 t 的函数

$$\begin{cases} x=x(t) \\ y=y(t) \\ z=z(t) \end{cases}$$

这样所得的方程称为空间曲线的参数方程.

【例 7】如图 7-20 所示，如果空间一动点 M 经过圆柱面 $x^2+y^2=a^2$ 与 x 轴的交点，在圆柱面上以角速度 ω 绕 z 轴旋转，同时又以线速度 v 沿平行于 z 轴的正方向上升(其中 ω、v 都是常数)，那么点 M 构成的图形称为螺旋线. 试建立其参数方程.

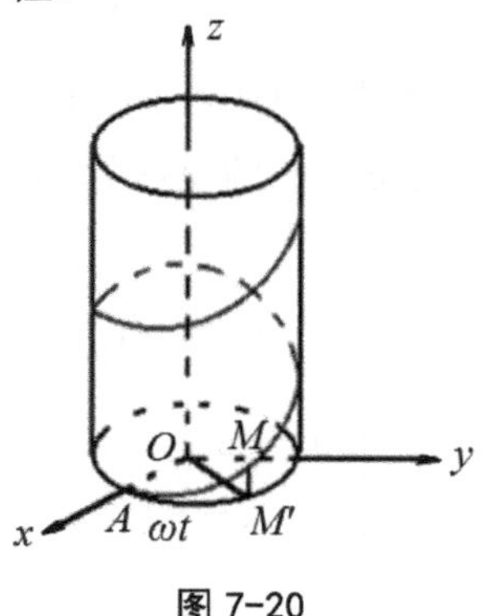

图 7-20

【解】取时间 t 为参数. 设当 $t=0$ 时，动点位于 x 轴上的一点 $A(a,0,0)$ 处. 经过时间 t，动点由 A 运动到 $M(x,y,z)$. 记 M 在 xOy 平面上的投影为 M'，M'的坐标为 $(x,y,0)$. 由于动点在圆柱面上以角速度 ω 绕 z 轴旋转，所以经过时间 t，$\angle AOM'=\omega t$. 从而有

$$x=|OM'|\cos\angle AOM'=a\cos\omega t$$

$$y=|OM'|\sin\angle AOM'=a\sin\omega t$$

由于动点同时以线速度 v 沿平行于 z 轴的正方向上升，所以

$$z=|MM'|=vt$$

因此螺旋线的参数方程为

$$\begin{cases} x=a\cos\omega t \\ y=a\sin\omega t \\ z=vt \end{cases}$$

也可以用其他变量作参数，例如令 $\theta=\omega t$，则螺旋线的参数方程可写为

$$\begin{cases} x=a\cos\theta \\ y=a\sin\theta \\ z=b\theta \end{cases}$$

其中 $b=\dfrac{v}{\omega}$，而参数为 θ .

7.3.3　空间曲线在坐标平面上的投影

设空间中一条曲线 C 的方程为$\begin{cases} F(x,y,z)=0 \\ G(x,y,z)=0 \end{cases}$，从曲线 C 的方程中消去 z 得到 $H(x,y)=0$，它表示以曲线 C 为准线，母线平行于 z 轴的柱面方程，而 C 在 xOy 平面上的**投影**的方程就是$\begin{cases} H(x,y)=0 \\ z=0 \end{cases}$.

可以用类似的方法得到曲线 C 在 zOx 平面上的投影或在 yOz 平面上的投影的方程.

【例 8】求旋转抛物面 $z=x^2+y^2$ 与平面 $y+z=1$ 的交线在 xOy 平面上的投影的方程.

【解】从曲线方程$\begin{cases} z=x^2+y^2 \\ y+z=1 \end{cases}$中消去 z，得方程 $x^2+y^2+y=1$，这是一个母线平行于 z 轴的圆柱面. 曲线在 xOy 平面上的投影的方程为

$$\begin{cases} x^2+\left(y+\dfrac{1}{2}\right)^2=\dfrac{5}{4} \\ z=0 \end{cases}$$

【例 9】设一个立体由上半球面 $z=\sqrt{4-x^2-y^2}$ 和锥面 $z=\sqrt{3(x^2+y^2)}$ 围成，求它在 xOy 平面上的投影.

【解】从曲线方程$\begin{cases} z=\sqrt{4-x^2-y^2} \\ z=\sqrt{3(x^2+y^2)} \end{cases}$中消去 z，得方程 $x^2+y^2=1$，这是一个母线平行于 z 轴的圆柱面. 曲线在 xOy 平面上的投影的方程为

$$\begin{cases} x^2+y^2=1 \\ z=0 \end{cases}$$

学习心得

学习心得

因此，这个立体在在 xOy 平面上的投影为 $\begin{cases} x^2+y^2 \leqslant 1 \\ z=0 \end{cases}$.

练习 7.3

1. 画出下列曲线在第一卦限内的图形.

① $\begin{cases} x=1 \\ y=2 \end{cases}$;

② $\begin{cases} z=\sqrt{4-x^2-y^2} \\ x-y=0 \end{cases}$.

2. 分别求母线平行于 x 轴及 y 轴且通过曲线 $\begin{cases} 2x^2+y^2+z^2=16 \\ x^2-y^2+z^2=0 \end{cases}$ 的柱面方程.

3. 求球面 $x^2+y^2+z^2=9$ 与平面 $x+z=1$ 的交线在 xOy 平面的投影的方程.

4. 求上半球 $0 \leqslant z \leqslant \sqrt{a^2-x^2-y^2}$ 与圆柱体 $x^2+y^2 \leqslant ax\ (a>0)$ 的公共部分在 xOy 平面和 zOx 平面上的投影.

习 题 7

1. 在 y 轴上求与 $A(1,-3,7)$ 和点 $B(5,7,-5)$ 等距离的点.

2. 已知 $\triangle ABC$ 的三个顶点分别为 $A(3,2,-1)$、$B(5,-4,7)$ 和 $C(-1,1,2)$，求从顶点 C 所引 AB 边中线的长度.

3. 已知动点 $M(x,y,z)$ 到 xOy 平面的距离与它到点 $(1,-1,2)$ 的距离相等，求点 M 的轨迹的方程.

4. 指出下列旋转曲面的一条母线和旋转轴.

① $z=2(x^2+y^2)$;

② $\dfrac{x^2}{36}+\dfrac{y^2}{9}+\dfrac{z^2}{36}=1$;

③ $z^2=3(x^2+y^2)$;

④ $x^2-\dfrac{y^2}{4}-\dfrac{z^2}{4}=1$.

5. 求曲线 $\begin{cases} z=2-x^2-y^2 \\ z=(x-1)^2+(y-1)^2 \end{cases}$ 在三个坐标平面上的投影曲线的方程.

第8章　多元函数微分学

我们在前 7 章讨论的函数都只有一个自变量，这样的函数称为**一元函数**.

在许多实际问题中遇到的函数，往往有两个或两个以上的自变量，与一元函数相对应，这类函数称为**多元函数**. 本章将在一元函数微分学的基础上，学习多元函数微分法及其应用.

本章主要研究二元函数，这不仅因为大多数二元函数的概念和方法可以比较直观地理解和进行解释，而且这些概念和方法基本上都能类似地推广到二元以上的多元函数中.

8.1　多元函数的基本概念

8.1.1　邻域和平面区域

1. **邻域**

对一维数轴上邻域的定义进行推广，可得到平面上或空间中邻域的概念.

定义 1　设 P_0 为一点，$\delta>0$，则称 $U(P_0,\delta)=\left\{P\,\middle|\,|PP_0|<\delta\right\}$ 是以 P_0 为中心，δ 为半径的**邻域**.

对于直线情况，当 P_0 为直线上的一个点时，$U(P_0,\delta)$ 就是前面介绍过的邻域.

对于平面情况，当 P_0 为平面上的一个点时，设 P_0 的坐标为 (x_0,y_0)，$U(P_0,\delta)$ 是以 P_0 为圆心，δ 为半径的圆的内部，即

$$U(P_0,\delta)=\left\{P\,\middle|\,|PP_0|<\delta\right\}=\left\{(x,y)\,\middle|\,\sqrt{(x-x_0)^2+(y-y_0)^2}<\delta\right\}$$

当 P_0 为空间中的一个点时，$U(P_0,\delta)$ 是以 P_0 为球心，δ 为半径的球的内部.

学习心得

学习心得

2. 平面区域

定义 2 称平面上满足某种条件的全体点构成的集合为**平面点集**.

例如，平面点集 $A=\left\{(x,y)\middle|x^2+y^2\leqslant 1\right\}$ 表示 xOy 平面上以原点为圆心，以 1 为半径的单位闭圆(包括圆周)，而平面点集

$$B=\left\{(x,y)\middle|x>0,y>0\right\} \quad 和 \quad C=\left\{(x,y)\middle|x>y^2\right\}$$

则分别表示 xOy 平面上第一象限内的全体点所构成的集合(不包括 x 轴和 y 轴上的点)和抛物线 $x=y^2$ 内部的所有点构成的集合.

记平面上的全体点构成的集合为 R^2，即

$$R^2=\left\{(x,y)\middle|-\infty<x<+\infty,-\infty<y<+\infty\right\}$$

今后，常要用到“区域”这个术语. 一般地，平面区域指的是由平面上一条或几条曲线所围成的平面点集. 区域可以是有限的，如圆形区域、矩形区域等，这种区域总可以包含在某一个以原点为圆心而半径为有限值的圆周内，称这种区域为**有界区域**；否则，称为**无界区域**.

围成区域的曲线称为区域的边界，包括全部边界的区域称为闭区域，不包括边界上任何点的区域称为开区域. 例如，若 P_0 是平面上的一个点时，$U(P_0,\delta)$ 就是以点 P_0 为圆心，以 δ 为半径的有界开(圆形)区域.

8.1.2 多元函数的概念

1. 多元函数

定义 3 设 D 为 xOy 平面上的非空子集，如果对于任意一点 $P(x,y)\in D$，按照某种规则 f，都有唯一确定的实数值 z 与之对应，则 f 称为定义在 D 上的**二元函数**，并且称 z 为 f 在点 (x,y) 处的**函数值**，记为 $f(x,y)$ 或 $f(P)$，即

$$z=f(x,y),(x,y)\in D \quad 或 \quad z=f(P),P\in D$$

其中 x,y 称为自变量，z 称为因变量. 集合 D 称为函数的**定义域**，记为 $D_f=D$，集合 $\left\{z\middle|z=f(x,y),(x,y)\in D\right\}$ 称为函数的**值域**，记为 R_f 或 $f(D)$，即

$$R_f=f(D)=\left\{z\middle|z=f(x,y),(x,y)\in D\right\}$$

对于一般的 n 元函数，可以给出如下的定义.

定义 4 设 D 为 n 维空间 R^n 中的非空子集，如果对于任意一点 $P(x_1,x_2,\cdots,x_n)\in D$，按照某种规则 f，都有唯一确定的实数值 z 与之对应，则 f 称为定义在 D 上的 n 元函数，并且称 z 为 f 在点 P 处的函数值，记为 $f(x_1,x_2,\cdots,x_n)$ 或 $f(P)$，即

$$z=f(x_1,x_2,\cdots,x_n),(x_1,x_2,\cdots,x_n)\in D \quad 或 \quad z=f(P),P\in D$$

集合 D 称为函数的定义域，记为 $D_f=D$.

集合$\{z|z=f(x_1,x_2,\cdots,x_n),(x_1,x_2,\cdots,x_n)\in D\}$称为函数的值域，记为$R_f$或$f(D)$．

当$n=1$时，称$z=f(P)$为一元函数；当$n\geqslant 2$时，称$z=f(P)$为多元函数．

一般地，给出一个函数的表达式后，如果不具体说明该函数的定义域，这时的定义域即为使得函数表达式有意义的自变量的集合．

【例1】对于一张黑白照片，选定平面直角坐标系后，在照片上每取定一点(x,y)，都有唯一的一个灰度值z与之对应．因此，灰度z是变量x,y的二元函数，从而一张黑白照片便可用一个二元的灰度函数来表示．

【例2】① 函数$z=\dfrac{xy}{x^2+y^2}$是二元函数，其定义域为

$$D=\{(x,y)|(x,y)\in R^2,x^2+y^2\neq 0\}$$

② 函数$u=\sqrt{1-x^2-y^2-z^2}$是三元函数，其定义域为

$$D=\{(x,y,z)|(x,y,z)\in R^3,x^2+y^2+z^2\leqslant 1\}$$

对于多元函数，也有分段函数、有界函数、奇偶函数、初等函数等概念，这里就不一一给出定义了．

2. 二元函数的几何意义

一般来说，一个二元函数在几何上表示空间中的一个曲面．

设$z=f(x,y)$是定义在区域D上的一个二元函数，对于任意取定的点$P(x,y)\in D$，对应的函数值为$z=f(x,y)$．这样，以x为横坐标、y为纵坐标、z为竖坐标，在空间中就确定一点$M(x,y,z)$，当(x,y)遍取D上的一切点时，得到一个空间点集

$$\{(x,y,z)|z=f(x,y),(x,y)\in D\}$$

这个点集称为二元函数$z=f(x,y)$的图形，如图8-1所示，通常就称这个二元函数的图形是一个曲面．

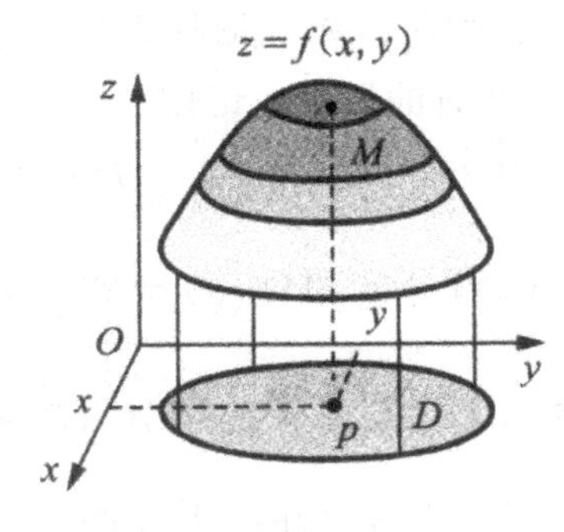

图8-1

例如，函数$z=x^2+y^2$在空间中确定的集合为

学习心得

学习心得

$$\{(x, y, z) | z = x^2 + y^2, (x, y) \in R^2\}$$

这是一个旋转抛物面.

练习 8.1

1. 设 $f(u, v) = (u+v)^2$，求 $f\left(xy, \dfrac{x}{y}\right)$.

2. 当 $x=\dfrac{1}{2}$, $y=-\dfrac{\sqrt{3}}{2}$ 时，求函数 $z = e^{xy} + \ln(x-y)$ 的值.

3. 求下列函数的定义域：

① $z = \dfrac{x}{x-y}$；　　② $z = \ln(xy)$；

③ $z = \sqrt{x-\sqrt{y}}$；　　④ $z = \dfrac{1}{\sqrt{\ln(x+y)}}$；

⑤ $z = \tan(x-y)$；

⑥ $w = \sqrt{9-x^2-y^2-z^2} + \dfrac{1}{\sqrt{x^2+y^2+z^2-4}}$.

8.2　二元函数的极限与连续

与一元函数极限的概念类似，二元函数的极限也是反映函数随自变量变化而变化的趋势，由于在 xOy 坐标平面上点 (x, y) 趋向于点 (x_0, y_0) 的方式是多种多样的，因此，二元函数的极限要比一元函数的极限复杂得多.

8.2.1　二元函数的极限

定义 1　设二元函数 $z = f(x, y)$ 在点 $P_0(x_0, y_0)$ 的某个邻域内有定义，如果当 $P \to P_0$ 时，对应的函数值 $f(P)$ 无限接近于一个确定的常数 A，那么 A 就称为函数 $f(P)$ 当 $P \to P_0$ 时的极限，记作

$$\lim_{\substack{x \to x_0 \\ y \to y_0}} f(x, y) = A \quad 或 \quad \lim_{(x, y) \to (x_0, y_0)} f(x, y) = A$$

$$或 \quad f(x, y) \to A \quad ((x, y) \to (x_0, y_0))$$

也记作

$$\lim_{P \to P_0} f(P) = A \quad 或 \quad f(P) \to A \quad (P \to P_0)$$

与一元函数极限的运算法则一样，多元函数极限也有类似的运算法则.

【例 3】计算下列各极限。

① $\lim\limits_{(x,y)\to(2,0)}\dfrac{\sin xy}{y}$；

② $\lim\limits_{(x,y)\to(0,0)}\left(x^2+y^2\right)\sin\dfrac{1}{x^2+y^2}$．

【解】① 由极限的运算法则，可得

$$\lim_{(x,y)\to(2,0)}\frac{\sin xy}{y}=\lim_{(x,y)\to(2,0)}\left(\frac{\sin xy}{xy}\cdot x\right)=\lim_{(x,y)\to(2,0)}\frac{\sin xy}{xy}\cdot\lim_{(x,y)\to(2,0)}x=2\,.$$

② 令 $u=x^2+y^2$，则

$$\lim_{(x,y)\to(0,0)}\left(x^2+y^2\right)\sin\frac{1}{x^2+y^2}=\lim_{u\to0}u\sin\frac{1}{u}=0\,.$$

注意 多元函数存在极限，是指点 $P(x,y)$ 以任意方式趋近于点 $P_0(x_0,y_0)$ 时，$f(x,y)$ 都无限接近于一个常数．因此，若点 P 以某种特殊方式，如沿一条直线或曲线趋近于点 P_0 时，即使 $f(x,y)$ 能无限接近于某个常数，也不能由此断定函数的极限一定存在．反过来，如果当点 P 以不同方式趋近于点 P_0 时，$f(x,y)$ 无限接近于不同的值，则可以断定这个函数的极限不存在．

【例 4】已知函数 $f(x,y)=\dfrac{xy}{x^2+y^2}$，考察当点 $(x,y)\to(0,0)$ 时，$f(x,y)$ 的极限．

【解】当点 (x,y) 沿着 x 轴趋近点 $(0,0)$ 时

$$\lim_{(x,y)\to(0,0)}f(x,y)=\lim_{x\to0}f(x,0)=\lim_{x\to0}0=0$$

当点 (x,y) 沿着 y 轴趋近点 $(0,0)$ 时

$$\lim_{(x,y)\to(0,0)}f(x,y)=\lim_{y\to0}f(0,y)=\lim_{y\to0}0=0$$

虽然点 (x,y) 以上述两种特殊方式，即沿 x 轴和 y 轴趋近点 $(0,0)$ 时，函数的极限存在且相等，但是当点 $(x,y)\to(0,0)$ 时，$f(x,y)$ 的极限并不存在，因为当点 (x,y) 沿直线 $y=kx$ 趋近于点 $(0,0)$ 时，有

$$\lim_{\substack{(x,y)\to(0,0)\\y=kx}}f(x,y)=\lim_{\substack{(x,y)\to(0,0)\\y=kx}}\frac{xy}{x^2+y^2}=\lim_{x\to0}\frac{kx^2}{x^2+k^2x^2}=\frac{k}{1+k^2}$$

显然，当点 (x,y) 沿直线 $y=kx$ 趋近于点 $(0,0)$ 时，$f(x,y)$ 的极限随着 k 的变化而不同，因此，当点 $(x,y)\to(0,0)$ 时，$f(x,y)$ 的极限不存在．

可以将上面所说的二元函数极限的概念相应地推广到 n 元函数 $f(x_1,x_2,\cdots,x_n)$ 上．

学习心得

学习心得

8.2.2 二元函数的连续性

与一元函数的连续性类似，下面介绍二元函数的连续性.

定义 2 设二元函数 $z=f(x,y)$ 在点 $P_0(x_0,y_0)$ 的某邻域内有定义，并且有

$$\lim_{(x,y)\to(x_0,y_0)} f(x,y)=f(x_0,y_0)$$

则称函数 $f(x,y)$ 在点 $P_0(x_0,y_0)$ **连续**，并称点 $P_0(x_0,y_0)$ 为函数 $f(x,y)$ 的**连续点**；否则，称函数 $f(x,y)$ 在点 $P_0(x_0,y_0)$ **不连续**(或**间断**)，并称点 $P_0(x_0,y_0)$ 为函数 $f(x,y)$ 的**不连续点**(或**间断点**).

以上关于二元函数连续性的概念可以相应地推广到 n 元函数 $f(x_1,x_2,\cdots,x_n)$ 上.

例如，对例 4 中的函数按如下方式定义：

$$f(x,y)=\begin{cases}\dfrac{xy}{x^2+y^2}, & (x,y)\neq(0,0)\\ 0, & (x,y)=(0,0)\end{cases}$$

$(0,0)$ 是定义域 D 中的一个点，当点 $(x,y)\to(0,0)$ 时，函数 $f(x,y)$ 的极限不存在，因此点 $(0,0)$ 是函数 $f(x,y)$ 的一个间断点.

又如函数

$$f(x,y)=\frac{1}{x+2y-4}$$

其定义域为 $D=\{(x,y)|x+2y\neq4\}$，l:$\{(x,y)|x+2y=4\}$ 表示一条直线，这说明函数在直线 l 上不连续，也就是说直线 l 上的点都是函数 $f(x,y)$ 的间断点.

定义 3 如果函数 $f(x,y)$ 在区域 D 内的每一点都连续，就称函数 $f(x,y)$ 是区域 D 内的**连续函数**，或者称 $f(x,y)$ 在区域 D 内**连续**.

由于一元函数中关于极限的运算法则对于多元函数仍然适用，根据多元函数的极限运算法则，可以证明多元连续函数的和、差、积仍为连续函数，连续多元函数的商在除数不为零时仍连续，连续多元函数的复合函数也是连续函数.

定义 4 由关于 x,y 的基本初等函数经过有限次的四则运算(进行除法运算时，除数不为零)和复合运算所得到的且能由一个式子表示的函数，称为**二元初等函数**.

由连续函数的和、差、积、商的连续性及连续函数的复合函数的连续性，再根据基本初等函数的连续性，我们有：一切二元初等函数在其定义区域内是连续的.

由二元初等函数的连续性可知，如果需要求函数 $f(x,y)$ 在一点 (x_0,y_0) 处的极限，而点 (x_0,y_0) 在函数 $f(x,y)$ 的定义区域内，则极限值就是函数在点 (x_0,y_0) 的函数值，即

$$\lim_{(x,y)\to(x_0,y_0)} f(x,y)=f(x_0,y_0)$$

【例 5】 求 $\lim\limits_{(x,y)\to(-2,3)} \dfrac{2x+y-1}{x^2y}$.

【解】 函数 $f(x,y)=\dfrac{2x+y-1}{x^2y}$ 是初等函数，它的定义域是

$$D=\{(x,y)|x\neq 0,y\neq 0\}$$

$A_0(-2,3)$ 为函数定义域 D 内的点，因此

$$\lim_{(x,y)\to(-2,3)} \frac{2x+y-1}{x^2y}=f(-2,3)=-\frac{1}{6}$$

与闭区间上一元连续函数的性质类似，在有界闭区域上的连续多元函数有如下性质.

性质 1（有界性与最大值、最小值定理） 在有界闭区域 D 上的多元连续函数，必定在 D 上有界，且能取得它的最大值和最小值.

这就是说，如果函数 $f(x,y)$ 在有界闭区域 D 上连续，则必定存在一个常数 $M>0$，使得对一切 $(x,y)\in D$，都有 $|f(x,y)|\leqslant M$，并且存在 $(x_1,y_1),(x_2,y_2)\in D$，使得

$$f(x_1,y_1)=\max\{f(x,y)|(x,y)\in D\}$$

$$f(x_2,y_2)=\min\{f(x,y)|(x,y)\in D\}$$

性质 2（介值定理） 在有界闭区域上的多元连续函数必能取得介于其最大值和最小值之间的任何值.

推论 在有界闭区域 D 上的多元连续函数的值域为 $[m,M]$，这里 m,M 分别是函数在 D 上的最小值和最大值.

练习 8.2

1. 证明下列极限不存在.

① $\lim\limits_{(x,y)\to(0,0)} \dfrac{x+y}{2x-y}$；　② $\lim\limits_{(x,y)\to(0,0)} \dfrac{xy^2}{x^2+y^4}$.

2. 求下列极限.

① $\lim\limits_{(x,y)\to(0,0)} \dfrac{2-\sqrt{xy+4}}{xy}$；　② $\lim\limits_{(x,y)\to(0,0)} \dfrac{\sin(x^2+y^2)}{\sqrt{x^2+y^2}}$；

学习心得

学习心得

③ $\lim\limits_{(x,y)\to(0,0)}\dfrac{\sin(x+y)}{x+y}$；　　　　④ $\lim\limits_{\substack{x\to+\infty\\y\to3}}\left(1+\dfrac{1}{x}\right)^{\frac{2x}{y}}$.

3. 求下列函数的连续区域.

① $f(x,y)=\dfrac{xy}{\sqrt{x^2-y}}$；

② $f(x,y)=\lg(x+y)-3e^{x-y}+2$；

③ $f(x,y)=\dfrac{\ln(2-x^2-y^2)}{x-y}$.

8.3 偏导数

8.3.1 偏导数的定义及计算

在介绍一元函数时，从研究函数的变化率引入了导数的概念. 对于二元函数，同样需要研究它关于某个自变量的变化率，这种由一个变量变化，其余变量固定不变时得到的“导数”，称为多元函数的偏导数.

以二元函数 $z=f(x,y)$ 为例，当 y 固定时，$z=f(x,y)$ 是关于 x 的一元函数，这时，就可以考虑对自变量 x 求导数了. 如果可导，称这种导数为函数 $z=f(x,y)$ 对 x 的偏导数，有如下定义.

定义 设函数 $z=f(x,y)$ 在点 (x_0,y_0) 的某一邻域内有定义，当 y 固定在 y_0 而 x 在 x_0 处有增量 Δx 时，相应的函数有增量

$$f(x_0+\Delta x,y_0)-f(x_0,y_0)$$

如果

$$\lim_{\Delta x\to0}\frac{f(x_0+\Delta x,y_0)-f(x_0,y_0)}{\Delta x}$$

存在，则称此极限为函数 $z=f(x,y)$ 在点 (x_0,y_0) 处**关于 x 的偏导数**，记为

$$\left.\frac{\partial z}{\partial x}\right|_{\substack{x=x_0\\y=y_0}},\quad \left.\frac{\partial f}{\partial x}\right|_{\substack{x=x_0\\y=y_0}},\quad \left.z'_x\right|_{\substack{x=x_0\\y=y_0}} \text{ 或 } f'_x(x_0,y_0)$$

即

$$f'_x(x_0,y_0)=\lim_{\Delta x\to0}\frac{f(x_0+\Delta x,y_0)-f(x_0,y_0)}{\Delta x}.$$

类似地，函数 $z=f(x,y)$ 在点 (x_0,y_0) 处关于 y 的偏导数记为

$$\left.\frac{\partial z}{\partial y}\right|_{\substack{x=x_0\\y=y_0}},\quad \left.\frac{\partial f}{\partial y}\right|_{\substack{x=x_0\\y=y_0}},\quad \left.z'_y\right|_{\substack{x=x_0\\y=y_0}} \text{ 或 } f'_y(x_0,y_0)$$

即
$$f'_y(x_0, y_0)=\lim_{\Delta y\to 0}\frac{f(x_0, y_0+\Delta y)-f(x_0, y_0)}{\Delta y}.$$

如果函数 $z=f(x, y)$ 在区域 D 内每一点 (x, y) 处的偏导数 $f'_x(x, y)$、$f'_y(x, y)$ 都存在，则称函数 $z=f(x, y)$ 在区域 D 内偏导数存在，记为

$$\frac{\partial z}{\partial x},\ \frac{\partial f}{\partial x},\ z'_x,\ f'_x(x, y)\text{或}f'_1$$
$$\frac{\partial z}{\partial y},\ \frac{\partial f}{\partial y},\ z'_y,\ f'_y(x, y)\text{或}f'_2$$

显然，当 $z=f(x, y)$ 在区域 D 内偏导数存在时，偏导数 $f'_x(x, y)$、$f'_y(x, y)$ 仍为 x 和 y 的二元函数.

偏导数的概念还可以推广到二元以上的函数，如三元函数 $u=f(x, y, z)$ 在点 (x_0, y_0, z_0) 处关于 x 的偏导数的定义为

$$f'_x(x_0, y_0, z_0)=\lim_{\Delta x\to 0}\frac{f(x_0+\Delta x, y_0, z_0)-f(x_0, y_0, z_0)}{\Delta x}$$

关于 y 和 z 的偏导数以此类推.

由定义可知，在求多元函数关于某个自变量的偏导数时，只需把其余自变量看作常数，然后利用一元函数的求导公式及求导法则求导即可. 例如，求 $z=f(x, y)$ 关于 x 的偏导数时，把 y 暂时看作常量而对 x 求导数；求 $z=f(x, y)$ 关于 y 的偏导数时，则只要把 x 暂时看作常量而对 y 求导数即可.

【例 6】 求函数 $z=x^2+3xy+y^2$ 在点 $(1, 2)$ 处的偏导数.

【解】 把 y 看作常数，对 x 求导，得

$$\frac{\partial z}{\partial x}=2x+3y$$

把 x 看作常数，对 y 求导，得

$$\frac{\partial z}{\partial y}=3x+2y$$

故所求偏导数为 $\left.\frac{\partial z}{\partial x}\right|_{\substack{x=1\\y=2}}=8$，$\left.\frac{\partial z}{\partial y}\right|_{\substack{x=1\\y=2}}=7$.

【例 7】 ① 求函数 $z=x^2+xy+y^2e^{xy}$ 的偏导数；

② 求函数 $z=\arctan\frac{y}{x}$ 的偏导数.

【解】 ① $\frac{\partial z}{\partial x}=2x+y+y^3e^{xy}$，$\frac{\partial z}{\partial y}=x+(2y+xy^2)e^{xy}$.

② $\frac{\partial z}{\partial x}=\frac{1}{1+\left(\frac{y}{x}\right)^2}\cdot\left(-\frac{y}{x^2}\right)=-\frac{y}{x^2+y^2}$，$\frac{\partial z}{\partial y}=\frac{1}{1+\left(\frac{y}{x}\right)^2}\cdot\frac{1}{x}=\frac{x}{x^2+y^2}$.

学习心得

学习心得

关于多元函数的偏导数，补充以下几点说明.

① 对一元函数而言，表示导数的符号 $\frac{\mathrm{d}y}{\mathrm{d}x}$ 可看作函数的微分 $\mathrm{d}y$ 与自变量的微分 $\mathrm{d}x$ 的商，但表示偏导数的符号是一个整体.

② 与一元函数类似，对分段函数在分段点的偏导数要利用偏导数的定义来求.

③ 在一元函数中，如果函数在某点存在导数，则它在该点一定连续. 但对多元函数而言，即使函数在某点的偏导数存在，也不能保证函数在该点连续.

例如，二元函数 $f(x,y)=\begin{cases}\frac{xy}{x^2+y^2}, & (x,y)\neq(0,0)\\ 0, & (x,y)=(0,0)\end{cases}$ 在点 $(0,0)$ 处的偏导数为

$$f_x'(0,0)=\lim_{\Delta x\to 0}\frac{f(0+\Delta x,0)-f(0,0)}{\Delta x}=\lim_{\Delta x\to 0}\frac{0}{\Delta x}=0$$

$$f_y'(0,0)=\lim_{\Delta y\to 0}\frac{f(0,0+\Delta y)-f(0,0)}{\Delta y}=\lim_{\Delta y\to 0}\frac{0}{\Delta y}=0$$

但从例 4 中已经知道，此函数在点 $(0,0)$ 处间断.

8.3.2 偏导数的几何意义

设 $M_0(x_0,y_0,f(x_0,y_0))$ 为曲面 $z=f(x,y)$ 上的一点.

如图 8-2 所示，类似一元函数，偏导数的几何意义如下.

偏导数 $f_x'(x_0,y_0)$ 就是曲面被平面 $y=y_0$ 所截得的曲线 $z=f(x,y_0)$ 在点 M_0 处的切线 M_0T_x 对 x 轴的斜率；

偏导数 $f_y'(x_0,y_0)$ 就是曲面被平面 $x=x_0$ 所截得的曲线 $z=f(x_0,y)$ 在点 M_0 处的切线 M_0T_y 对 y 轴的斜率.

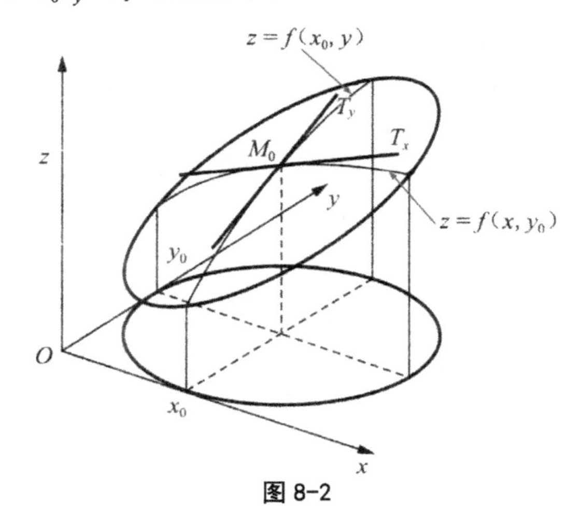

图 8-2

8.3.3　高阶偏导数

与一元函数有高阶导数类似，可以定义多元函数的高阶偏导数.

设函数 $z=f(x,y)$ 在区域 D 内具有偏导数 $f_x'(x,y)$、$f_y'(x,y)$，则在 D 内 $f_x'(x,y)$ 和 $f_y'(x,y)$ 都是 x 和 y 的二元函数，如果这两个函数对 x 或 y 的偏导数也存在，则称它们是函数 $z=f(x,y)$ 的**二阶偏导数**.

根据对自变量的不同求导顺序，共有下列 4 种不同形式的二阶偏导数：

$$\frac{\partial}{\partial x}\left(\frac{\partial z}{\partial x}\right)=\frac{\partial^2 z}{\partial x^2}=f_{xx}''(x,y)$$

$$\frac{\partial}{\partial y}\left(\frac{\partial z}{\partial x}\right)=\frac{\partial^2 z}{\partial x\partial y}=f_{xy}''(x,y)$$

$$\frac{\partial}{\partial x}\left(\frac{\partial z}{\partial y}\right)=\frac{\partial^2 z}{\partial y\partial x}=f_{yx}''(x,y)$$

$$\frac{\partial}{\partial y}\left(\frac{\partial z}{\partial y}\right)=\frac{\partial^2 z}{\partial y^2}=f_{yy}''(x,y)$$

其中 f_{xx}'' 和 f_{yy}'' 分别称为 $z=f(x,y)$ 对 x 和 y 的二阶偏导数，f_{xy}'' 和 f_{yx}'' 称为 $z=f(x,y)$ 对 x 和 y 的**二阶混合偏导数**.

类似地，可以定义三阶、四阶……以及 n 阶偏导数. 二阶及二阶以上的偏导数统称为**高阶偏导数**.

【例 8】① 求函数 $z=x^3y^2-x^2y^3+xy$ 的二阶偏导数；

② 求函数 $z=x\ln(x+y)$ 的二阶偏导数.

【解】① $\dfrac{\partial z}{\partial x}=3x^2y^2-2xy^3+y$，$\dfrac{\partial z}{\partial y}=2x^3y-3x^2y^2+x$.

$\dfrac{\partial^2 z}{\partial x^2}=6xy^2-2y^3$，$\dfrac{\partial^2 z}{\partial x\partial y}=6x^2y-6xy^2+1$，

$\dfrac{\partial^2 z}{\partial y\partial x}=6x^2y-6xy^2+1$，$\dfrac{\partial^2 z}{\partial y^2}=2x^3-6x^2y$.

② $\dfrac{\partial z}{\partial x}=\ln(x+y)+\dfrac{x}{x+y}$，$\dfrac{\partial z}{\partial y}=\dfrac{x}{x+y}$.

$$\frac{\partial^2 z}{\partial x^2}=\frac{1}{x+y}+\frac{x+y-x}{(x+y)^2}=\frac{x+2y}{(x+y)^2},$$

$$\frac{\partial^2 z}{\partial x\partial y}=\frac{1}{x+y}+\frac{-x}{(x+y)^2}=\frac{y}{(x+y)^2},$$

$$\frac{\partial^2 z}{\partial y\partial x}=\frac{(x+y)-x}{(x+y)^2}=\frac{y}{(x+y)^2},$$

$$\frac{\partial^2 z}{\partial y^2}=\frac{-x}{(x+y)^2}.$$

学习心得

从例 8 可以看出，两个函数各自的二阶混合偏导数均相等，即 $\frac{\partial^2 z}{\partial x\partial y}=\frac{\partial^2 z}{\partial y\partial x}$，这是不是一种巧合呢？事实上，在一定的条件下，这两个混合偏导数是相等的，对此有下面的定理.

定理 如果函数 $z=f(x,y)$ 的两个二阶混合偏导数 $\frac{\partial^2 z}{\partial x\partial y}$ 和 $\frac{\partial^2 z}{\partial y\partial x}$ 在区域 D 内连续，则在该区域内有 $\frac{\partial^2 z}{\partial x\partial y}=\frac{\partial^2 z}{\partial y\partial x}$.

证明 略.

这个定理表明，二阶混合偏导数如果是连续的，则它们的值和求导的次序无关.

对于二元以上的函数，除了可以类似地定义高阶偏导数之外，而且高阶混合偏导数如果是连续的，则它们的值也和求导的次序无关.

练习 8.3

1. 求下列函数的偏导数.

① $z=x^3y-xy^3$； ② $s=\frac{u^2+v^2}{uv}$；

③ $z=\sqrt{\ln(xy)}$； ④ $z=\sin(xy)+\cos^2(xy)$；

⑤ $z=\ln\tan\frac{x}{y}$； ⑥ $z=(1+xy)^y$；

⑦ $u=\arctan(x-y)^z$； ⑧ $u=x^{\frac{y}{z}}$.

2. 设 $f(x,y)=x+(y-1)\arcsin\sqrt{\frac{x}{y}}$，求 $f_x'(x,1)$.

3. 计算下列函数的高阶导数 $\frac{\partial^2 z}{\partial x^2},\frac{\partial^2 z}{\partial x\partial y},\frac{\partial^2 z}{\partial y^2}$.

① $z=\arctan\frac{y}{x}$； ② $z=y^x$.

8.4 全微分

二元函数对某个自变量的偏导数表示当其中一个自变量固定时，因变量对另一个自变量的变化率. 根据一元函数微分学中增量与微分的关系可得

$$f(x+\Delta x,y)-f(x,y)\approx f_x'(x,y)\Delta x$$

$$f(x,y+\Delta y)-f(x,y)\approx f'_y(x,y)\Delta y$$

上面两式左端分别称为二元函数对 x 和 y 的偏增量，而右端分别称为二元函数对 x 和 y 的偏微分.

在实际问题中，有时需要研究多元函数中各个自变量都取得增量时因变量所获得的增量，即所谓全增量的问题. 下面以二元函数为例进行讨论.

如果函数 $z=f(x,y)$ 在点 $P(x,y)$ 的某邻域内有定义，并设 $P'(x+\Delta x,y+\Delta y)$ 为该邻域内的任意一点，则称

$$f(x+\Delta x,y+\Delta y)-f(x,y)$$

为函数在点 P 处对应于自变量增量 Δx 、Δy 的全增量，记为 Δz ，即

$$\Delta z=f(x+\Delta x,y+\Delta y)-f(x,y)$$

一般来说，计算全增量比较复杂. 与一元函数的情形类似，我们也希望利用关于自变量增量 Δx 、Δy 的线性函数来近似地代替函数的全增量 Δz ，由此引入二元函数全微分的定义.

定义　如果函数 $z=f(x,y)$ 在点 (x,y) 处的全增量

$$\Delta z=f(x+\Delta x,y+\Delta y)-f(x,y)$$

可以表示为

$$\Delta z=A\Delta x+B\Delta y+o(\rho)$$

其中 A、B 不依赖于 Δx 、Δy ，而仅与 x、y 有关，$\rho=\sqrt{(\Delta x)^2+(\Delta y)^2}$ ，则称函数 $z=f(x,y)$ 在点 (x,y) 处**可微分**，$A\Delta x+B\Delta y$ 称为函数 $z=f(x,y)$ 在点 (x,y) 处的**全微分**，记为 $\mathrm{d}z$ ，即

$$\mathrm{d}z=A\Delta x+B\Delta y$$

如果函数在区域 D 内各点处都可微分，则称该函数在 D 内可微分（简称可微）.

关于多元函数的全微分、偏导数和连续性之间的关系，有以下三个基本定理.

定理 1　如果在区域 D 上的二元函数 $z=f(x,y)$ 在点 (x_0,y_0) 处可微，则 $z=f(x,y)$ 在点 (x_0,y_0) 处连续.

证明　因为 $z=f(x,y)$ 在点 (x_0,y_0) 处可微，所以

$$\Delta z=\lim_{\substack{\Delta x\to 0\\ \Delta y\to 0}}[A\Delta x+B\Delta y+o(\rho)]=0$$

即有　$\lim\limits_{\substack{\Delta x\to 0\\ \Delta y\to 0}} f(x_0+\Delta x,y_0+\Delta y)=f(x_0,y_0)$.

故　$z=f(x,y)$ 在点 (x_0,y_0) 处连续.

学习心得

学习心得

定理2(可微的必要条件) 如果函数$z=f(x,y)$在点$P(x,y)$处可微，则函数$z=f(x,y)$在点$P(x,y)$处的偏导数$\frac{\partial z}{\partial x}$、$\frac{\partial z}{\partial y}$必存在，且函数$z=f(x,y)$在点$P(x,y)$处的全微分为

$$\mathrm{d}z=\frac{\partial z}{\partial x}\Delta x+\frac{\partial z}{\partial y}\Delta y$$

证明 设函数$z=f(x,y)$在点$P(x,y)$处可微，则对于点P的某个邻域内的任意一点$P'(x+\Delta x,y+\Delta y)$，恒有

$$\Delta z=A\Delta x+B\Delta y+o(\rho)$$

成立．特别地，当$\Delta y=0$时上式仍成立，此时$\rho=|\Delta x|$，从而有

$$f(x+\Delta x,y)-f(x,y)=A\Delta x+o(|\Delta x|)$$

上式两端同除以Δx，令$\Delta x\to 0$并取极限，得

$$\lim_{\Delta x\to 0}\frac{f(x+\Delta x,y)-f(x,y)}{\Delta x}=A$$

即 $$\frac{\partial z}{\partial x}=A.$$

同理可证 $$\frac{\partial z}{\partial y}=B.$$

【例9】① 讨论函数$z=f(x,y)=\sqrt{|xy|}$在点$(0,0)$处是否连续，是否可导(偏导数是否存在)，是否可微？

② 讨论函数$f(x,y)=\begin{cases}\frac{xy}{\sqrt{x^2+y^2}}, & (x,y)\neq(0,0)\\ 0, & (x,y)=(0,0)\end{cases}$在点$(0,0)$处的可导性与可微性．

【解】① $\lim\limits_{\substack{x\to 0\\ y\to 0}}f(x,y)=\lim\limits_{\substack{x\to 0\\ y\to 0}}\sqrt{|xy|}=0=f(0,0)$，故函数在点$(0,0)$处连续．

$f'_x(0,0)=\lim\limits_{\Delta x\to 0}\frac{f(\Delta x,0)-f(0,0)}{\Delta x}=0$，同理$f'_y(0,0)=0$．

即函数在点$(0,0)$处的两个偏导数存在．因为

$$\Delta w=\Delta z-\left[f'_x(0,0)\Delta x+f'_y(0,0)\Delta y\right]=f(\Delta x,\Delta y)-f(0,0)=\sqrt{|(\Delta x)(\Delta y)|}$$

所以 $$\lim_{\rho\to 0}\frac{\Delta w}{\rho}=\lim_{\substack{\Delta x\to 0\\ \Delta y\to 0}}\frac{\sqrt{|(\Delta x)(\Delta y)|}}{\sqrt{(\Delta x)^2+(\Delta y)^2}},$$

当$\Delta x=\Delta y$时，上式右面$=\lim\limits_{\substack{\Delta x\to 0\\ \Delta y=\Delta x\to 0}}\frac{|\Delta x|}{\sqrt{2}|\Delta x|}=\frac{1}{\sqrt{2}}\neq 0$．

从而可知，函数在点$(0,0)$处不可微．

② $f'_x(0,0)=\lim\limits_{\Delta x\to 0}\dfrac{f(\Delta x,0)-f(0,0)}{\Delta x}=0$，$f'_y(0,0)=\lim\limits_{\Delta y\to 0}\dfrac{f(0,\Delta y)-f(0,0)}{\Delta y}=0$.

故函数在点$(0,0)$处的两个偏导数存在，因为

$$\Delta w=\Delta z-\left[f'_x(0,0)\Delta x+f'_y(0,0)\Delta y\right]=f(\Delta x,\Delta y)-f(0,0)$$
$$=\frac{(\Delta x)(\Delta y)}{\sqrt{(\Delta x)^2+(\Delta y)^2}}$$

所以 $\lim\limits_{\rho\to\infty}\dfrac{\Delta w}{\rho}=\dfrac{(\Delta x)(\Delta y)}{(\Delta x)^2+(\Delta y)^2}$ 不存在.

故函数在点$(0,0)$处不可微.

定理3（可微的充分条件） 如果函数$z=f(x,y)$的偏导数$\dfrac{\partial z}{\partial x},\dfrac{\partial z}{\partial y}$在点$(x,y)$处连续，则函数在该点处可微.

证明 略.

习惯上，我们常将自变量的增量Δx、Δy分别记为$\mathrm{d}x$、$\mathrm{d}y$，并分别称其为自变量的微分．这样，函数$z=f(x,y)$的**全微分的一般公式**为

$$\mathrm{d}z=\frac{\partial z}{\partial x}\mathrm{d}x+\frac{\partial z}{\partial y}\mathrm{d}y$$

上述关于二元函数全微分的定义及可微分的必要条件和充分条件，可以完全类似地推广到三元和三元以上的多元函数中去．例如，三元函数$u=f(x,y,z)$的全微分可表示为

$$\mathrm{d}u=\frac{\partial u}{\partial x}\mathrm{d}x+\frac{\partial u}{\partial y}\mathrm{d}y+\frac{\partial u}{\partial z}\mathrm{d}z$$

根据前面的讨论易知，函数在点(x,y)处极限存在、连续、偏导数存在、偏导数连续、可微之间有以下的关系：

偏导数连续 $\Rightarrow$ 函数可微 $\Rightarrow$ 函数连续 $\Rightarrow$ 极限存在

偏导数连续 $\Rightarrow$ 偏导数存在

【例10】① 求函数$z=x^2+xy^2+\sin y$的全微分；

② 求函数$z=\mathrm{e}^{xy}$在点$(1,2)$处的全微分；

③ 求函数$u=x+\sin\dfrac{y}{2}+\mathrm{e}^{yz}$的全微分.

【解】① 因为 $\dfrac{\partial z}{\partial x}=2x+y^2$，$\dfrac{\partial z}{\partial y}=2xy+\cos y$，

所以 $\mathrm{d}z=(2x+y^2)\mathrm{d}x+(2xy+\cos y)\mathrm{d}y$.

② 因为 $\dfrac{\partial z}{\partial x}=y\mathrm{e}^{xy}$，$\dfrac{\partial z}{\partial y}=x\mathrm{e}^{xy}$，

$\left.\dfrac{\partial z}{\partial x}\right|_{\substack{x=1\\y=2}}=2\mathrm{e}^2$，$\left.\dfrac{\partial z}{\partial y}\right|_{\substack{x=1\\y=2}}=\mathrm{e}^2$，

学习心得

所以 $$\mathrm{d}z\Big|_{\substack{x=1\\y=2}}=2\mathrm{e}^2\mathrm{d}x+\mathrm{e}^2\mathrm{d}y.$$

③ 因为 $\dfrac{\partial u}{\partial x}=1,\dfrac{\partial u}{\partial y}=\dfrac{1}{2}\cos\dfrac{y}{2}+z\mathrm{e}^{yz},\dfrac{\partial u}{\partial z}=y\mathrm{e}^{yz}$,

所以 $\mathrm{d}u=\mathrm{d}x+\left(\dfrac{1}{2}\cos\dfrac{y}{2}+z\mathrm{e}^{yz}\right)\mathrm{d}y+y\mathrm{e}^{yz}\mathrm{d}z$.

微分有许多应用，这里简单介绍一下它在近似计算方面的应用.

类似一元函数，多元函数的微分也可以用于近似计算.

由二元函数的全微分的定义及关于全微分存在的充分条件可知，当二元函数 $z=f(x,y)$ 在点 (x,y) 的两个偏导数 $f'_x(x,y)$ 和 $f'_y(x,y)$ 连续，并且 $|\Delta x|$ 和 $|\Delta y|$ 都较小时，就有近似公式

$$\Delta z\approx\mathrm{d}z=f'_x(x,y)\Delta x+f'_y(x,y)\Delta y$$

也可以写成

$$f(x+\Delta x,y+\Delta y)\approx f(x,y)+f'_x(x,y)\Delta x+f'_y(x,y)\Delta y$$

【例 11】 计算 $(1.04)^{2.98}$ 的近似值.

【解】 设函数 $f(x,y)=x^y$，则要计算的值就是该函数在 $x=1.04,y=2.98$ 时的函数值的近似值.

取 $x=1,y=3,\Delta x=0.04,\Delta y=-0.02$.

由于 $f'_x(x,y)=yx^{y-1}$，$f'_y(x,y)=x^y\ln x$，

$f(1,3)=1,f'_x(1,3)=3,f'_y(1,3)=0$，

所以由上面介绍的近似计算公式可得

$$(1.04)^{2.98}\approx 1+3\times0.04+0\times(-0.02)=1.12$$

练习 8.4

1. 求下列函数的全微分.

① $z=xy+\dfrac{x}{y}$； ② $z=\mathrm{e}^{\frac{y}{x}}$；

③ $z=\dfrac{y}{\sqrt{x^2+y^2}}$； ④ $u=x^{zy}$.

2. 求下列函数在指定点的全微分.

① $f(x,y)=\mathrm{e}^{xy}$，当 $x=1,y=1,\Delta x=0.15,\Delta y=0.1$ 的全微分；

② $f(x,y)=\ln(1+x^2+y^2)$，在点 $(1,2)$ 处的全微分.

8.5　多元复合函数微分法与隐函数微分法

在一元函数的复合函数求导中，有“链式法则”，现将这一法则推广到多元复合函数的情形，给出复合函数的偏导数的计算方法．下面以二元函数为例进行说明，对一般 n 元函数也有相应的结果．

8.5.1　多元复合函数的偏导数

1．复合函数的中间变量为一元函数的情形

设 $z=f(u,v)$ 是自变量 u 和 v 的二元函数，而 $u=\varphi(x)$，$v=\psi(x)$ 是变量 x 的一元函数，则 $z=f\left[\varphi(x),\psi(x)\right]$ 是 x 的复合函数．

定理 1　设函数 $z=f(u,v)$ 可微，而函数 $u=\varphi(x)$ 和 $v=\psi(x)$ 可导，则复合函数 $z=f\left[\varphi(x),\psi(x)\right]$ 对 x 可导，且

$$\frac{\mathrm{d}z}{\mathrm{d}x}=\frac{\partial z}{\partial u}\frac{\mathrm{d}u}{\mathrm{d}x}+\frac{\partial z}{\partial v}\frac{\mathrm{d}v}{\mathrm{d}x}=\frac{\partial z}{\partial u}\varphi'(x)+\frac{\partial z}{\partial v}\psi'(x)$$

证明　设给 x 以增量 Δx，则函数 u,v 相应得到增量

$$\Delta u=\varphi(x+\Delta x)-\varphi(x),\Delta v=\psi(x+\Delta x)-\psi(x)$$

由于 $z=f(u,v)$ 可微，所以

$$\Delta z=\frac{\partial z}{\partial u}\Delta u+\frac{\partial z}{\partial v}\Delta v+o(\rho)$$

其中 $\rho=\sqrt{(\Delta u)^2+(\Delta v)^2}$．

在上式两端同除以 Δx，得

$$\frac{\Delta z}{\Delta x}=\frac{\partial z}{\partial u}\frac{\Delta u}{\Delta x}+\frac{\partial z}{\partial v}\frac{\Delta v}{\Delta x}+\frac{o(\rho)}{\Delta x}$$

因为 $u=\varphi(x)$ 和 $v=\psi(x)$ 可导，所以当 $\Delta x\to 0$ 时，有 $\Delta u\to 0,\Delta v\to 0$，从而 $\rho\to 0$．

故

$$\frac{\mathrm{d}z}{\mathrm{d}x}=\lim_{\Delta x\to 0}\frac{\Delta z}{\Delta x}=\frac{\partial z}{\partial u}\frac{\mathrm{d}u}{\mathrm{d}x}+\frac{\partial z}{\partial v}\frac{\mathrm{d}v}{\mathrm{d}x}=\frac{\partial z}{\partial u}\varphi'(x)+\frac{\partial z}{\partial v}\psi'(x)$$

定理 1 的结论可推广到中间变量多于两个的情形．例如，设 $z=f(u,v,w)$，$u=\varphi(x)$，$v=\psi(x)$，$w=\omega(x)$ 复合成复合函数

$$z=f\left[\varphi(x),\psi(x),\omega(x)\right]$$

则在满足与定理 1 相类似的条件下，复合函数对 x 可导，且有

$$\frac{\mathrm{d}z}{\mathrm{d}x}=\frac{\partial z}{\partial u}\frac{\mathrm{d}u}{\mathrm{d}x}+\frac{\partial z}{\partial v}\frac{\mathrm{d}v}{\mathrm{d}x}+\frac{\partial z}{\partial w}\frac{\mathrm{d}w}{\mathrm{d}x}$$

公式中的导数 $\frac{\mathrm{d}z}{\mathrm{d}x}$ 称为**全导数**．

学习心得

学习心得

2. 复合函数的中间变量为多元函数的情形

定理 1 可推广到中间变量不是一元函数的情形，例如，对中间变量为二元函数的情形，设函数 $z=f(u,v)$，而 $u=\varphi(x,y)$，$v=\psi(x,y)$，则 $z=f[\varphi(x,y),\psi(x,y)]$ 是 x 和 y 的复合函数.

定理 2 设函数 $z=f(u,v)$ 可微，而函数 $u=\varphi(x,y)$ 和 $v=\psi(x,y)$ 的偏导数皆存在，则复合函数 $z=f[\varphi(x,y),\psi(x,y)]$ 的偏导数存在，且有

$$\frac{\partial z}{\partial x}=\frac{\partial z}{\partial u}\frac{\partial u}{\partial x}+\frac{\partial z}{\partial v}\frac{\partial v}{\partial x}$$

$$\frac{\partial z}{\partial y}=\frac{\partial z}{\partial u}\frac{\partial u}{\partial y}+\frac{\partial z}{\partial v}\frac{\partial v}{\partial y}$$

定理 2 的结论可推广到中间变量多于两个的情形. 例如，设 $z=f(u,v,w)$，$u=\varphi(x,y)$，$v=\psi(x,y)$，$w=\omega(x,y)$ 复合成复合函数

$$z=f[\varphi(x,y),\psi(x,y),\omega(x,y)]$$

则在满足与定理 2 相类似的条件下，有

$$\frac{\partial z}{\partial x}=\frac{\partial z}{\partial u}\frac{\partial u}{\partial x}+\frac{\partial z}{\partial v}\frac{\partial v}{\partial x}+\frac{\partial z}{\partial w}\frac{\partial w}{\partial x}$$

$$\frac{\partial z}{\partial y}=\frac{\partial z}{\partial u}\frac{\partial u}{\partial y}+\frac{\partial z}{\partial v}\frac{\partial v}{\partial y}+\frac{\partial z}{\partial w}\frac{\partial w}{\partial y}$$

3. 复合函数的中间变量既有一元函数也有多元函数的情形

定理 3 设函数 $z=f(u,v)$ 可微，而函数 $u=\varphi(x,y)$ 的偏导数存在，函数 $v=\psi(y)$ 可导，则复合函数 $z=f[\varphi(x,y),\psi(y)]$ 的偏导数存在，且有

$$\frac{\partial z}{\partial x}=\frac{\partial z}{\partial u}\frac{\partial u}{\partial x}$$

$$\frac{\partial z}{\partial y}=\frac{\partial z}{\partial u}\frac{\partial u}{\partial y}+\frac{\partial z}{\partial v}\frac{\mathrm{d}v}{\mathrm{d}y}$$

这类情形实际上是第 2 类情形的一种特例，即变量 v 与变量 x 无关，从而 $\frac{\partial v}{\partial x}=0$. 因为 v 是 y 的一元函数，所以 $\frac{\partial v}{\partial y}$ 换成 $\frac{\mathrm{d}v}{\mathrm{d}y}$，从而有上述结果.

在情形 3 中，还会遇到这样的情形：复合函数的某些中间变量本身又是其他变量表示的复合函数的自变量. 例如，设函数 $z=f(u,x,y)$ 可微，而 $u=\varphi(x,y)$ 具有偏导数，则复合函数 $z=f[\varphi(x,y),x,y]$ 可看作情形 2 中 $v=x$, $w=y$ 的特殊情况，从而有

$$\frac{\partial z}{\partial x}=\frac{\partial f}{\partial u}\frac{\partial u}{\partial x}+\frac{\partial f}{\partial x}$$

$$\frac{\partial z}{\partial y}=\frac{\partial f}{\partial u}\frac{\partial u}{\partial y}+\frac{\partial f}{\partial y}$$

注意 上面两个公式中，$\frac{\partial z}{\partial x}$ 与 $\frac{\partial f}{\partial x}$ 的含义不同，$\frac{\partial z}{\partial x}$ 是把复合函数 $z=f[\varphi(x,y),x,y]$ 中的第 3 个变量 y 看作常量而对 x 的偏导数，$\frac{\partial f}{\partial x}$ 是把

函数 $z=f(u,x,y)$ 中的 u 及 y 看作常量而对 x 的偏导数. $\frac{\partial z}{\partial y}$ 与 $\frac{\partial f}{\partial y}$ 也有类似的区别.

【例 12】① 设 $z=\mathrm{e}^{uv}$, $u=\sin x$, $v=\cos x$，求 $\frac{\mathrm{d}z}{\mathrm{d}x}$；

② 设 $z=\mathrm{e}^{u}\sin v$， $u=x^2+y^2$, $v=xy$，求 $\frac{\partial z}{\partial x}$， $\frac{\partial z}{\partial y}$；

③ 设 $z=uv+\sin t$， $u=\mathrm{e}^{t}$, $v=\cos t$，求 $\frac{\mathrm{d}z}{\mathrm{d}t}$.

【解】①
$$\begin{aligned}\frac{\mathrm{d}z}{\mathrm{d}x}&=\frac{\partial z}{\partial u}\frac{\mathrm{d}u}{\mathrm{d}x}+\frac{\partial z}{\partial v}\frac{\mathrm{d}v}{\mathrm{d}x}\\&=v\mathrm{e}^{uv}\cdot\cos x+u\mathrm{e}^{uv}\cdot(-\sin x)\\&=\left(\cos^2 x-\sin^2 x\right)\mathrm{e}^{\sin x\cos x}\\&=\mathrm{e}^{\frac{1}{2}\sin 2x}\cos 2x.\end{aligned}$$

②
$$\begin{aligned}\frac{\partial z}{\partial x}&=\frac{\partial z}{\partial u}\frac{\partial u}{\partial x}+\frac{\partial z}{\partial v}\frac{\partial v}{\partial x}\\&=\mathrm{e}^{u}\sin v\cdot 2x+\mathrm{e}^{u}\cos v\cdot y\\&=\mathrm{e}^{x^2+y^2}\left[2x\sin(xy)+y\cos(xy)\right];\end{aligned}$$

$$\begin{aligned}\frac{\partial z}{\partial y}&=\frac{\partial z}{\partial u}\frac{\partial u}{\partial y}+\frac{\partial z}{\partial v}\frac{\partial v}{\partial y}\\&=\mathrm{e}^{u}\sin v\cdot 2y+\mathrm{e}^{u}\cos v\cdot x\\&=\mathrm{e}^{x^2+y^2}\left[2y\sin(xy)+x\cos(xy)\right].\end{aligned}$$

③
$$\begin{aligned}\frac{\mathrm{d}z}{\mathrm{d}t}&=\frac{\partial z}{\partial u}\frac{\mathrm{d}u}{\mathrm{d}t}+\frac{\partial z}{\partial v}\frac{\mathrm{d}v}{\mathrm{d}t}+\frac{\partial z}{\partial t}\\&=v\mathrm{e}^{t}-u\sin t+\cos t\\&=\mathrm{e}^{t}\cos t-\mathrm{e}^{t}\sin t+\cos t\\&=\mathrm{e}^{t}(\cos t-\sin t)+\cos t.\end{aligned}$$

8.5.2　全微分形式不变性

利用多元复合函数的求导公式，可以得到多元函数全微分的一个重要性质——全微分形式不变性.

设函数 $z=f(u,v)$ 可微，当 u,v 为自变量时，则有全微分

$$\mathrm{d}z=\frac{\partial z}{\partial u}\mathrm{d}u+\frac{\partial z}{\partial v}\mathrm{d}v$$

如果 u,v 又是 x,y 的函数 $u=\varphi(x,y)$， $v=\psi(x,y)$，且这两个函数也可微，则复合函数 $z=f[\varphi(x,y),\psi(x,y)]$ 的全微分为

学习心得

学习心得

$$dz=\frac{\partial z}{\partial x}dx+\frac{\partial z}{\partial y}dy=\left(\frac{\partial z}{\partial u}\frac{\partial u}{\partial x}+\frac{\partial z}{\partial v}\frac{\partial v}{\partial x}\right)dx+\left(\frac{\partial z}{\partial u}\frac{\partial u}{\partial y}+\frac{\partial z}{\partial v}\frac{\partial v}{\partial y}\right)dy$$
$$=\frac{\partial z}{\partial u}\left(\frac{\partial u}{\partial x}dx+\frac{\partial u}{\partial y}dy\right)+\frac{\partial z}{\partial v}\left(\frac{\partial v}{\partial x}dx+\frac{\partial v}{\partial y}dy\right)=\frac{\partial z}{\partial u}du+\frac{\partial z}{\partial v}dv$$

由此可见，对于函数 $z=f(u,v)$，无论 u,v 是自变量还是中间变量，它的全微分形式是一样的，此性质称为**全微分形式不变性**.

【例 13】利用全微分形式不变性求解例 12 的第②题.

【解】$dz=d\left(e^u\sin v\right)=e^u\sin v du+e^u\cos v dv$.

而 $du=d\left(x^2+y^2\right)=2xdx+2ydy$，$dv=d(xy)=ydx+xdy$，

代入合并得

$$dz=e^u\left(2x\sin v+y\cos v\right)dx+e^u\left(2y\sin v+x\cos v\right)dy$$

即

$$\frac{\partial z}{\partial x}dx+\frac{\partial z}{\partial y}dy$$
$$=e^{x^2+y^2}\left[2x\sin(xy)+y\cos(xy)\right]dx+e^{x^2+y^2}\left[2y\sin(xy)+x\cos(xy)\right]dy$$

所以 $$\frac{\partial z}{\partial x}=e^{x^2+y^2}\left[2x\sin(xy)+y\cos(xy)\right],$$
$$\frac{\partial z}{\partial y}=e^{x^2+y^2}\left[2y\sin(xy)+x\cos(xy)\right].$$

与例 12 第②题的计算结果完全一致.

8.5.3 隐函数微分法

定义 ① 若由二元方程 $F(x,y)=0$ 能确定变量 y 与 x 之间存在函数关系 $y=f(x)$，则称函数 $y=f(x)$ 为由二元方程 $F(x,y)=0$ 所确定的**隐函数**，或直接称二元方程 $F(x,y)=0$ 为隐函数.

② 若由三元方程 $F(x,y,z)=0$ 能确定变量 z 与 x,y 之间存在函数关系 $z=f(x,y)$，则称函数 $z=f(x,y)$ 为由三元方程 $F(x,y,z)=0$ 所确定的隐函数，或直接称三元方程 $F(x,y,z)=0$ 为隐函数.

注意 并非由任何多元方程都能确定方程中所含的各变量间存在函数关系；另外，即使由所给方程能确定其变量间存在函数关系，也不能保证该方程所确定的函数关系中的因变量能用自变量直接表示出来(即不能保证表示为显函数的形式).

例如，由方程 $x^2+y^2+1=0$ 就不能确定变量 x,y 之间存在函数关系，即由该方程不能确定隐函数.

由方程 $e^z = xyz$ 虽能确定 z 与 x, y 之间存在函数关系(即能确定隐函数)，但 z 却不能用 x, y 直接表示出来，即 z 不能表示为显函数 $z=f(x, y)$ 的形式.

下面将针对以上定义中提到的两种隐函数的情形，并根据多元复合函数的求导法来推出隐函数的求导公式.

1. 二元方程 $F(x, y)=0$ 的情形

设由方程 $F(x, y)=0$ 能确定隐函数 $y=f(x)$，且函数 $F(x, y)$ 存在连续偏导数，则当 $\frac{\partial F}{\partial y}\neq 0$ 时，有隐函数求导公式

$$\frac{\mathrm{d}y}{\mathrm{d}x}=-\frac{F_x'}{F_y'}$$

证明 因为 $y=f(x)$ 是由 $F(x, y)=0$ 确定的隐函数，故有恒等式

$$F\left[x, f(x)\right]\equiv 0$$

在此等式两边同时对 x 求导，并利用多元复合函数的求导方法，可得

$$\frac{\partial F}{\partial x}+\frac{\partial F}{\partial y}\frac{\mathrm{d}y}{\mathrm{d}x}=0$$

于是，当 $\frac{\partial F}{\partial y}\neq 0$ 时，有

$$\frac{\mathrm{d}y}{\mathrm{d}x}=-\frac{\frac{\partial F}{\partial x}}{\frac{\partial F}{\partial y}}=-\frac{F_x'}{F_y'}$$

【例 14】求由方程 $e^{x^2+y^2}+xy=0$ 所确定的隐函数 $y=f(x)$ 的导数 $\frac{\mathrm{d}y}{\mathrm{d}x}$.

【解】令 $F(x, y)=e^{x^2+y^2}+xy$，则有

$$F_x'(x, y)=2xe^{x^2+y^2}+y$$

$$F_y'(x, y)=2ye^{x^2+y^2}+x$$

所以，由公式得

$$\frac{\mathrm{d}y}{\mathrm{d}x}=-\frac{2xe^{x^2+y^2}+y}{2ye^{x^2+y^2}+x}$$

2. 三元方程 $F(x, y, z)=0$ 的情形

设由方程 $F(x, y, z)=0$ 能确定二元隐函数 $z=f(x, y)$，且函数 $F(x, y, z)=0$ 存在连续偏导数，则当 $\frac{\partial F}{\partial z}\neq 0$ 时，有以下求偏导数的公式

$$\frac{\partial z}{\partial x}=-\frac{F_x'}{F_z'}$$

学习心得

$$\frac{\partial z}{\partial y}=-\frac{F'_y}{F'_z}$$

证明 因为$z=f(x,y)$是由$F(x,y,z)=0$确定的隐函数，故有恒等式

$$F[x,y,f(x,y)]\equiv 0$$

在上式两边同时对x,y分别求偏导数，并利用多元复合函数的求导方法，可得方程组

$$\begin{cases}F_x'\cdot 1+F_y'\cdot 0+F_z'\cdot\dfrac{\partial z}{\partial x}=0\\ F_x'\cdot 0+F_y'\cdot 1+F_z'\cdot\dfrac{\partial z}{\partial y}=0\end{cases}$$

于是，当$F_z'\neq 0$时，有

$$\frac{\partial z}{\partial x}=-\frac{F_x'}{F_z'},\ \frac{\partial z}{\partial y}=-\frac{F_y'}{F_z'}$$

同理，若由方程$F(x,y,z)=0$可确定二元隐函数$y=y(x,z)$或$x=x(y,z)$，应用多元复合函数的求导法则同样可推出计算偏导数的公式如下：

$$\frac{\partial y}{\partial x}=-\frac{F_x'}{F_y'},\ \frac{\partial y}{\partial z}=-\frac{F_z'}{F_y'},\quad \frac{\partial x}{\partial y}=-\frac{F_y'}{F_x'},\ \frac{\partial x}{\partial z}=-\frac{F_z'}{F_x'}$$

读者不妨自己推导上述求偏导数的公式.

【例 15】① 求由方程$\sin z=xyz$所确定的隐函数$z=f(x,y)$的偏导数$\dfrac{\partial z}{\partial x}$，$\dfrac{\partial z}{\partial y}$；

② 设$x^2+y^2+z^2-4z=0$，求$\dfrac{\partial^2 z}{\partial x^2}$.

【解】① 令$F(x,y,z)=\sin z-xyz$，则有

$$F_x'=-yz,\ F_y'=-xz,\ F_z'=\cos z-xy$$

所以，由公式得

$$\frac{\partial z}{\partial x}=-\frac{-yz}{\cos z-xy}=\frac{yz}{\cos z-xy}$$

$$\frac{\partial z}{\partial y}=-\frac{-xz}{\cos z-xy}=\frac{xz}{\cos z-xy}$$

② 令$F(x,y,z)=x^2+y^2+z^2-4z$，则有

$F_x'=2x$，$F_z'=2z-4$，

$\dfrac{\partial z}{\partial x}=-\dfrac{F_x'}{F_z'}=\dfrac{x}{2-z}$，

$$\frac{\partial^2 z}{\partial x^2}=\frac{(2-z)+x\frac{\partial z}{\partial x}}{(2-z)^2}=\frac{(2-z)+x\frac{x}{2-z}}{(2-z)^2}$$
$$=\frac{(2-z)^2+x^2}{(2-z)^3}.$$

练习 8.5

1. 求下列复合函数的偏导数或全微分.

① 设 $z=u^2\ln v$，其中 $u=3x-2y$, $v=3x+2y$，求 $\frac{\partial z}{\partial x}$，$\frac{\partial z}{\partial y}$；

② 设 $z=\sin(u-v)$，其中 $u=2x$, $v=x^2y$，求 $\mathrm{d}z$；

③ 设 $z=\mathrm{e}^u-3u$，其中 $u=2xy^2+x$，求 $\frac{\partial z}{\partial x}$，$\frac{\partial z}{\partial y}$.

2. 求下列复合函数的导数或微分.

① 设 $z=\frac{v}{u}$，其中 $u=\mathrm{e}^x$, $v=x+x^2$，求 $\frac{\mathrm{d}z}{\mathrm{d}x}$；

② 设 $z=u^2v+uv^2$，其中 $u=\ln x$, $v=\mathrm{e}^x$，求 $\mathrm{d}z$.

3. 求下列复合函数的偏导数 $\frac{\partial z}{\partial x}$，$\frac{\partial z}{\partial y}$.

① $z=f(x+y, x^2-y^2)$；　　② $z=f\left(3x, \frac{y}{x}\right)$.

4. 求由下列方程所确定的隐函数的导数或偏导数.

① 设 $y-x\mathrm{e}^y=0$，求 $\frac{\mathrm{d}y}{\mathrm{d}x}$；

② 设 $\ln(xy)-\cos(xy)=2$，求 $\frac{\mathrm{d}y}{\mathrm{d}x}$；

③ 设 $\sin x+\mathrm{e}^y-x^2y+2=0$，求 $\frac{\mathrm{d}y}{\mathrm{d}x}$；

④ 设 $\frac{x}{z}=\ln\frac{z}{y}$，求 $\frac{\partial z}{\partial x}$，$\frac{\partial z}{\partial y}$；

⑤ 设 $\mathrm{e}^z-xyz=0$，求 $\frac{\partial z}{\partial x}$，$\frac{\partial z}{\partial y}$.

5. 证明：如果 $x=x(y,z)$，$y=y(x,z)$，$z=z(x,y)$ 都是由下述方程 $F(x,y,z)=0$ 所确定的具有连续偏导数的函数，则 $\frac{\partial z}{\partial x}\cdot\frac{\partial x}{\partial y}\cdot\frac{\partial y}{\partial z}=-1$.

学习心得

学习心得

8.6　多元函数的极值与最值

在实际问题中，我们会遇到大量求多元函数的极值、最大值和最小值的问题. 与一元函数的情形类似，多元函数的最大值、最小值与极大值、极小值有密切的联系. 本节以二元函数为例讨论多元函数的极值和最值问题.

8.6.1　二元函数的极值

与一元函数极值类似，下面引入二元函数极值的定义.

定义　设函数 $z=f(x,y)$ 在点 (x_0,y_0) 的某邻域内有定义，对于该邻域内异于点 (x_0,y_0) 的任意一点 (x,y)，如果

$$f(x,y)<f(x_0,y_0)$$

则称函数在点 (x_0,y_0) 处取得**极大值**；如果

$$f(x,y)>f(x_0,y_0)$$

则称函数在点 (x_0,y_0) 处取得**极小值**；极大值、极小值统称为**极值**，使函数取得极值的点称为**极值点**.

例如，函数 $z=x^2+2y^2$ 在点 $(0,0)$ 处取得极小值，这是因为对任何 $(x,y)\neq(0,0)$，恒有

$$f(0,0)=0<x^2+2y^2=f(x,y)$$

成立；函数 $z=-\sqrt{x^2+y^2}$ 在点 $(0,0)$ 处取得极大值，这是因为对任何 $(x,y)\neq(0,0)$，恒有

$$f(0,0)=0>-\sqrt{x^2+y^2}=f(x,y)$$

成立；函数 $z=xy$ 在点 $(0,0)$ 处既不能取得极大值也不能取得极小值，因为 $f(0,0)=0$，而在点 $(0,0)$ 的任何邻域内，$z=xy$ 既可能取正值也可能取负值.

以上关于二元函数的极值概念，可推广到 n 元函数.

由一元函数取得极值的必要条件，我们可以得到二元函数取得极值的必要条件.

定理 1(必要条件)　设函数 $z=f(x,y)$ 在点 (x_0,y_0) 具有偏导数，且在点 (x_0,y_0) 处取得极值，则有

$$f'_x(x_0,y_0)=0,\ f'_y(x_0,y_0)=0$$

证明　不妨设 $z=f(x,y)$ 在点 (x_0,y_0) 处取极大值，依定义，对点 (x_0,y_0) 某邻域内异于 (x_0,y_0) 的任何点 (x,y)，恒有

$$f(x,y)<f(x_0,y_0)$$

特别地，对该领域内的点 $(x, y_0) \neq (x_0, y_0)$，有

$$f(x, y_0) < f(x_0, y_0)$$

这表明，一元函数 $f(x, y_0)$ 在点 $x = x_0$ 处取得极大值，由一元函数取得极值的必要条件可知

$$f_x'(x_0, y_0) = 0$$

类似地，可证明

$$f_y'(x_0, y_0) = 0$$

与一元函数类似，凡是使 $f_x'(x_0, y_0) = 0$ 与 $f_y'(x_0, y_0) = 0$ 同时成立的点 (x_0, y_0) 称为函数 $f(x, y)$ 的**驻点**(**或稳定点**).

由定理 1 可知，具有偏导数的函数的**极值点必定是驻点，但驻点不一定是极值点**，例如，点 $(0, 0)$ 是函数 $z = xy$ 的驻点，但该点不是函数的极值点；而偏导数不存在的点也有可能是极值点，例如，函数 $z = -\sqrt{x^2 + y^2}$ 在点 $(0, 0)$ 处取得极大值，但该函数在点 $(0, 0)$ 处的一阶偏导数不存在.

综上所述，函数的极值点只可能存在于驻点或使得函数的偏导数不存在的连续点中. 因此，在求二元函数的极值点时，应先求出函数的驻点和偏导数不存在的连续点，然后再设法对这些点进行判断. 对于偏导数不存在的连续点，只能用定义的方法进行判断；对于驻点，则可用下面极值存在的充分条件进行判断.

定理 2(**充分条件**)　设函数 $f(x, y)$ 在点 (x_0, y_0) 的某邻域内连续且有二阶连续偏导数，又 $f_x'(x_0, y_0) = 0$， $f_y'(x_0, y_0) = 0$，令

$$A = f_{xx}''(x_0, y_0), B = f_{xy}''(x_0, y_0), C = f_{yy}''(x_0, y_0)$$

则有以下结论.

① 当 $B^2 - AC < 0$ 时，函数 $f(x, y)$ 在点 (x_0, y_0) 处有极值，且当 $A > 0$ 时，有极小值 $f(x_0, y_0)$；当 $A < 0$ 时，有极大值 $f(x_0, y_0)$.

② 当 $B^2 - AC > 0$ 时，函数 $f(x, y)$ 在点 (x_0, y_0) 处没有极值.

③ 当 $B^2 - AC = 0$ 时，函数 $f(x, y)$ 在点 (x_0, y_0) 处可能有极值，也可能没有极值，需另作讨论.

证明　略.

对于具有二阶连续偏导数的函数，由定理 1、2 得到求函数极值的步骤如下.

① 解方程组：$f_x'(x_0, y_0) = 0$，$f_y'(x_0, y_0) = 0$，求得一切驻点.

② 对每个驻点，求出二阶偏导数的值 A、B、C.

③ 根据 $B^2 - AC$ 的符号，由定理 2 得到结论.

学习心得

学习心得

【例 16】求函数 $f(x,y)=x^3-y^3+3x^2+3y^2-9x$ 的极值.

【解】解方程组

$$\begin{cases} f'_x(x,y)=3x^2+6x-9=0 \\ f'_y(x,y)=-3y^2+6y=0 \end{cases}$$

得驻点 $(1,0)$, $(1,2)$, $(-3,0)$, $(-3,2)$.

再求二阶偏导数

$$f''_{xx}(x,y)=6x+6,\ f''_{xy}(x,y)=0,\ f''_{yy}(x,y)=-6y+6$$

在点 $(1,0)$ 处，$A=12, B=0, C=6$，$B^2-AC=-72<0$，又 $A>0$，故函数在该点取得极小值 $f(1,0)=-5$；

在点 $(1,2)$ 处，$A=12, B=0, C=-6$，$B^2-AC=72>0$，故函数在该点没有极值；

在点 $(-3,0)$ 处，$A=-12, B=0, C=6$，$B^2-AC=72>0$，故函数在该点没有极值；

在点 $(-3,2)$ 处，$A=-12, B=0, C=-6$，$B^2-AC=-72<0$，又 $A<0$，故函数在该点取得极大值 $f(-3,2)=31$.

8.6.2　最值问题

在社会生产各个领域都会遇上最值问题，例如，怎样用最小的成本获取最大收益的问题，这些问题一般都可以归结为求某一函数在某一范围内的最大值和最小值的问题.

使得函数取得最大值和最小值的点称为函数的最大值点和最小值点，统称为**最值点**，函数的最大值和最小值统称为**最值**.

与一元函数类似，可以利用函数的极值来求函数的最大值和最小值. 在前面已经指出，如果函数 $f(x,y)$ 在闭区域 D 上连续，则 $f(x,y)$ 在 D 上必定能取得最大值和最小值，且函数最大值点或最小值点必在函数的极值点或在 D 的边界点上. 因此，要求函数 $f(x,y)$ 的最值，只需求出函数在各驻点和不可导点的函数值及边界上的最大值和最小值，然后进行比较即可.

假定函数 $f(x,y)$ 在闭区域 D 上连续、偏导数存在且只有有限个驻点，则求函数 $f(x,y)$ 在闭区域 D 上的最大值和最小值的一般步骤如下.

① 求函数 $f(x,y)$ 在 D 内所有驻点处的函数值.

② 求 $f(x,y)$ 在 D 的边界上的最大值和最小值.

③ 比较前两步得到的所有函数值，其中最大的即为最大值，最小的即为最小值.

求 $f(x,y)$ 在 D 的边界上的最大值和最小值往往相当复杂．在通常遇到的实际问题中，如果根据问题的具体性质，可以判断出函数 $f(x,y)$ 的最大值或最小值一定在 D 的内部取得，而函数 $f(x,y)$ 在 D 内只有一个驻点，则可以肯定该驻点处的函数值就是函数 $f(x,y)$ 在 D 上的最大值或最小值．

【例 17】 某工厂生产的一种产品同时在两个市场销售，售价分别为 p_1 和 p_2，销售量分别为 q_1 和 q_2，需求函数分别为 $q_1=24-0.2p_1$，$q_2=10-0.05p_2$，总成本函数为 $C=35+40(q_1+q_2)$，试问：厂家应如何确定两个市场的售价，才能使其获得的总利润最大？最大总利润是多少？

【解】 总收益函数为

$$R=p_1q_1+p_2q_2=p_1(24-0.2p_1)+p_2(10-0.05p_2)$$

总利润函数为

$$\begin{aligned}L=R-C&=p_1q_1+p_2q_2-[35+40(q_1+q_2)]\\&=(p_1-40)(24-0.2p_1)+(p_2-40)(10-0.05p_2)-35\end{aligned}$$

解方程组

$$\begin{cases}\dfrac{\partial L}{\partial p_1}=32-0.4p_1=0\\[2mm]\dfrac{\partial L}{\partial p_2}=12-0.1p_2=0\end{cases}$$

得唯一驻点 $p_1=80$，$p_2=120$．

根据题意，所求利润的最大值一定在区域 $D=\{(p_1,p_2)|p_1>0,p_2>0\}$ 内取得，又函数在区域 D 内只有唯一的驻点，因此该驻点即为所求的最大值点．故当价格 $p_1=80$，$p_2=120$ 时，利润可达最大，最大利润为

$$L(80,120)=605$$

8.6.3　条件极值

前面研究的极值和最值问题都是直接给出一个目标函数，自变量在定义域内取值时，不受任何限制，这种求极值和最值的问题通常称为无条件极值问题．但是在实际问题中，常会遇到对函数的自变量有附加约束条件的极值问题，这类附有约束条件的极值问题，称为条件极值．例如，考虑函数 $z=f(x,y)$ 在满足约束条件 $\varphi(x,y)=0$ 时的条件极值问题．

有些情况下，可以将条件极值问题转化为无条件极值问题，如上述条件极值问题，可以先由方程 $\varphi(x,y)=0$ 解出 $y=\psi(x)$，并将其代入 $z=f(x,y)$ 中，就可以把求条件极值的问题转化为求一元函数

学习心得

$z=f\left[x,\psi(x)\right]$的无条件极值的问题．但在很多情形下，这样做很不方便，下面我们介绍求解条件极值问题的常用方法——拉格朗日乘数法．

用拉格朗日乘数法求解条件极值问题的具体步骤如下．

① 构造下述辅助函数(称之为**拉格朗日函数**)

$$F(x,y,\lambda)=f(x,y)+\lambda\varphi(x,y)$$

其中λ为待定常数，称为**拉格朗日乘数**．用拉格朗日函数将$z=f(x,y)$在满足约束条件$\varphi(x,y)=0$时的条件极值问题转化为求三元函数$F(x,y,\lambda)$的无条件极值问题．

② 根据无条件极值问题的极值必要条件，列出方程组

$$\begin{cases}F'_x=f'_x+\lambda\varphi'_x=0\\F'_y=f'_y+\lambda\varphi'_y=0\\F'_\lambda=\varphi(x,y)=0\end{cases}$$

解这个方程组，得到可能的极值点(x,y)和乘数λ．

③ 判断求得的点(x,y)是否为极值点．通常由实际问题的实际意义判定．

这个方法的证明从略．

拉格朗日乘数法还可以推广到自变量多于两个而条件多于一个的情形．

【例 18】 求表面积为a^2而体积为最大的长方体的体积．

【解】 设长方体的长、宽、高分别为x,y,z，则问题归结为在约束条件

$$\varphi(x,y,z)=2xy+2yz+2xz-a^2=0$$

下，求函数$V=xyz$ $(x>0,y>0,z>0)$的最大值．

构造拉格朗日函数

$$F(x,y,z,\lambda)=xyz+\lambda\left(2xy+2yz+2xz-a^2\right)$$

由方程组

$$\begin{cases}F'_x=yz+2\lambda(y+z)=0\\F'_y=xz+2\lambda(x+z)=0\\F'_z=xy+2\lambda(y+x)=0\\F'_\lambda=2xy+2yz+2xz-a^2=0\end{cases}$$

可解得

$$\frac{x}{y}=\frac{x+z}{y+z},\quad\frac{y}{z}=\frac{x+y}{x+z}$$

进而解得 $x=y=z=\dfrac{\sqrt{6}}{6}a$，

点$\left(\dfrac{\sqrt{6}}{6}a,\dfrac{\sqrt{6}}{6}a,\dfrac{\sqrt{6}}{6}a\right)$是唯一可能的极值点．因为由问题本身可知最大值一定存在，所以最大值就在这个可能的极值点处取得．即表面积为a^2的长方体中，以棱长为$\dfrac{\sqrt{6}}{6}a$的正方体的体积最大，最大体积$V=\dfrac{\sqrt{6}}{36}a^3$．

【例 19】某企业通过电视和报纸做广告，已知销售收入为

$$R(x\,,\,y)=15+14x+32y-8xy-2x^2-10y^2$$

其中x(万元)和y(万元)分别为电视广告费和报纸广告费．

① 在广告费用不限的情况下，求使总利润最大的广告策略；

② 如果广告费用限制为1.5(万元)，求相应的最优广告策略．

【解】① 利润函数为

$$L=R(x\,,\,y)-(x+y)=15+13x+31y-8xy-2x^2-10y^2$$

由

$$\begin{cases}\dfrac{\partial L}{\partial x}=13-8y-4x=0\\ \dfrac{\partial L}{\partial y}=31-8x-20y=0\end{cases}$$

得到唯一驻点$x=0.75$，$y=1.25$．这时最大利润为

$$L(0.75\,,1.25)=39.25\ (\text{万元})$$

② 由题意，约束条件为 $x+y=1.5$．

构造拉格朗日函数为

$$F(x\,,\,y\,,\,\lambda)=15+3x+31y-8xy-2x^2-10y^2+\lambda(x+y-1.5)$$

由

$$\begin{cases}\dfrac{\partial F}{\partial x}=13-8y-4x+\lambda=0\\ \dfrac{\partial F}{\partial y}=31-8x-20y+\lambda=0\\ \dfrac{\partial F}{\partial \lambda}=x+y-1.5=0\end{cases}$$

得到唯一驻点$x=0$，$y=1.5$．这时最大利润为

$$L(0\,,1.5)=39\ (\text{万元})$$

练习 8.6

1. 求下列函数的极值．

① $z=(x-1)^2+y^2$；　　② $z=4(x-y)-x^2-y^2$；

③ $z=xy-\dfrac{1}{x}+\dfrac{2}{y}$；　　④ $z=(x+y^2-2y)\mathrm{e}^x$．

学习心得

学习心得

2. 某工厂生产甲、乙两种产品，出售单价分别为 100 元和 90 元，生产 x 单位的甲产品和生产 y 单位的乙产品的总成本为

$$C(x,y)=4000+20x+30y+0.1(3x^2+xy+3y^2)\ （元）$$

求两种产品分别生产多少，工厂可获得最大利润？

3. 将一长方形硬纸折成长方体无盖盒子，若纸的面积 A 一定，问长、宽、高分别为何值时，可使盒子的容积最大？

4. 某产品的产量是劳动力投入量 x 和原材料投入量 y 的函数 $f(x,y)=60x^{\frac{3}{4}}y^{\frac{1}{4}}$，而生产每单位产量的原材料费用为 200 元，劳动力费用为 100 元，现有 30000 元资金用于生产，为了得到更多的产品，应该如何安排劳动力与原材料的投入？

8.7 偏导数的经济应用

8.7.1 边际函数

在一元函数微分学中，通过导数研究了经济学中的边际概念，如边际成本、边际收益、边际利润等. 求多元函数的偏导数就是对某一个自变量求导数，而将其他自变量视为常量，它也反映了某一经济变量随另一经济变量的变化率，因此多元函数也有边际函数概念.

n 元函数 $y=f(x_1,x_2,\cdots,x_n)$ 的偏导数 $\frac{\partial}{\partial x_i}f(x_1,x_2,\cdots,x_n)$ $(i=1,2,\cdots,n)$ 称为 y 对 x_i 的边际函数. 类似一元函数，可以引入多元函数的边际需求函数、边际成本函数、边际收益函数、边际利润函数等.

1. 边际需求

假设对某一商品的市场需求受到商品的价格 P 与企业的广告投入 A 这两个因素的影响，其需求函数为

$$Q=5000-10P+40A+P\cdot A-0.8A^2-0.5P^2$$

企业在决策时需研究商品价格的变化和企业广告投入的变化对商品需求产生怎样的影响. 为了解决这个问题，一般的做法是在假定其他变量不变的情况下，考虑一个变量变化时市场需求受到的影响，这就要研究经济函数的偏导数.

价格变化对市场需求的边际影响为

$$\frac{\partial Q}{\partial P}=-10+A-P$$

广告投入变化对市场需求的边际影响为

$$\frac{\partial Q}{\partial A}=40+P-1.6A$$

$\frac{\partial Q}{\partial P}$ 和 $\frac{\partial Q}{\partial A}$ 分别称为价格的边际需求和广告投入的边际需求.

在实际问题中，假设 A、B 是两种相关商品，它们的需求量分别为 Q_A、Q_B，其价格分别为 P_A、P_B，y 为消费者收入. Q_A、Q_B 都是 P_A、P_B、y 的函数，记为

$$Q_A=f(P_A,P_B,y),\quad Q_B=g(P_A,P_B,y)$$

$\frac{\partial Q_A}{\partial P_A}$ 称为商品 A 的需求函数关于价格 P_A 的边际需求，它表示当商品 B 的价格 P_B 和消费者收入 y 不变的情况下，商品 A 的价格变化一个单位时它的需求量的近似改变量；$\frac{\partial Q_A}{\partial y}$ 称为商品 A 的需求函数关于消费者收入 y 的边际需求，它表示当商品 A、B 的价格 P_A、P_B 不变的情况下，消费者收入 y 变化一个单位时，商品 A 的需求量的近似改变量，类似可以解释偏导数 $\frac{\partial Q_A}{\partial P_B}$、$\frac{\partial Q_B}{\partial P_A}$、$\frac{\partial Q_B}{\partial P_B}$、$\frac{\partial Q_B}{\partial y}$ 的经济学意义.

2. 边际成本

设某企业生产两种产品 A 和 B. A 产品的生产数量为 x 单位，B 产品的生产数量为 y 单位，当总成本为 $C=f(x,y)$ 时，称其为联合成本函数，称 $\frac{\partial C}{\partial x}$ 为关于 A 产品的边际成本函数，称 $\frac{\partial C}{\partial y}$ 为关于 B 产品的边际成本函数.

【例 20】 假设两种产品 A 和 B 的生产数量分别为 x 单位和 y 单位，联合成本函数 $C=x\ln(5+y)$，求 A 和 B 的边际成本.

【解】 关于 A 产品的边际成本函数为：$\frac{\partial C}{\partial x}=\ln(5+y)$.

关于 B 产品的边际成本函数为：$\frac{\partial C}{\partial y}=\frac{x}{5+y}$.

8.7.2 偏弹性

可以类似一元函数那样给出多元函数的弹性概念，称为**偏弹性**.

在经济活动中，商品的需求量 Q 受商品的价格 P_1、消费者的收入 M 和相关商品的价格 P_2 等因素的影响. 假设

$$Q=f(P_1,M,P_2)$$

1. 需求的价格偏弹性

当消费者的收入 M 及相关产品的价格 P_2 不变时，需求 Q 将随价格 P_1 的变化而变化，当 $\frac{\partial Q}{\partial P_1}$ 存在时，可定义**需求的价格偏弹性**为

学习心得

学习心得

$$E_{P_1}=\lim_{\Delta P_1\to 0}\frac{\dfrac{\Delta_1 Q}{Q}}{\dfrac{\Delta P_1}{P_1}}=\frac{P_1}{Q}\frac{\partial Q}{\partial P_1}$$

其中，$\Delta_1 Q=f(P_1+\Delta P_1,M,P_2)-f(P_1,M,P_2)$.

2. 需求的交叉价格偏弹性

需求的交叉价格偏弹性表示当另一种商品的价格发生变化时，对本商品需求量的影响程度，在需求函数$Q=f(P_1,M,P_2)$中，需求的交叉价格偏弹性定义为

$$E_{P_2}=\lim_{\Delta P_2\to 0}\frac{\dfrac{\Delta_2 Q}{Q}}{\dfrac{\Delta P_2}{P_2}}=\frac{P_2}{Q}\frac{\partial Q}{\partial P_2}$$

其中，$\Delta_2 Q=f(P_1,M,P_2+\Delta P_2)-f(P_1,M,P_2)$.

交叉价格偏弹性反映了两种商品的相关性. 当它大于 0 时，两商品互为替代品；当它小于 0 时，两商品互为互补品；当它等于 0 时，两商品为相互独立商品.

3. 需求的收入价格偏弹性

在需求函数$Q=f(P_1,M,P_2)$中，**需求的收入价格偏弹性**定义为

$$E_M=\lim_{\Delta M\to 0}\frac{\dfrac{\Delta_3 Q}{Q}}{\dfrac{\Delta M}{M}}=\frac{M}{Q}\frac{\partial Q}{\partial M}$$

其中，$\Delta_3 Q=f(P_1,M+\Delta M,P_2)-f(P_1,M,P_2)$.

需求的收入价格偏弹性表示当消费者的收入发生变化时，对商品需求量的影响程度.

【例 21】设某市场牛肉的需求函数为$Q=4850-5P_1+0.1M+1.5P_2$，其中，消费者收入$M=10000$，牛肉的价格$P_1=10$，相关商品猪肉的价格$P_2=8$. 求：

① 牛肉需求的价格偏弹性；

② 牛肉需求的收入价格偏弹性；

③ 牛肉需求的交叉价格偏弹性；

④ 若猪肉价格增加 10%，求牛肉需求量的变化.

【解】当$M=10000$，$P_1=10$，$P_2=8$时

$$Q=4850-5\times 10+0.1\times 10000+1.5\times 8=5812$$

① 牛肉需求的价格偏弹性为

$$E_{P_1}=\frac{P_1}{Q}\frac{\partial Q}{\partial P_1}=-5\times\frac{10}{5812}\approx -0.009$$

② 牛肉需求的收入价格偏弹性为

$$E_M=\frac{M}{Q}\frac{\partial Q}{\partial M}=0.1\times\frac{10000}{5812}\approx 0.172$$

③ 牛肉需求的交叉价格偏弹性为

$$E_{P_2}=\frac{P_2}{Q}\frac{\partial Q}{\partial P_2}=1.5\times\frac{8}{5812}\approx 0.002$$

④ 由需求的交叉价格偏弹性 $E_{P_2}=\frac{P_2}{Q}\frac{\partial Q}{\partial P_2}$，得

$$\frac{\partial Q}{Q}=E_{P_2}\frac{\partial P_2}{P_2}=0.002\times 10\%=0.02\%$$

即当相关商品猪肉的价格增加10%，而牛肉价格不变时，牛肉的市场需求量将增加0.02%.

【例 22】某数码相机的销售量Q除与它自身的价格P_1有关外，还与彩色喷墨打印机的价格P_2有关，销售量函数为$Q=120+\frac{250}{P_1}-10P_2-P_2^2$. 当$P_1=50$，$P_2=5$时，求：

① 数码相机的销售量Q对它自身价格P_1的偏弹性；

② 数码相机的销售量Q对彩色喷墨打印机的价格P_2的交叉偏弹性.

【解】① Q对价格P_1的偏弹性

$$E_{P_1}=\frac{P_1}{Q}\frac{\partial Q}{\partial P_1}=-\frac{250}{P_1^2}\times\frac{P_1}{120+\frac{250}{P_1}-10P_2-P_2^2}$$

$$=-\frac{250}{120P_1+250-P_1(10P_2+P_2^2)}$$

当$P_1=50$，$P_2=5$时

$$E_{P_1}=-\frac{250}{120\times 50+250-50\times(50+25)}=-\frac{1}{10}$$

② Q对价格P_2的交叉偏弹性

$$E_{P_2}=\frac{P_2}{Q}\frac{\partial Q}{\partial P_2}=(-10-2P_2)\times\frac{P_2}{120+\frac{250}{P_1}-10P_2-P_2^2}$$

当$P_1=50$，$P_2=5$时

$$E_{P_2}=-20\times\frac{5}{120+5-50-25}=-2$$

学习心得

学习心得

练习 8.7

1. 某厂生产甲、乙两种同类不同型号的产品，若已知生产 x 台甲型产品和 y 台乙型产品的总成本函数为 $C(x, y)=0.1x^2+120x+0.3y^2+160y+5000$，求当 $x=50$，$y=70$ 时的边际成本．

2. 某厂生产 A、B 两种型号的冰箱，月成本函数为

$$C(r, s)=5r^2+10rs+20s^2+200000$$

其中 C 以元计，r 为每月生产 A 型冰箱的数目，s 为每月生产 B 型冰箱的数目．A 型冰箱的价格为 $P_1=6000$ 元/台，B 型冰箱的价格为 $P_2=8000$ 元/台，计划每月生产 A 型冰箱 80 台，B 型冰箱 50 台，并且生产出来的冰箱全部售完．试求：

① 月成本与边际成本；

② 月收益与边际收益；

③ 月利润与边际利润．

3. 已知商品 A 的需求量 Q_A 除与自身价格 P_A 有关外，还与相关商品 B 的价格 P_B 和消费者的收入 y 有关，并且商品的需求函数为

$$Q_A=\frac{1}{15}P_A^{-\frac{3}{4}}P_B^{-\frac{3}{2}}y^{\frac{1}{4}}$$

试求需求量的价格偏弹性、交叉价格偏弹性和对消费者收入的偏弹性，并解释其经济意义．

习 题 8

一、选择题

1．若 $f(x, y)=xy$，则 $f(x+y, x-y)=$（　　）．

A．$(x+y)^2$　　B．$(x-y)^2$

C．x^2+y^2　　D．x^2-y^2

2．函数 $z=\frac{1}{\sqrt{x+y}}+\frac{1}{\sqrt{x-y}}$ 的连续区域是（　　）．

A．$\{(x, y)|-x<y<x\}$　　B．$\{(x, y)|-x\leqslant y\leqslant x\}$

C．$\{(x, y)|-x<y\leqslant x\}$　　D．$\{(x, y)|-x\leqslant y\leqslant x\}$

3．函数 $f(x, y)=\sqrt{x^2+y^2}$ 在点 $(0, 0)$ 处（　　）．

A．连续，可微　　B．连续，偏导数存在

C．连续，偏导数不存在　　D．不连续，偏导数不存在

4．若 $z=e^x\sin y$，则 $dz=$（　　）．

A. $e^x \sin y\mathrm{d}x$　　B. $e^x \cos y\mathrm{d}y$

C. $e^x \cos y\mathrm{d}x\mathrm{d}y$　　D. $e^x \sin y\mathrm{d}x + e^x \cos y\mathrm{d}y$

5. 二元函数 $z = x^3 - y^3 + 3x^2 + 3y^2 - 9x$ 的极小值点为（　）.

A. $(-3, 0)$　　B. $(-3, 2)$

C. $(1, 0)$　　D. $(1, 2)$

二、解答题

1. 求下列函数的定义域.

① $z = e^{\frac{1}{x-y}}$；　　② $z = \arccos\frac{x}{2} + \arcsin\frac{y}{3}$；

③ $z = \dfrac{1}{\ln(x+y)}$；　　④ $z = \dfrac{\sqrt{x-y^2}}{\ln(1-x^2-y^2)}$.

2. 已知 $z = f(u, v) = u^v$，求 $f\left(\dfrac{y}{x}, xy\right)$ 和 $f(x+y, x-y)$.

3. 若 $f(x, y)$ 的偏导数存在，则符号 $f_x'(x, b)$ 与 $\dfrac{\mathrm{d}}{\mathrm{d}x}f(x, b)$ 各表示什么意义？

4. 求下列偏导数.

① 设 $z = x^y$，求 $\left.\dfrac{\partial z}{\partial x}\right|_{(e,1)}$，$\left.\dfrac{\partial z}{\partial y}\right|_{(e,1)}$；

② $z = x^2y + e^{xy}$，求 $\left.\dfrac{\partial z}{\partial x}\right|_{(1,2)}$，$\left.\dfrac{\partial z}{\partial y}\right|_{(1,2)}$；

③ $f(x, y) = 3^{-2x}\sin(x+2y)$，求 $f_x'\left(0, \dfrac{\pi}{4}\right)$ 和 $f_y'\left(0, \dfrac{\pi}{4}\right)$.

5. 求曲线 $\begin{cases} x = 1 \\ z = \sqrt{x^2+y^2+1} \end{cases}$ 在点 $(1, 1, \sqrt{3})$ 处的切线与 y 轴正向的夹角.

6. 求下列函数的偏导数.

① 已知 $z = (x^2 + a^2)e^{x+y}$（其中 a 为常数），求 $\dfrac{\partial z}{\partial x}$，$\dfrac{\partial z}{\partial y}$；

② 已知 $z = \dfrac{y}{x}\ln(2x-y)$，求 $\left.\dfrac{\partial z}{\partial x}\right|_{\substack{x=1\\y=1}}$，$\left.\dfrac{\partial z}{\partial y}\right|_{\substack{x=1\\y=1}}$；

③ 已知 $z = \ln(x + e^{xy})$，求 $\left.\dfrac{\partial z}{\partial x}\right|_{\substack{x=2\\y=1}}$，$\left.\dfrac{\partial z}{\partial y}\right|_{\substack{x=2\\y=1}}$.

7. 证明：若 $z = y^x (y > 0, y \neq 1)$，则函数 z 满足方程 $\dfrac{1}{\ln y}\dfrac{\partial z}{\partial x} + \dfrac{y}{x}\dfrac{\partial z}{\partial y} = 2z$.

8. 证明：若 $z = \ln(\sqrt[n]{x} + \sqrt[n]{y})$ $(n \geqslant 2)$，则函数 z 满足方程 $x\dfrac{\partial z}{\partial x} + y\dfrac{\partial z}{\partial y} = \dfrac{1}{n}$.

学习心得

学习心得

9. 证明：若 $z=xy+xF(u)$，$u=\dfrac{y}{x}$，则函数 z 满足方程 $x\dfrac{\partial z}{\partial x}+y\dfrac{\partial z}{\partial y}=z+xy$.

10. 证明：若 $z=\ln(e^x+e^y)$，则函数 z 满足方程 $\dfrac{\partial^2 z}{\partial x^2}\cdot\dfrac{\partial^2 z}{\partial y^2}-\left(\dfrac{\partial^2 z}{\partial x\partial y}\right)^2=0$.

11. 求下列多元函数的全微分.

① $z=e^{x-y}-xy$，求 dz；

② $z=xy\ln y$，求 dz；

③ $z=(x^2+y^2)e^{\frac{x^2+y^2}{xy}}$，求 dz；

④ 求 $z=x^2y$ 在点 $(1,1)$ 处的全微分.

12. 求下列复合函数的偏导数或全微分.

① $z=f\left(e^{xy},\ln(x+y)\right)$，求 $\dfrac{\partial z}{\partial x}$ 和 $\dfrac{\partial z}{\partial y}$；

② $z=f\left(\sqrt{xy},\dfrac{x}{y}\right)$，求 $\dfrac{\partial z}{\partial x}$ 和 $\dfrac{\partial z}{\partial y}$；

③ $z=f\left(x^2-y^2,e^{\frac{y}{x}}\right)$. 求 dz；

④ $z=x^3f\left(y\cos x,\ln x+y\right)$，求 dz；

⑤ $z=uv^2+uvw+w^3$，$u=\ln xy$，$v=xe^y$，$w=\sqrt{y}$，求 $\dfrac{\partial z}{\partial x}$ 和 $\dfrac{\partial z}{\partial y}$.

13. 求下列隐函数的偏导数或全微分.

① 设 $e^{xyz}+\ln z+\ln x=1$，求 $\dfrac{\partial z}{\partial x}$ 和 $\dfrac{\partial z}{\partial y}$；

② 设 $\cos^2x+\cos^2y+\cos^2z=1$，求 $\dfrac{\partial z}{\partial x}$ 和 $\dfrac{\partial z}{\partial y}$；

③ 设 $x+2y+z=2\sqrt{xyz}$. 求 $\dfrac{\partial z}{\partial x}$ 和 $\dfrac{\partial z}{\partial y}$；

④ 设 $\cos(ax+by-cz)=k(ax+by-cz)$，(其中 a,b,c,k 为常数且 $c\neq0$) 求 dz；

⑤ $z=\varphi(x+y-z)$，求 dz.

14. 设函数 $z=f(x,y)$ 由方程 $x^2+y^2+z^2=yf\left(\dfrac{z}{y}\right)$ 确定，证明函数 $z=f(x,y)$ 满足方程 $\left(x^2-y^2-z^2\right)\dfrac{\partial z}{\partial x}+2xy\dfrac{\partial z}{\partial y}=2xz$.

15. 设函数 $z=z(x,y)$ 由方程 $y=xf(z)+g(z)$ 确定，f 和 g 具有二阶连续偏导数，且满足 $xf'+g'\neq0$，证明函数 $z=z(x,y)$ 满足方程 $\left(\dfrac{\partial z}{\partial y}\right)^2\dfrac{\partial^2 z}{\partial x^2}-2\dfrac{\partial z}{\partial x}\dfrac{\partial z}{\partial y}\dfrac{\partial^2 z}{\partial x\partial y}+\left(\dfrac{\partial z}{\partial x}\right)^2\left(\dfrac{\partial^2 z}{\partial y^2}\right)=0$.

16. 求下列函数的极值.

① $f(x, y)=(6x-x^2)(4y-y^2)$；

② $f(x, y)=y^3-x^2+6x-12y+5$.

17. 设某工厂生产 A 和 B 两种产品，产量分别为 x 和 y（单位：kg），其成本函数为

$$C(x, y)=x^2+2xy+2y^2+2000$$

A 产品的价格为 200 元/kg，B 产品的价格为 300 元/kg，假定这两种产品能全部售完. 问两种产品各生产多少时，总利润最大？最大总利润为多少？

18. 某消费者的效益函数是 $U(x, y)=xy$，约束条件为 $5x+10y=100$，试求在约束条件下能获得最大效益的 x 和 y 的值.

学习心得

第9章 二重积分

本章将一元函数定积分中“分割—取近似—求和—取极限”的思想方法应用到多元函数中，建立重积分概念，并讨论其求法和简单应用.

9.1 二重积分的概念与性质

9.1.1 二重积分的概念

1. 曲顶柱体的体积

设函数 $z=f(x,y)$ 在 xOy 平面的闭区域 D 上连续，且 $f(x,y)\geqslant 0$，则 $z=f(x,y)$ 的图形是一个连续曲面. 以 xOy 平面的闭区域 D 为底，以函数 $z=f(x,y)$ 的图形为顶面，以 D 的边界曲线为准线而母线平行于 z 轴的柱面为侧面所得的立体称为**曲顶柱体**(见图 9-1). 下面计算上述曲顶柱体的体积 V.

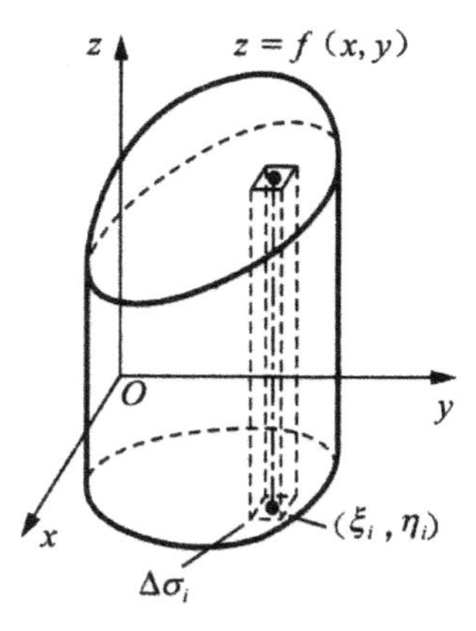

图 9-1

平顶柱体的高是不变的，其体积公式为

$$\text{平顶柱体体积}=\text{底面积}\times\text{高}$$

曲顶柱体顶面上各个点的高是变化的，不能直接利用上述体积公式计算其体积．可以参考第6章中计算曲边梯形面积的方法来计算曲顶柱体的体积．

(1) 分割

用任意的曲线网将区域 D 分成 n 个小的闭区域

$$\Delta\sigma_1, \Delta\sigma_2, \cdots, \Delta\sigma_n$$

用 $\Delta\sigma_i$ 表示第 i 个小区域的面积($i=1, 2, \cdots, n$)．用 d_i 表示第 i 个小区域内任意两点间距离的最大值，称其为第 i 个小区域的**直径**，并记

$$d=\max\{d_1, d_2, \cdots, d_n\}$$

分别以上述各个小闭区域的边界曲线为准线，作母线平行于 z 轴的柱面，这些柱面把原来的曲顶柱体分割成 n 个小曲顶柱体．

设以 $\Delta\sigma_i$ 为底的小曲顶柱体的体积为 ΔV_i ($i=1, 2, \cdots, n$)，则原曲顶柱体的体积 $V=\sum\limits_{i=1}^{n}\Delta V_i$．

(2) 取近似

因为函数 $z=f(x, y)$ 在 xOy 平面的闭区域 D 上非负且连续，当上面提到的那些小闭区域的直径很小时，函数 $f(x, y)$ 的值在每个小闭区域上的变化也很小，这时小曲顶柱体可以近似地看成平顶柱体．

在每个小闭区域 $\Delta\sigma_i$ 中任取一点 (ξ_i, η_i)，以 $\Delta\sigma_i$ 为底、以 $f(\xi_i, \eta_i)$ 为高的平顶柱体的体积为

$$f(\xi_i, \eta_i)\Delta\sigma_i \qquad (i=1, 2, \cdots, n)$$

于是有

$$\Delta V_i \approx f(\xi_i, \eta_i)\Delta\sigma_i \qquad (i=1, 2, \cdots, n)$$

(3) 求和

曲顶柱体的体积近似等于 n 个小平顶柱体的体积和

$$V=\sum_{i=1}^{n}\Delta V_i \approx \sum_{i=1}^{n} f(\xi_i, \eta_i)\Delta\sigma_i$$

(4) 取极限

当闭区域 D 的分割越来越密，即各个 d_i 越来越小时，$\sum\limits_{i=1}^{n} f(\xi_i, \eta_i)\Delta\sigma_i$ 越来越接近于 V．令 $d \to 0$，所取和式的极限便自然地定义为所求曲顶柱体的体积 V，即

$$V=\lim_{d\to 0}\sum_{i=1}^{n} f(\xi_i, \eta_i)\Delta\sigma_i$$

上面问题所求的量 V 最后归结为求一个和的极限．在物理、几何和工程技术中，有许多物理量或几何量的计算都可以归结为这一形式的和的极限．将上述方法加以抽象，即可得到二重积分的定义．

学习心得

学习心得

2. 二重积分的定义

定义　设 $f(x,y)$ 是有界闭区域 D 上的有界函数．将闭区域 D 任意分成 n 个小闭区域 $\Delta\sigma_1,\Delta\sigma_2,\cdots,\Delta\sigma_n$，并以 $\Delta\sigma_i$ 表示第 i 个小区域的面积，用 d_i 表示各个小区域的直径，记 $d=\max\{d_1,d_2,\cdots,d_n\}$，在每个 $\Delta\sigma_i$ 上任取一点 (ξ_i,η_i)，作乘积 $f(\xi_i,\eta_i)\Delta\sigma_i$　$(i=1,2,\cdots,n)$，并作和式

$$\sum_{i=1}^{n}f(\xi_i,\eta_i)\Delta\sigma_i$$

如果当各个小闭区域直径的最大值 d 趋于零时，这个和的极限总存在，则称此极限为函数 $f(x,y)$ 在闭区域 D 上的**二重积分**，记作 $\iint\limits_D f(x,y)\mathrm{d}\sigma$，即

$$\iint\limits_D f(x,y)\mathrm{d}\sigma=\lim_{d\to 0}\sum_{i=1}^{n}f(\xi_i,\eta_i)\Delta\sigma_i$$

其中 $f(x,y)$ 称为**被积函数**，x,y 称为**积分变量**，$\mathrm{d}\sigma$ 称为**面积元素**，D 称为**积分区域**，$\sum\limits_{i=1}^{n}f(\xi_i,\eta_i)\Delta\sigma_i$ 称为**积分和**．

若 $f(x,y)$ 在区域 D 上可积，则积分值 $\iint\limits_D f(x,y)\mathrm{d}\sigma$ 就与区域 D 的分法无关．因此，如果在直角坐标系中用平行于两条坐标轴的直线网来分割 D，那么除了包含边界点的一些小闭区域外，其余的小闭区域都是矩形闭区域．实际上，$\sum\limits_{i=1}^{n}f(\xi_i,\eta_i)\Delta\sigma_i$ 中包含边界点的小区域所对应的项的和的极限为零，所以可以略去不计．于是可以考虑横坐标由 x 变到 $x+\Delta x$，纵坐标由 y 变到 $y+\Delta y$ 所得到的小闭区域 σ，见图 9-2，其边长分别为 Δx 和 Δy，则小区域 σ 的面积 $\Delta\sigma=\Delta x\cdot\Delta y$．

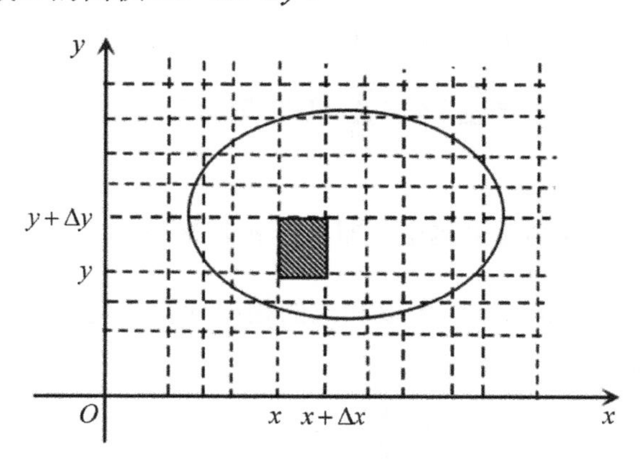

图 9-2

这样，面积元素 $\mathrm{d}\sigma$ 可表示为 $\mathrm{d}x\cdot\mathrm{d}y$，即

$$\mathrm{d}\sigma=\mathrm{d}x\,\mathrm{d}y$$

把 $dxdy$ 称为**直角坐标系中的面积元素**，进而可以把二重积分 $\iint\limits_D f(x,y)d\sigma$ 记作

$$\iint\limits_D f(x,y)dxdy$$

类似于定积分，下面不加证明，给出二重积分存在的条件.

定理　如果 $f(x,y)$ 在闭区域 D 上连续，则 $f(x,y)$ 在 D 上可积.

下面的叙述中总假设函数 $f(x,y)$ 在闭区域 D 上连续，不再特别说明了.

3. 二重积分的几何意义

① 若 $f(x,y)\geqslant 0$，二重积分的几何意义就是曲顶柱体的体积.

② 若 $f(x,y)$ 为负，柱体在 xOy 平面下方，二重积分的绝对值等于柱体的体积，但二重积分的值是负的.

③ 若 $f(x,y)$ 在 D 的某部分区域上是正的，而在另一部分区域上是负的，那么，二重积分等于 xOy 平面上方的柱体体积减去 xOy 平面下方的柱体体积所得的差.

9.1.2　二重积分的性质

比较定积分与二重积分的定义可以想到，二重积分与定积分有类似的性质，现叙述如下.

性质 1（线性性质）　设 α,β 为常数，则

$$\iint\limits_D [\alpha f(x,y)+\beta g(x,y)]d\sigma=\alpha\iint\limits_D f(x,y)d\sigma+\beta\iint\limits_D g(x,y)d\sigma$$

性质 2（区域可加性）　如果闭区域 D 被有限条曲线分为有限个部分闭区域，则在 D 上的二重积分等于在各个部分闭区域上的二重积分的和. 例如，若有界闭区域 D 由两个闭区域 D_1 和 D_2 合并而成（D_1 和 D_2 除了边界外无交点）则

$$\iint\limits_D f(x,y)d\sigma=\iint\limits_{D_1} f(x,y)d\sigma+\iint\limits_{D_2} f(x,y)d\sigma$$

性质 3　如果在 D 上，$f(x,y)=1$，σ 为 D 的面积，则

$$\sigma=\iint\limits_D 1d\sigma=\iint\limits_D d\sigma$$

这个性质的几何意义是很明显的，因为高为 1 的平顶柱体的体积在数值上就等于这个柱体的底面积.

性质 4　如果在 D 上，$f(x,y)\leqslant g(x,y)$，则有不等式

$$\iint\limits_D f(x,y)d\sigma\leqslant\iint\limits_D g(x,y)d\sigma$$

特殊地，由于

学习心得

学习心得

$$-|f(x,y)| \leqslant f(x,y) \leqslant |f(x,y)|$$

所以

$$\left|\iint_D f(x,y)\mathrm{d}\sigma\right| \leqslant \iint_D |f(x,y)|\mathrm{d}\sigma$$

性质 5(估值定理) 设 M 和 m 分别是 $f(x,y)$ 在闭区域 D 上的最大值和最小值，σ 为 D 的面积，则有

$$m\sigma \leqslant \iint_D f(x,y)\mathrm{d}\sigma \leqslant M\sigma$$

这个不等式是对于二重积分估值的不等式. 因为 $m \leqslant f(x,y) \leqslant M$，所以由性质 4 得

$$\iint_D m\mathrm{d}\sigma \leqslant \iint_D f(x,y)\mathrm{d}\sigma \leqslant \iint_D M\mathrm{d}\sigma$$

再应用性质 1 和性质 3，便得此估值不等式.

性质 6(积分中值定理) 设 $f(x,y)$ 是闭区域 D 上的连续函数，σ 为 D 的面积，则至少存在一点 $(\xi,\eta)\in D$，使得

$$\iint_D f(x,y)\mathrm{d}\sigma = f(\xi,\eta)\sigma$$

证明 由于 $f(x,y)$ 是有界闭区域 D 上的连续函数，因此 $f(x,y)$ 在 D 上存在最大值 M 和最小值 m. 所以

$$m\sigma \leqslant \iint_D f(x,y)\mathrm{d}\sigma \leqslant M\sigma$$

当 $\sigma = 0$ 时，结论 $\iint_D f(x,y)\mathrm{d}\sigma = f(\xi,\eta)\sigma$ 显然成立；当 $\sigma \neq 0$ 时，

$$m \leqslant \frac{1}{\sigma}\iint_D f(x,y)\mathrm{d}\sigma \leqslant M$$

数值 $\frac{1}{\sigma}\iint_D f(x,y)\mathrm{d}\sigma$ 在函数的最大值和最小值之间，由介值定理可知，至少存在一点 $(\xi,\eta)\in D$，使得

$$f(\xi,\eta) = \frac{1}{\sigma}\iint_D f(x,y)\mathrm{d}\sigma$$

即

$$\iint_D f(x,y)\mathrm{d}\sigma = f(\xi,\eta)\sigma$$

【例 1】 已知 $D=\{(x,y)|(x-2)^2+(y-1)^2\leqslant 2\}$，根据二重积分的性质比较 $\iint_D (x+y)^2\mathrm{d}\sigma$ 与 $\iint_D (x+y)^3\mathrm{d}\sigma$ 的大小.

【解】 如图 9-3 所示，点 $a(1,0)$ 在圆周 $(x-2)^2+(y-1)^2=2$ 上，且过点 $a(1,0)$ 的切线方程为 $x+y=1$. 所以在 D 上有 $(x+y)^2 \leqslant (x+y)^3$，因此

$$\iint_D (x+y)^2 \mathrm{d}\sigma \leqslant \iint_D (x+y)^3 \mathrm{d}\sigma$$

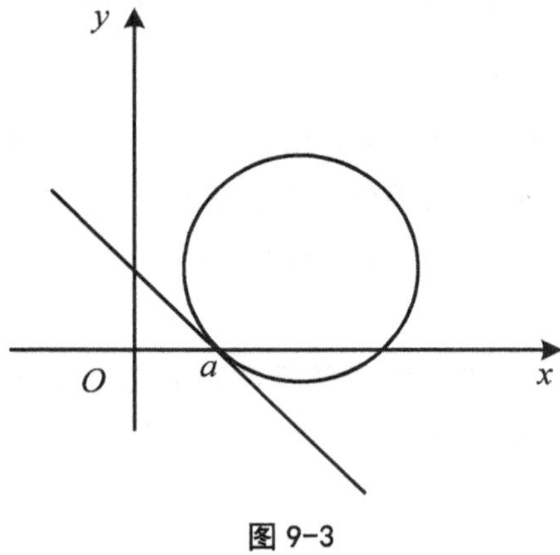

图 9-3

练习 9.1

1. 设区域 $D=\{(x,y)||x|\leqslant 1,|y|\leqslant 2\}$，求 $\iint_D \mathrm{d}\sigma$.

2. 根据二重积分的性质比较下列积分的大小.

① $I_1=\iint_D (x+y)^2\mathrm{d}\sigma$ 与 $I_2=\iint_D (x+y)^3\mathrm{d}\sigma$，

积分区域 D 由 x 轴、y 轴与直线 $x+y=1$ 围成；

② $I_1=\iint_D \ln(x+y)\mathrm{d}\sigma$ 与 $I_2=\iint_D [\ln(x+y)]^2\mathrm{d}\sigma$，

积分区域 $D=\{(x,y)|3\leqslant x\leqslant 5,0\leqslant y\leqslant 1\}$.

3. 根据二重积分的性质估计下列积分值.

① $I=\iint_D xy(x+y+1)\mathrm{d}\sigma$，积分区域 $D=\{(x,y)|0\leqslant x\leqslant 1,0\leqslant y\leqslant 2\}$；

② $I=\iint_D (x^2+4y^2+9)\mathrm{d}\sigma$，积分区域 $D=\{(x,y)|x^2+y^2\leqslant 4\}$.

9.2　二重积分的计算

按照二重积分的定义计算二重积分，对少数特别简单的被积函数和积分区域来说是可行的，但对一般的函数和区域来说，不是一种切实可行的方法. 本节介绍一种计算二重积分的方法，这种方法是把二重积分化为两次单变量的积分(即两次定积分)来计算.

学习心得

学习心得

9.2.1 直角坐标系下二重积分的计算

下面用几何观点来讨论二重积分 $\iint\limits_D f(x,y)\mathrm{d}\sigma$ 的计算问题．讨论中假设 $f(x,y)\geqslant 0$．

定义 1 由直线 $x=a, x=b$ 和连续曲线 $y=\varphi_1(x), y=\varphi_2(x)$（当 $x\in[a,b]$ 时，$\varphi_1(x)\leqslant\varphi_2(x)$）所围成的平面区域

$$D=\{(x,y)|a\leqslant x\leqslant b, \varphi_1(x)\leqslant y\leqslant\varphi_2(x)\}$$

称为 ***X* 型区域**(见图 9-4)．

X 型区域的特征：区域 D 由两条垂直于 x 轴的直线 $x=a, x=b$ 和两条连续曲线 $y=\varphi_1(x), y=\varphi_2(x)$ 围成，并且用平行于 y 轴的直线穿过区域 D 内部时，直线与区域 D 边界的交点不多于两个．

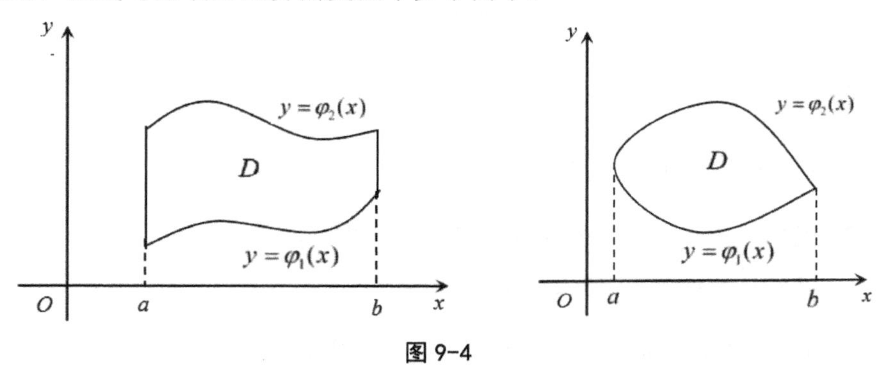

图 9-4

定义 2 由直线 $y=c, y=d$ 和连续曲线 $x=\psi_1(y), x=\psi_2(y)$（当 $y\in[c,d]$ 时，$\psi_1(y)\leqslant\psi_2(y)$）所围成的平面区域

$$D=\{(x,y)|c\leqslant y\leqslant d, \psi_1(y)\leqslant x\leqslant\psi_2(y)\}$$

称为 ***Y* 型区域**(见图 9-5)．

Y 型区域的特征：区域 D 由两条垂直于 y 轴的直线 $y=c, y=d$ 和两条连续曲线 $x=\psi_1(y), x=\psi_2(y)$ 围成，并且用平行于 x 轴的直线穿过区域 D 内部时，直线与区域 D 边界的交点不多于两个．

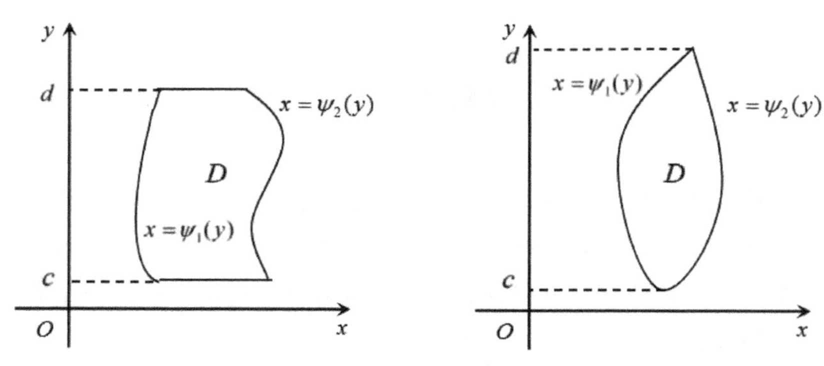

图 9-5

下面介绍在两种特殊类型区域上计算 $\iint\limits_D f(x, y)\mathrm{d}\sigma$ 的方法．

1. D 为 X 型区域时计算二重积分 $\iint\limits_D f(x, y)\mathrm{d}\sigma$ 的方法

设 X 型区域 $D=\{(x, y)|a\leqslant x\leqslant b, \varphi_1(x)\leqslant y\leqslant\varphi_2(x)\}$，$f(x, y)$ 是区域 D 上的非负连续函数．由二重积分几何意义知，$\iint\limits_D f(x, y)\mathrm{d}\sigma$ 的值等于以 D 为底、以曲面 $z=f(x, y)$ 为顶的曲顶柱体的体积 V，如图 9-6 所示．

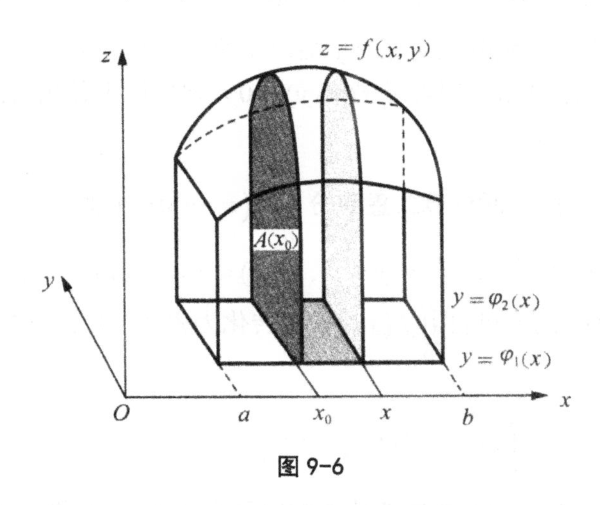

图 9-6

下面应用计算“**平行截面面积为已知的立体的体积**”的方法，来计算这个曲顶柱体的体积 V．

先计算截面面积，在区间 $[a, b]$ 上任意取一点 x_0 作平行于 yOz 平面的平面 $x=x_0$，这平面截曲顶柱体所得的截面是一个以区间 $[\varphi_1(x_0), \varphi_2(x_0)]$ 为底、以曲线 $z=f(x_0, y)$ 为曲边的曲边梯形，所以这截面的面积为

$$A(x_0)=\int_{\varphi_1(x_0)}^{\varphi_2(x_0)} f(x_0, y)\mathrm{d}y$$

一般地，过区间 $[a, b]$ 上任一点 x 且平行于 yOz 平面的平面截曲顶柱体所得截面的面积为

$$A(x)=\int_{\varphi_1(x)}^{\varphi_2(x)} f(x, y)\mathrm{d}y$$

于是，应用计算平行截面面积为已知的立体体积的方法，得曲顶柱体体积为

$$V=\int_a^b A(x)\mathrm{d}x=\int_a^b\left[\int_{\varphi_1(x)}^{\varphi_2(x)} f(x, y)\mathrm{d}y\right]\mathrm{d}x$$

这个体积也就是所求二重积分的值，从而有等式

$$\iint\limits_D f(x, y)\mathrm{d}\sigma=\int_a^b\left[\int_{\varphi_1(x)}^{\varphi_2(x)} f(x, y)\mathrm{d}y\right]\mathrm{d}x$$

上式右端的算式的两次积分，称为**先对 y 后对 x 的二次积分**(或叫**累次积分**)．

学习心得

学习心得

计算时，先把 x 看作常数，把 $f(x, y)$ 只看作 y 的函数，并对 y 计算从 $\varphi_1(x)$ 到 $\varphi_2(x)$ 的定积分；然后用算得的结果（是 x 的函数），再对 x 计算在区间 $[a, b]$ 上的定积分．这个先对 y 后对 x 的二次积分也常记作

$$\int_a^b \mathrm{d}x \int_{\varphi_1(x)}^{\varphi_2(x)} f(x, y)\mathrm{d}y$$

因此，也常把这个二次积分的公式写成

$$\iint_D f(x, y)\mathrm{d}\sigma = \int_a^b \mathrm{d}x \int_{\varphi_1(x)}^{\varphi_2(x)} f(x, y)\mathrm{d}y$$

这样，就把二重积分化为先对 y 后对 x 的二次积分了．

注意　在上述讨论中假设了 $f(x, y) \geqslant 0$，但实际上使用公式时，并不受该条件限制．

2. D 为 Y 型区域时计算二重积分 $\iint\limits_D f(x, y)\mathrm{d}\sigma$ 的方法

设 Y 型区域 $D = \{(x, y) | c \leqslant y \leqslant d, \psi_1(y) \leqslant x \leqslant \psi_2(y)\}$，$f(x, y)$ 是区域 D 上的连续函数，同理可将 $\iint\limits_D f(x, y)\mathrm{d}\sigma$ 转化为**先对 x 后对 y 的二次积分**，即

$$\iint_D f(x, y)\mathrm{d}\sigma = \int_c^d \mathrm{d}y \int_{\psi_1(y)}^{\psi_2(y)} f(x, y)\mathrm{d}x$$

特别地，如果积分区域 D 既是 X 型的又是 Y 型的（见图 9-7），即

$$D = \{(x, y) | a \leqslant x \leqslant b, \varphi_1(x) \leqslant y \leqslant \varphi_2(x)\}$$
$$= \{(x, y) | c \leqslant y \leqslant d, \psi_1(y) \leqslant x \leqslant \psi_2(y)\}$$

就可得

$$\iint_D f(x, y)\mathrm{d}\sigma = \int_a^b \mathrm{d}x \int_{\varphi_1(x)}^{\varphi_2(x)} f(x, y)\mathrm{d}y = \int_c^d \mathrm{d}y \int_{\psi_1(y)}^{\psi_2(y)} f(x, y)\mathrm{d}x$$

积分区域 D 按形状主要分为 X 型区域、Y 型区域两种特殊类型．在这两种类型的积分区域上，可将 $\iint\limits_D f(x, y)\mathrm{d}\sigma$ 化为二次积分计算．若 D 不是上述两种特殊类型的区域，可将 D 分割成若干个部分区域，使这些部分区域都是上述的 X 型区域或 Y 型区域，然后根据二重积分区域可加性计算 $\iint\limits_D f(x, y)\mathrm{d}\sigma$．

例如在图 9-8 中，把 D 分割成三部分，它们都是 X 型区域，分别求出这三部分上的二重积分，它们的和就是要求的二重积分，即

$$\iint_D f(x, y)\mathrm{d}\sigma = \iint_{D_1} f(x, y)\mathrm{d}\sigma + \iint_{D_2} f(x, y)\mathrm{d}\sigma + \iint_{D_3} f(x, y)\mathrm{d}\sigma$$

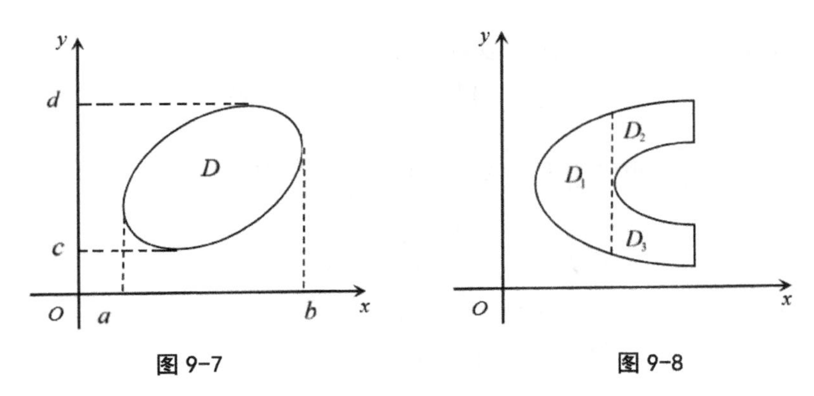

图 9-7　　　　图 9-8

二重积分化为二次积分，确定积分限是关键. 积分限根据积分区域 D 确定，先画出积分区域 D 的图形. 假如积分区域 D 为 X 型区域，如图 9-9 所示. 将 D 往 x 轴上投影，可得投影区间 $[a,b]$. 在区间 $[a,b]$ 上任意取定一个 x 值，积分区域中以这个 x 值为横坐标的点在一段直线上，这段直线平行于 y 轴，线段上点的纵坐标从 $\varphi_1(x)$ 变到 $\varphi_2(x)$，这就是在公式

$$\iint_D f(x,y)\mathrm{d}\sigma=\int_a^b\left[\int_{\varphi_1(x)}^{\varphi_2(x)} f(x,y)\mathrm{d}y\right]\mathrm{d}x$$

中先把 x 看作常量而对 y 积分时的下限和上限. 因为 x 值是在 $[a,b]$ 上任意取的，所以再把 x 看作变量而对 x 积分时，积分区间就是 $[a,b]$.

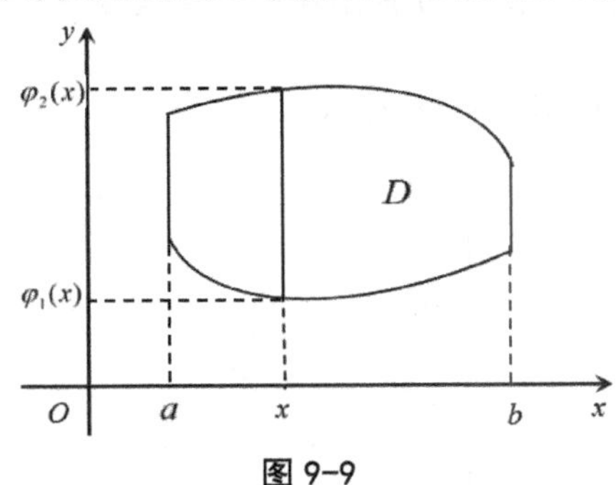

图 9-9

【例 2】计算二重积 $\iint\limits_D xy\mathrm{d}\sigma$，其中 D 是由直线 $y=1$，$x=2$ 及直线 $y=x$ 所围成的有界闭区域，如图 9-10 所示.

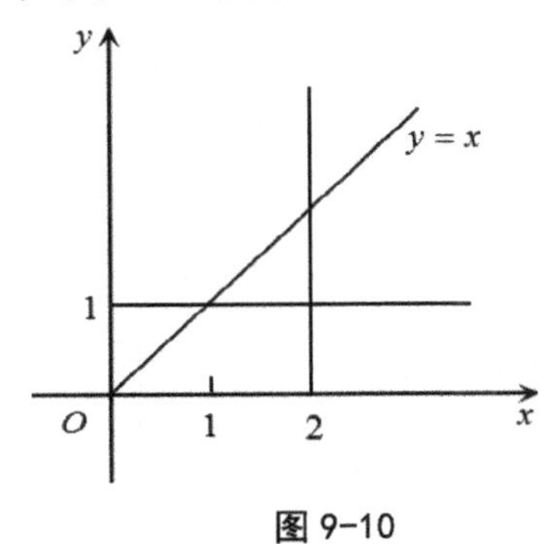

图 9-10

学习心得

学习心得

【解】方法 1：区域 D 可以看成 X 型区域，即

$$D=\{(x,y)|1\leqslant x\leqslant 2,1\leqslant y\leqslant x\}$$

所以
$$\iint\limits_D xy\mathrm{d}\sigma=\int_1^2\mathrm{d}x\int_1^x xy\mathrm{d}y=\int_1^2 x\left(\frac{1}{2}y^2\right)\Big|_1^x\mathrm{d}x$$

$$=\int_1^2\left(\frac{1}{2}x^3-\frac{1}{2}x\right)\mathrm{d}x=\frac{9}{8}.$$

方法 2：将 D 看成是 Y 型区域，即

$$D=\{(x,y)|1\leqslant y\leqslant 2,y\leqslant x\leqslant 2\}$$

于是
$$\iint\limits_D xy\mathrm{d}\sigma=\int_1^2\mathrm{d}y\int_y^2 xy\mathrm{d}x=\int_1^2 y\left(\frac{1}{2}x^2\right)\Big|_y^2\mathrm{d}y$$

$$=\int_1^2\left(2y-\frac{1}{2}y^3\right)\mathrm{d}y=\frac{9}{8}.$$

由上面的例子可以看到，计算二重积分的关键是处理区域，要注意区域的区别，同时还要考虑被积函数.

【例 3】① 计算二重积分 $\iint\limits_D xy\mathrm{d}\sigma$，其中 D 是由抛物线 $y^2=x$ 及直线 $y=x-2$ 所围成的有界闭区域.

② 计算 $\iint\limits_D \frac{\sin y}{y}\mathrm{d}\sigma$，其中 D 是由抛物线 $y^2=x$ 及直线 $y=x$ 围成.

【解】① 区域 D 如图 9-11 所示.

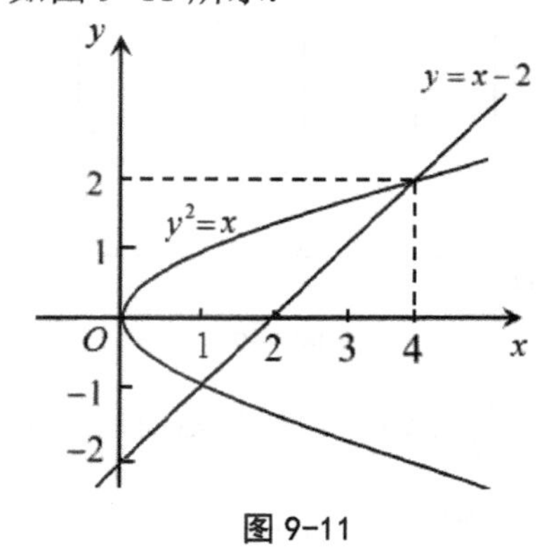

图 9-11

方法 1：区域 D 可以看成是 Y 型区域，即

$$D=\{(x,y)|-1\leqslant y\leqslant 2,y^2\leqslant x\leqslant y+2\}$$

所以
$$\iint\limits_D xy\mathrm{d}\sigma=\int_{-1}^2\mathrm{d}y\int_{y^2}^{y+2}xy\mathrm{d}x=\int_{-1}^2 y\left(\frac{1}{2}x^2\right)\Big|_{y^2}^{y+2}\mathrm{d}y$$

$$=\frac{1}{2}\int_{-1}^2[y(y+2)^2-y^5]\mathrm{d}y=\frac{45}{8}.$$

方法 2：将 D 看成是两个 X 型区域 D_1 和 D_2 的并集，其中：

$$D_1=\left\{(x,y)\middle|0\leqslant x\leqslant 1,-\sqrt{x}\leqslant y\leqslant \sqrt{x}\right\}$$

$$D_2=\left\{(x,y)\middle|1\leqslant x\leqslant 4,x-2\leqslant y\leqslant \sqrt{x}\right\}$$

所以积分可以化为两个二次积分的和，即

$$\iint_D xy\mathrm{d}\sigma=\int_0^1\mathrm{d}x\int_{-\sqrt{x}}^{\sqrt{x}}xy\mathrm{d}y+\int_1^4\mathrm{d}x\int_{x-2}^{\sqrt{x}}xy\mathrm{d}y=\frac{45}{8}$$

可以看出用 X 型区域进行计算比较麻烦.

② 区域 D 如图 9-12 所示.

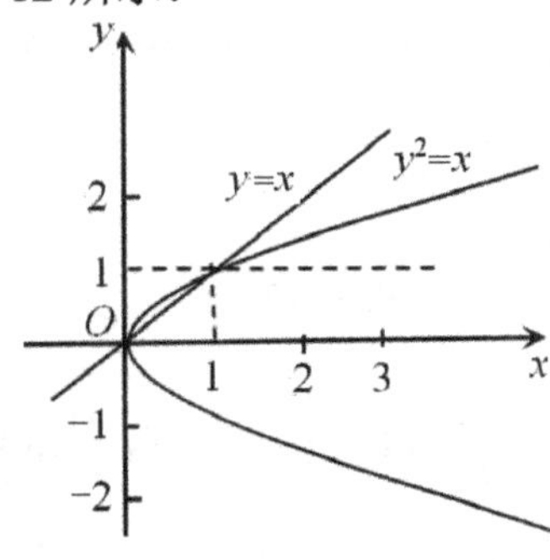

图 9-12

D 既可以看成是 X 型区域又可以看成是 Y 型区域，但由于 $\dfrac{\sin y}{y}$ 的原函数不是初等函数，所以二次积分次序应为先 x 后 y，有

$$D=\left\{(x,y)\middle|0\leqslant y\leqslant 1,y^2\leqslant x\leqslant y\right\}$$

于是

$$\iint_D\frac{\sin y}{y}\mathrm{d}\sigma=\int_0^1\mathrm{d}y\int_{y^2}^{y}\frac{\sin y}{y}\mathrm{d}x=\int_0^1\frac{\sin y}{y}(y-y^2)\mathrm{d}y=1-\sin 1$$

例 3 说明，在化二重积分为二次积分时，为了计算方便，需要选择恰当的二次积分次序. 这时，既要考虑积分区域 D 的形状，又要考虑被积函数 $f(x,y)$ 的特性.

【例 4】 交换下述二次积分的积分顺序.

① $\int_1^2\mathrm{d}x\int_x^{2x}f(x,y)\mathrm{d}y$；

② $\int_0^1\mathrm{d}x\int_0^x f(x,y)\mathrm{d}y+\int_1^2\mathrm{d}x\int_0^{2-x}f(x,y)\mathrm{d}y$.

【解】 ① 根据二次积分的上下限表达式可以知道，积分区域 $D=\left\{(x,y)\middle|1\leqslant x\leqslant 2,x\leqslant y\leqslant 2x\right\}$，如图 9-13 所示.

此为 X 型区域表示，将它改为 Y 型区域表示.

由图 9-13 可知，$D=D_1+D_2$. 其中

$$D_1=\left\{(x,y)\middle|1\leqslant y\leqslant 2,1\leqslant x\leqslant y\right\}$$

学习心得

学习心得

$$D_2=\left\{(x,y)\middle|2\leqslant y\leqslant 4,\frac{y}{2}\leqslant x\leqslant 2\right\}$$

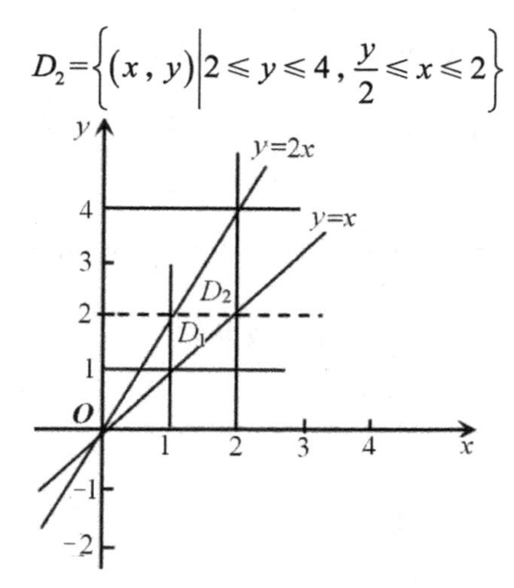

图 9-13

因此得

$$\int_1^2\mathrm{d}x\int_x^{2x}f(x,y)\mathrm{d}y=\int_1^2\mathrm{d}y\int_1^y f(x,y)\mathrm{d}x+\int_2^4\mathrm{d}y\int_{\frac{y}{2}}^2 f(x,y)\mathrm{d}x$$

② 如图 9-14 所示，积分区域 $D=D_1+D_2$，其中

$$D_1=\{(x,y)|0\leqslant x\leqslant 1,0\leqslant y\leqslant x\}$$
$$D_2=\{(x,y)|1\leqslant x\leqslant 2,0\leqslant y\leqslant 2-x\}$$

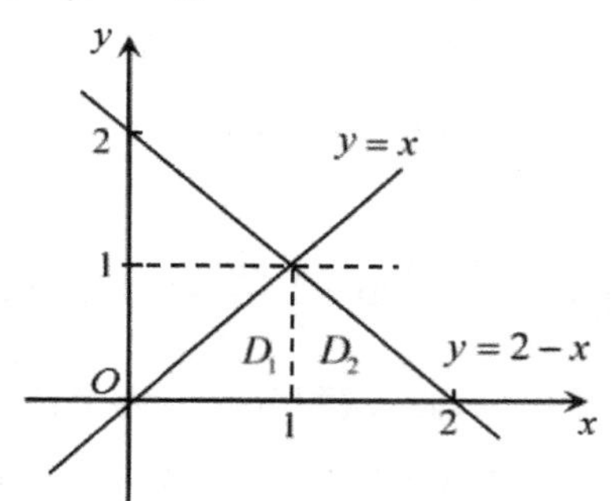

图 9-14

此为 X 型区域，将它改为 Y 型区域表示为

$$D=\{(x,y)|0\leqslant y\leqslant 1,y\leqslant x\leqslant 2-y\}$$

所以有

$$\int_0^1\mathrm{d}x\int_0^x f(x,y)\mathrm{d}y+\int_1^2\mathrm{d}x\int_0^{2-x}f(x,y)\mathrm{d}y=\int_0^1\mathrm{d}y\int_y^{2-y}f(x,y)\mathrm{d}x$$

9.2.2 极坐标系下二重积分的计算

有些二重积分的积分区域 D 的边界曲线用极坐标方程来表示比较方便，且被积函数用极坐标变量 r,θ 表达比较简单. 下面介绍怎样在极坐标系下计算二重积分 $\iint\limits_D f(x,y)\mathrm{d}\sigma$.

为计算方便起见，可将直角坐标系中的原点选为极坐标系中的极点，x 轴的正半轴选为极坐标系的极轴建立极坐标系，如图 9-15 所示，则平面上点的直角坐标 (x, y) 与其极坐标 (r, θ) 有下面的关系：

$$\begin{cases} x = r\cos\theta \\ y = r\sin\theta \end{cases},\quad \begin{cases} r^2 = x^2 + y^2 \\ \tan\theta = \dfrac{x}{y} \end{cases}$$

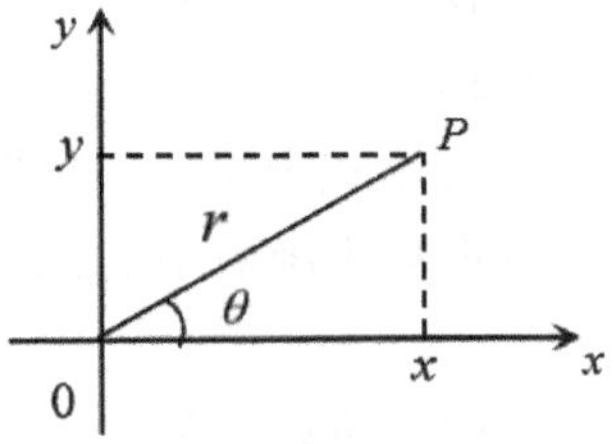

图 9-15

按照二重积分的定义

$$\iint_D f(x, y)\mathrm{d}\sigma = \lim_{d\to 0}\sum_{i=1}^{n} f(\xi_i, \eta_i)\Delta\sigma$$

下面研究这个和的极限在极坐标系中的形式.

假设从极点 O 出发且穿过闭区 D 内部的射线与 D 边界曲线的交点不多于两个. 用以极点为中心的一族同心圆(方程为 r=常数)和从极点出发的一族射线(方程为 θ = 常数)，把 D 分成 n 个小闭区域，如图 9-16 所示.

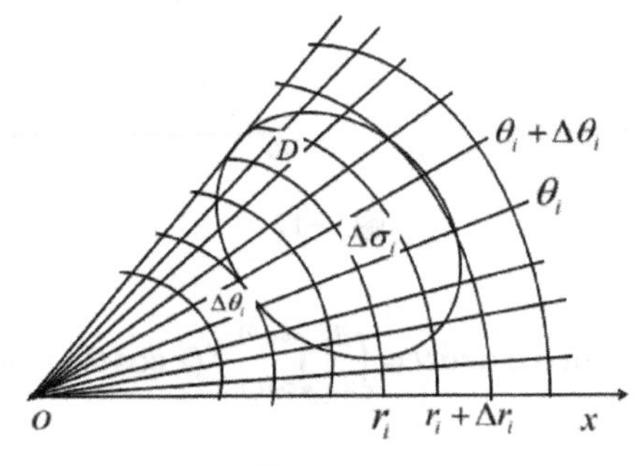

图 9-16

除了包含边界点的一些小闭区域外，其他小闭区域的面积 $\Delta\sigma_i$ 如下：

$$\Delta\sigma_i = \frac{1}{2}(r_i + \Delta r_i)^2 \cdot \Delta\theta_i - \frac{1}{2}r_i^2 \cdot \Delta\theta_i = \frac{1}{2}(2r_i + \Delta r_i)\Delta r_i \cdot \Delta\theta_i$$
$$= \frac{r_i + (r_i + \Delta r_i)}{2}\Delta r_i \cdot \Delta\theta_i = \overline{r_i} \cdot \Delta r_i \cdot \Delta\theta_i$$

其中，$\overline{r_i}$ 表示小闭区域 $\Delta\sigma_i$ 边界所在的两个相邻圆弧 $r = r_i$ 和 $r = r_i + \Delta r_i$ 的半径的平均值，在小闭区域 $\Delta\sigma_i$ 内取圆周 $r = \overline{r_i}$ 上的一点 $(\overline{r_i}, \overline{\theta_i})$，该点的直角坐标为 (ξ_i, η_i)，则由直角坐标与极坐标之间的关系有

$$\xi_i = \overline{r_i}\cos\overline{\theta_i},\ \eta_i = \overline{r_i}\sin\overline{\theta_i}$$

学习心得

于是可得

$$\lim_{d\to 0}\sum_{i=1}^{n} f(\xi_i,\eta_i)\Delta\sigma_i=\lim_{d\to 0}\sum_{i=1}^{n} f\left(\overline{r_i}\cos\overline{\theta_i},\overline{r_i}\sin\overline{\theta_i}\right)\overline{r_i}\cdot\Delta r_i\cdot\Delta\theta$$

所以

$$\iint_D f(x,y)\mathrm{d}\sigma=\iint_D f(r\cos\theta,r\sin\theta)r\mathrm{d}r\mathrm{d}\theta$$

这就是极坐标系下的二重积分的表达式，从上述推导中还可以得到极坐标系下的面积元素 $\mathrm{d}\sigma=r\mathrm{d}r\mathrm{d}\theta$.

极坐标系下的二重积分的表达式表明，如果要把二重积分中的变量从直角坐标转换为极坐标，则应把被积函数中的 x,y 分别换成极坐标，并把面积元素 $\mathrm{d}\sigma$ 换成 $r\mathrm{d}r\mathrm{d}\theta$.

极坐标系下的二重积分，同样可以化为二次积分来计算.

1. 极点不在积分区域 *D* 内部的情况

如图 9-17 所示，积分区域 D 可以用不等式 $\alpha\leqslant\theta\leqslant\beta$，$\varphi_1(\theta)\leqslant r\leqslant\varphi_2(\theta)$ 来表示，其中函数 $\varphi_1(\theta)$ 和 $\varphi_2(\theta)$ 在区间 $[\alpha,\beta]$ 上连续.

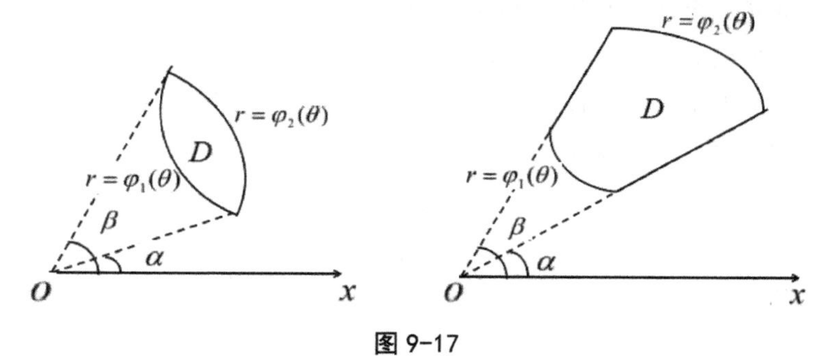

图 9-17

得到：

$$\iint_D f(r\cos\theta,r\sin\theta)r\mathrm{d}r\mathrm{d}\theta=\int_\alpha^\beta\left[\int_{\varphi_2(\theta)}^{\varphi_1(\theta)} f(r\cos\theta,r\sin\theta)r\mathrm{d}r\right]\mathrm{d}\theta$$

或

$$\iint_D f(r\cos\theta,r\sin\theta)r\mathrm{d}r\mathrm{d}\theta=\int_\alpha^\beta \mathrm{d}\theta\int_{\varphi_1(\theta)}^{\varphi_2(\theta)} f(r\cos\theta,r\sin\theta)r\mathrm{d}r$$

2. 极点在积分区域 *D* 边界上的情况

如图 9-18 所示的积分区域 D 称为曲边扇形，它可以表示为 $0\leqslant r\leqslant\varphi(\theta)$，$\alpha\leqslant\theta\leqslant\beta$，其中函数 $\varphi(\theta)$ 在区间 $[\alpha,\beta]$ 上连续.

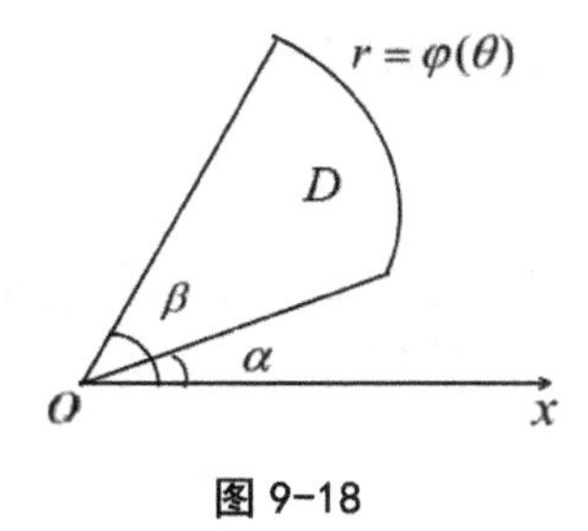

图 9-18

得到：

$$\iint_D f(r\cos\theta, r\sin\theta) r\mathrm{d}r\mathrm{d}\theta = \int_\alpha^\beta \mathrm{d}\theta \int_0^{\varphi(\theta)} f(r\cos\theta, r\sin\theta) r\mathrm{d}r$$

3. 极点在积分区域 *D* 内部的情况

如图 9-19 所示，可以把积分区域 D 看做图 9-18 中 $\alpha=0$ 、 $\beta=2\pi$ 时的特例．积分区域 D 可以用不等式 $0\leqslant\theta\leqslant 2\pi$， $0\leqslant r\leqslant\varphi(\theta)$ 表示．

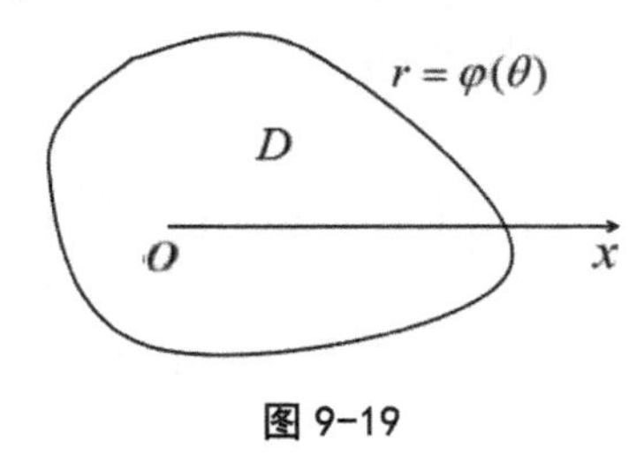

图 9-19

得到：

$$\iint_D f(r\cos\theta, r\sin\theta) r\mathrm{d}r\mathrm{d}\theta = \int_0^{2\pi} \mathrm{d}\theta \int_0^{\varphi(\theta)} f(r\cos\theta, r\sin\theta) r\mathrm{d}r$$

前面提到过，闭区域 D 的面积 σ 可以表示为 $\sigma=\iint\limits_D \mathrm{d}\sigma$.

在极坐标系中，面积元素 $\mathrm{d}\sigma = r\mathrm{d}r\mathrm{d}\theta$，从而得到 $\sigma=\iint\limits_D \mathrm{d}\sigma=\iint\limits_D r\mathrm{d}r\mathrm{d}\theta$.

特别地，如果闭区域 D 如图 9-18 所示，则有

$$\sigma=\iint_D r\mathrm{d}r\mathrm{d}\theta=\int_\alpha^\beta \mathrm{d}\theta\int_0^{\varphi(\theta)} r\mathrm{d}r=\frac{1}{2}\int_\alpha^\beta \varphi^2(\theta)\mathrm{d}\theta$$

并不是在任何情况下采用极坐标变换计算二重积分都能使计算变得简便．使用极坐标变换计算二重积分的原则如下．

① 积分区域的边界曲线含圆弧或直线段，易于用极坐标方程表示．

② 被积函数表示式用极坐标变量表示较简单，如被积函数表示式中含 $(x^2+y^2)^\alpha$，α 为实数．

【例 5】 求二重积分 $\iint\limits_D \dfrac{\mathrm{d}\sigma}{\sqrt{1+x^2+y^2}}$，其中积分区域 D 如下

$$D=\{(x,y)\,|\,x^2+y^2\leqslant 1, x\geqslant 0, y\geqslant 0\}$$

学习心得

学习心得

【解】用极坐标计算积分，此时积分区 $D=\left\{(r,\theta)\middle|r^2\leqslant 1,0\leqslant\theta\leqslant\frac{\pi}{2}\right\}$，

因此

$$\iint\limits_D\frac{d\sigma}{\sqrt{1+x^2+y^2}}=\iint\limits_D\frac{1}{\sqrt{1+r^2}}r\mathrm{d}r\mathrm{d}\theta=\int_0^{\frac{\pi}{2}}\mathrm{d}\theta\int_0^1\frac{1}{\sqrt{1+r^2}}r\mathrm{d}r$$

$$=\frac{\pi}{2}\sqrt{1+r^2}\Big|_0^1=\frac{\pi}{2}\left(\sqrt{2}-1\right)$$

【例 6】① 计算二重积分 $\iint\limits_D e^{-x^2-y^2}\mathrm{d}\sigma$，其中区域 D 是由中心在原点、半径为 a 的圆周所围成的闭区域.

② 计算二重积分 $\iint\limits_D\sqrt{x^2+y^2}\,\mathrm{d}\sigma$，其中区域 D 是由圆周 $x^2+y^2=2y$ 及 y 轴所围成的且落在第一象限内的闭区域.

【解】① 积分区域 D 可表示为 $0\leqslant r\leqslant a$， $0\leqslant\theta\leqslant 2\pi$.

于是 $$\iint\limits_D\mathrm{e}^{-x^2-y^2}\mathrm{d}x\mathrm{d}y=\iint\limits_D\mathrm{e}^{-r^2}r\mathrm{d}r\mathrm{d}\theta$$

$$=\int_0^{2\pi}\left[\int_0^a\mathrm{e}^{-r^2}r\mathrm{d}r\right]\mathrm{d}\theta=\int_0^{2\pi}\left[-\frac{1}{2}\mathrm{e}^{-r^2}\right]\Bigg|_0^a\mathrm{d}\theta$$

$$=\frac{1}{2}(1-\mathrm{e}^{-a^2})\int_0^{2\pi}\mathrm{d}\theta=\pi(1-\mathrm{e}^{-a^2}).$$

注 可以利用上面的计算结果得到：$\int_0^{+\infty}\mathrm{e}^{-x^2}\mathrm{d}x=\frac{\sqrt{\pi}}{2}$，从而得到：$\Gamma\left(\frac{1}{2}\right)=\int_{-\infty}^{+\infty}\mathrm{e}^{-x^2}\mathrm{d}x=\sqrt{\pi}$.

② 由直角坐标与极坐标之间的关系知，圆周 $x^2+y^2=2y$ 在极坐标系下的方程为 $r=2\sin\theta$.

由图 9-20 知，在极坐标系下积分区域 D 可表示为：

$$0\leqslant r\leqslant 2\sin\theta,\quad 0\leqslant\theta\leqslant\frac{\pi}{2}$$

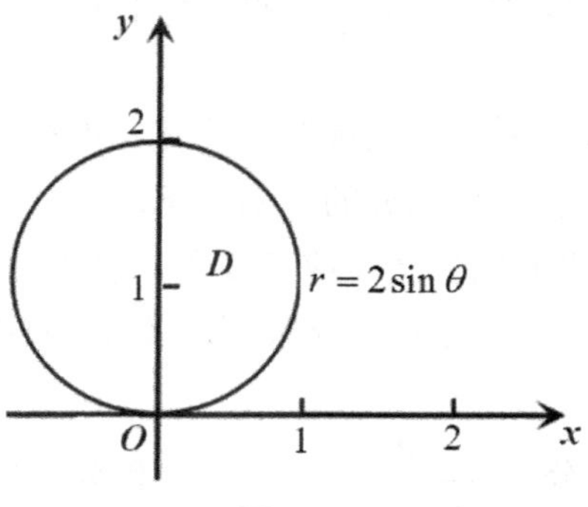

图 9-20

于是得
$$\iint_D \sqrt{x^2+y^2}\,\mathrm{d}\sigma=\iint_D r\cdot r\mathrm{d}r\mathrm{d}\theta=\int_0^{\frac{\pi}{2}}\mathrm{d}\theta\int_0^{2\sin\theta}r^2\mathrm{d}r$$
$$=\int_0^{\frac{\pi}{2}}\left[\frac{r^3}{3}\Big|_0^{2\sin\theta}\right]\mathrm{d}\theta=\frac{8}{3}\int_0^{\frac{\pi}{2}}\sin^3\theta\mathrm{d}\theta$$
$$=\frac{8}{3}\cdot\frac{2}{3}=\frac{16}{9}.$$

练习 9.2

1. 计算下列二重积分.

① $\iint\limits_D (x^2+y^2)\mathrm{d}\sigma$，其中 D 是矩形闭区域：$|x|\leqslant 1, |y|\leqslant 1$；

② $\iint\limits_D x^2y^2\mathrm{d}\sigma$，其中 $D=\{(x, y)|0\leqslant x\leqslant 1, -1\leqslant y\leqslant 1\}$；

③ $\iint\limits_D (3x+2y)\mathrm{d}\sigma$，其中 D 是由两坐标轴及直线 $x+y=2$ 所围成的闭区域；

④ $\iint\limits_D e^{x+y}\mathrm{d}\sigma$，其中 D 是由直线 $x=0$，$x=2$，$y=0$，$y=1$ 所围成的矩形闭区域；

⑤ $\iint\limits_D (x+2y)\mathrm{d}\sigma$，其中 D 是由抛物线 $y=x^2+1$，直线 $y=2x$ 和 y 轴所围成的闭区域；

⑥ $\iint\limits_D x\sqrt{y}\mathrm{d}\sigma$，其中 D 是由两条抛物线 $y=x^2$，$y=\sqrt{x}$ 所围成的闭区域.

2. 交换下列二次积分的积分次序.

① $\int_0^1\mathrm{d}y\int_y^{\sqrt{y}}f(x, y)\mathrm{d}x$；

② $\int_0^1\mathrm{d}y\int_{\mathrm{e}^y}^{\mathrm{e}}f(x, y)\mathrm{d}x$；

③ $\int_0^2\mathrm{d}x\int_{x^2}^4 f(x, y)\mathrm{d}y$；

④ $\int_{\frac{1}{2}}^2\mathrm{d}x\int_{\frac{1}{x}}^{2x+1}f(x, y)\mathrm{d}y$；

⑤ $\int_0^1\mathrm{d}x\int_0^{x^2}f(x, y)\mathrm{d}y+\int_1^2\mathrm{d}x\int_0^{2-x}f(x, y)\mathrm{d}y$.

3. 利用极坐标计算下列各题.

① $\iint\limits_D \ln(1+x^2+y^2)\mathrm{d}\sigma$，其中积分区域 D 是由圆周 $x^2+y^2=1$ 及坐标轴所围成的在第一象限内的闭区域；

② $\iint\limits_D \sqrt{x}\mathrm{d}\sigma$，其中积分区域 D 是由圆周 $x^2+y^2=x$ 所围成的圆形区域.

学习心得

学习心得

9.3 二重积分的应用

可以用定积分求平面图形的面积、空间立体的体积等，同样也可以用二重积分解决一些实际应用问题.

【例 7】用二重积分计算由平面 $x=0$，$y=0$，$z=0$，$x+y+z=1$ 围成的立体体积.

【解】所求立体在第一卦限内，这个立体可以看成一个曲顶柱体，它的底为区域 $D=\{(x,y)|0\leqslant x\leqslant 1, 0\leqslant y\leqslant 1-x\}$，如图 9-21 所示，它的顶是平面 $z=1-x-y$.

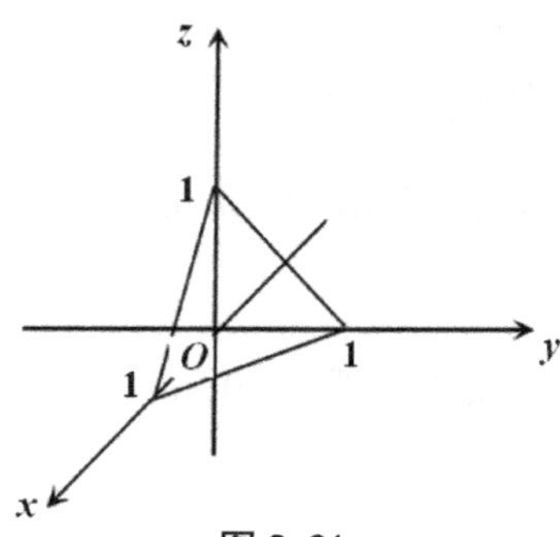

图 9-21

所以
$$V=\iint_D(1-x-y)\mathrm{d}\sigma.$$

于是有
$$V=\iint_D(1-x-y)\mathrm{d}\sigma=\int_0^1\left[\int_0^{1-x}(1-x-y)\mathrm{d}y\right]\mathrm{d}x$$
$$=\int_0^1\left[(1-x)(y)\Big|_0^{1-x}-\frac{y^2}{2}\Bigg|_0^{1-x}\right]\mathrm{d}x=\int_0^1\frac{(1-x)^2}{2}\mathrm{d}x$$
$$=\frac{1}{6}.$$

【例 8】求由曲面 $z=x^2+y^2$ 与平面 $z=1$ 所围成的立体的体积 V.

【解】如图 9-22 所示，这个立体的体积可以看成是一个圆柱体体积减去一个曲顶柱体体积的结果.

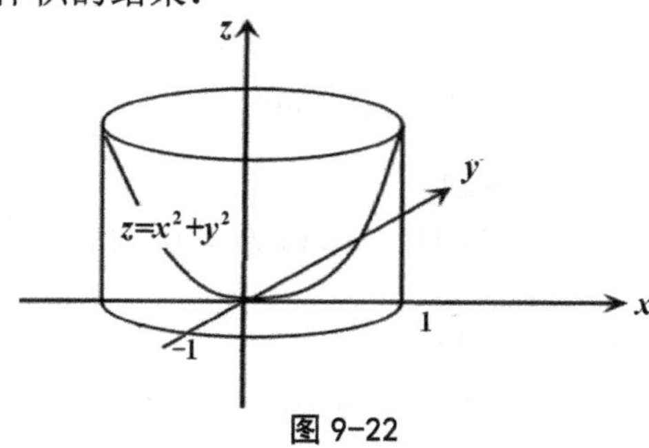

图 9-22

圆柱体的体积是$V_1=\pi\cdot1^2=\pi$．曲顶柱体的顶是$z=x^2+y^2$，底为区域

$$D=\{(x,y)|x^2+y^2\leqslant1\},$$

其体积为

$$V_2=\iint\limits_D(x^2+y^2)\mathrm{d}\sigma=\int_{-1}^{1}\mathrm{d}x\int_{-\sqrt{1-x^2}}^{\sqrt{1-x^2}}(x^2+y^2)\mathrm{d}y=\frac{\pi}{2}$$

所以此立体体积为$\pi-\dfrac{\pi}{2}=\dfrac{\pi}{2}$．

【例 9】计算圆柱面$x^2+y^2=2ax$所围的空间区域被球面$x^2+y^2+z^2=4a^2$所截部分的立体的体积．

【解】根据对称性，只要计算出此立体在第一卦限的体积，再乘以4就可以得到所求立体的体积，此立体在第一卦限的部分可以看成是以xOy坐标平面上的半圆区域D为底、以曲面$z=\sqrt{4a^2-x^2-y^2}$为顶的曲顶柱体，其体积为

$$V_1=\iint\limits_D\sqrt{4a^2-x^2-y^2}\,\mathrm{d}\sigma$$

区域D在极坐标系下可以表示为$0\leqslant\theta\leqslant\dfrac{\pi}{2}$，$0\leqslant r\leqslant2a\cos\theta$，如图9-23所示．

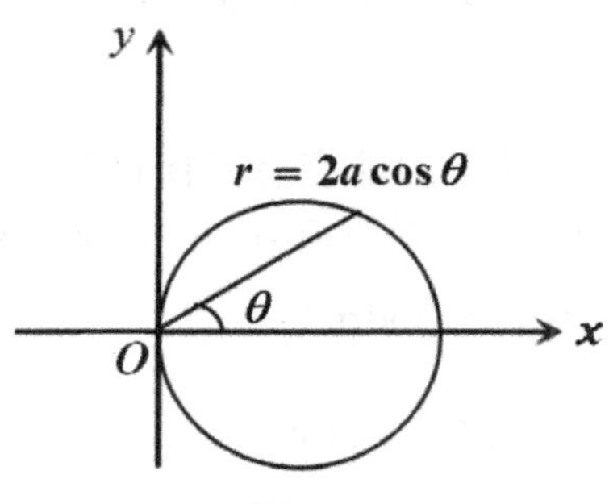

图 9-23

所以

$$V_1=\iint\limits_D\sqrt{4a^2-x^2-y^2}\,\mathrm{d}\sigma=\int_0^{\frac{\pi}{2}}\mathrm{d}\theta\int_0^{2a\cos\theta}\sqrt{4a^2-r^2}\,r\mathrm{d}r$$

$$=\int_0^{\frac{\pi}{2}}\left[-\frac{1}{3}(4a^2-r^2)^{\frac{3}{2}}\right]_0^{2a\cos\theta}\mathrm{d}\theta=\frac{8}{3}a^3\int_0^{\frac{\pi}{2}}(1-\sin^3\theta)\mathrm{d}\theta$$

$$=\frac{8}{3}a^3\left(\frac{\pi}{2}-\frac{2}{3}\right).$$

因此所求的空间立体的体积为$V=4V_1=\dfrac{32}{3}a^3\left(\dfrac{\pi}{2}-\dfrac{2}{3}\right)$.

学习心得

学习心得

练习 9.3

1. 利用二重积分计算由三个坐标平面及平面 $x+y+z=2$ 所围成的立体的体积.

2. 利用二重积分计算由旋转抛物面 $z=x^2+y^2$ 与平面 $y=1$, $z=0$ 和柱面 $y=x^2$ 所围成的立体的体积.

习 题 9

一、选择题

1. 若 D 为 xOy 平面上的非空有界闭区域, $f(x,y)$ 是 D 上的非负连续函数, 则下列选项中正确的是(　　).

A. $\iint\limits_D f(x,y)\mathrm{d}\sigma$ 表示以 D 为底, $z=f(x,y)$ 为顶的曲顶柱体

B. $\iint\limits_D f(x,y)\mathrm{d}\sigma$ 表示以 D 为底, $z=f(x,y)$ 为顶的曲顶柱体的表面积

C. $\iint\limits_D f(x,y)\mathrm{d}\sigma$ 表示以 D 为底, $z=f(x,y)$ 为顶的曲顶柱体的体积

D. $\iint\limits_D f(x,y)\mathrm{d}\sigma$ 表示以 D 为底, $z=f(x,y)$ 为顶的曲顶柱体体积的相反数

2. 若 D_1, D_2 为 xOy 平面上的非空有界闭区域, 并且 $D_1\subset D_2$, 函数 $f(x,y)$ 在区域 D_2 上连续, 则下列选项中一定正确的是(　　).

A. $\iint\limits_{D_1} f(x,y)\mathrm{d}\sigma \leqslant \iint\limits_{D_2} f(x,y)\mathrm{d}\sigma$

B. $\iint\limits_{D_1} |f(x,y)|\mathrm{d}\sigma \leqslant \iint\limits_{D_2} |f(x,y)|\mathrm{d}\sigma$

C. $\iint\limits_{D_1} f(x,y)\mathrm{d}\sigma \neq \iint\limits_{D_2} f(x,y)\mathrm{d}\sigma$

D. $f(x,y)$ 在 D_1 上不一定可积

3. $I=\int_1^{\mathrm{e}}\mathrm{d}x\int_0^{\ln x} f(x,y)\mathrm{d}y$, $f(x,y)$ 连续, 交换积分次序得(　　).

A. $I=\int_1^{\mathrm{e}}\mathrm{d}y\int_0^{\ln x} f(x,y)\mathrm{d}x$

B. $I=\int_{\mathrm{e}^y}^{\mathrm{e}}\mathrm{d}y\int_0^1 f(x,y)\mathrm{d}x$

C. $I=\int_0^{\ln x}\mathrm{d}y\int_1^{\mathrm{e}} f(x,y)\mathrm{d}x$

D. $I=\int_0^1\mathrm{d}y\int_{\mathrm{e}^y}^{\mathrm{e}} f(x,y)\mathrm{d}x$

4. 设区域 $D=\left\{(x,y)\middle| x^2+y^2\leqslant a^2\right\}$, 如果 $\iint\limits_D \sqrt{a^2-x^2-y^2}\,\mathrm{d}x\mathrm{d}y=\pi$, 则 $a=$(　　).

A. 1　　B. $\sqrt[3]{\frac{3}{4}}$

C. $\sqrt[3]{\frac{3}{2}}$　　D. $\sqrt[3]{\frac{1}{2}}$

5. 若$\iint\limits_D d\sigma=1$，积分区域D可以是(　　).

A. 由x轴、y轴及直线$x+y-2=0$所围成的区域

B. 由直线$x=1, x=2$及$y=2, y=4$所围成的区域

C. 由$|x|=\frac{1}{2}, |y|=\frac{1}{2}$所围成的区域

D. 由$|x+y|=1, |x-y|=1$所围成的区域

6. $\int_{-1}^{2}dx\int_{-1}^{x^3}f(x,y)dy=$(　　).

A. $\int_{-1}^{2}dy\int_{-1}^{x^3}f(x,y)dx$

B. $\int_{-1}^{x^3}dy\int_{-1}^{2}f(x,y)dx$

C. $\int_{-1}^{8}dy\int_{x^3}^{2}f(x,y)dx$

D. $\int_{-1}^{8}dy\int_{\sqrt[3]{y}}^{2}f(x,y)dx$

7. 当积分区域是(　　)区域时，可考虑在极坐标系下计算二重积分.

A. 圆形区域、圆环形区域或扇形区域

B. 长方形区域、正方形区域或三角形区域

C. 由两条曲线和两条直线所围成的有界闭区域

D. 有界闭区域

8. 若$D=\{(x,y)|x^2+y^2\leqslant a^2\}$，并且$\iint\limits_D(x^2+y^2)dxdy=8\pi$，则$a=$(　　).

A. 1　　B. 2　　C. 3　　D. 4.

二、填空题

1. 设区域$D=\{(x,y)||x|\leqslant\pi, 0\leqslant y\leqslant 1\}$，则$\iint\limits_D(2+xy)dxdy=$________.

2. 若D是以$(0,0),(1,0),(0,1)$为顶点的三角形闭区域，则由二重积分的几何意义知$\iint\limits_D(1-x-y)dxdy=$________.

3. 若$D=\{(x,y)|x^2+y^2\leqslant R^2\}$且$I=\iint\limits_D\sqrt{R^2-x^2-y^2}dxdy$，则根据二重积分的几何意义可知$I=$________.

4. 在极坐标系下，二重积分的表达式$\iint\limits_D e^{x^2+y^2}d\sigma=$________.

5. 设积分区域$D=\{(x,y)|1\leqslant x^2+y^2\leqslant 4\}$，则$\iint\limits_D f(x,y)d\sigma$化为极坐标形式的二次积分为________.

学习心得

学习心得

三、解答题

1. 计算 $\iint\limits_D (x^2+y^2-x)\mathrm{d}x\mathrm{d}y$，其中 D 是由直线 $y=2$，$y=x$，$y=4x$ 所围成的闭区域.

2. 计算 $\iint\limits_D x^2 y \mathrm{e}^{xy}\mathrm{d}x\mathrm{d}y$，其中 $D=\{(x,y)|0\leqslant x\leqslant 1,0\leqslant y\leqslant 3\}$.

3. 计算 $\iint\limits_D \frac{\mathrm{e}^x}{y}\mathrm{d}x\mathrm{d}y$，其中 D 由曲线 $y=\mathrm{e}^x$ 与直线 $y=2$，$x=0$ 围成.

4. 计算 $\iint\limits_D \ln(1+x^2+y^2)\mathrm{d}x\mathrm{d}y$，其中 $D=\{(x,y)|x^2\leqslant 1-y^2,x\geqslant 0,y\geqslant 0\}$.

5. 计算 $\iint\limits_D \arctan\frac{y}{x}\frac{1}{\sqrt{x^2+y^2}}\mathrm{d}x\mathrm{d}y$，其中 $D=\{(x,y)|x^2+(y-1)^2\leqslant 1,y\leqslant x\}$.

第10章 微分方程初步

通过函数研究变量之间的依赖关系是高等数学的主要任务，它的理论和方法现在已广泛应用于自然科学等许多领域．在实际问题中，有时不能直接得到变量之间的函数关系，却比较容易建立这些变量和它们的导数或微分之间的关系，从而得到包含未知函数的导数或微分的方程(称为微分方程)，进而找出函数和自变量之间的关系．

本章主要介绍微分方程的一些基本概念和几种常用的微分方程的解法．

10.1 微分方程的基本概念

下面通过例 1 来说明微分方程的基本概念．

【例 1】① 曲线通过点$(1,2)$，且在该曲线上任一点$M(x,y)$处的切线的斜率为$2x$，求这条曲线的方程．

② 列车在平直线路上以 20m/s(相当于 72km/h)的速度行驶，当制动时，列车获得加速度-0.4m/s^2．问：开始制动后多长时间列车才能停下？列车在这段时间里行驶的路程是多少？

【解】① 设所求曲线的方程为$y=y(x)$，由题意可得

$$\begin{cases}\dfrac{\mathrm{d}y}{\mathrm{d}x}=2x\\ y(1)=2\end{cases}$$

对$\dfrac{\mathrm{d}y}{\mathrm{d}x}=2x$两端积分，得$y=\int 2x\mathrm{d}x$，即得

$$y=x^2+C\text{，其中 }C\text{ 是任意常数}$$

把$y(1)=2$代入上式，得$C=1$，故所求曲线方程为

$$y=x^2+1$$

② 设列车在开始制动后t秒时行驶了$s=s(t)$米．根据题意得

$$\begin{cases}\dfrac{\mathrm{d}^2s}{\mathrm{d}t^2}=-0.4\\ s(0)=0\\ v_0=s'(0)=20\end{cases}$$

学习心得

学习心得

对 $\frac{d^2s}{dt^2}=-0.4$ 两端积分一次，得

$$v=\frac{ds}{dt}=-0.4t+C_1$$

再积分一次，得

$$s=-0.2t^2+C_1t+C_2\text{，}\quad C_1\text{，}C_2\text{都是任意常数}$$

把 $s(0)=0$，$s'(0)=20$ 代入上两式得

$$C_1=20\text{，}C_2=0$$

把 C_1，C_2 的值代入得

$$v=-0.4t+20$$

$$s=-0.2t^2+20t$$

令 $v=0$，得到列车从开始制动到停下所需的时间为

$$t=\frac{20}{0.4}=50(\text{s})$$

再把 $t=50$ 代入，得列车在制动阶段行驶的路程为

$$s=-0.2\times50^2+20\times50=500(\text{m})$$

例 1 的两个例子中给出的关系式 $\frac{dy}{dx}=2x$ 和 $\frac{d^2s}{dt^2}=-0.4$ 中都含有未知函数的导数，它们都是微分方程.

定义 1 含有未知函数的导数或微分的方程称为**微分方程**.

定义 2 微分方程中所出现的未知函数导数的最高阶数，称为**微分方程的阶**.

例如，关系式 $\frac{dy}{dx}=2x$ 是一阶微分方程，关系式 $\frac{d^2s}{dt^2}=-0.4$ 是二阶微分方程. n 阶微分方程的一般形式为

$$F(x,y,y',y'',\cdots,y^{(n)})=0$$

或

$$y^{(n)}=f(x,y,y',y'',\cdots,y^{(n-1)})$$

定义 3 使微分方程成为恒等式的函数 $y=y(x)$ 称为该微分方程的**解**. 如果微分方程的解中含有相互独立的任意常数，且任意常数的个数与微分方程的阶数相同，则这个解就称为微分方程的**通解**. 特别地，若关系式 $\Phi(x,y)=0$ 确定的隐函数 $y=y(x)$ 是微分方程的解，则称 $\Phi(x,y)=0$ 为微分方程的**隐式解**.

下面的叙述中，在不会引起误解的情况下，有时也把微分方程简称为方程。

例如，函数 $y=x^2+C$（C 为任意常数）是方程 $\frac{dy}{dx}=2x$ 的通解.

函数 $s=-0.2t^2+C_1t+C_2$（C_1，C_2 为任意常数）是方程 $\frac{d^2s}{dt^2}=-0.4$ 的通解.

定义 4　用来确定微分方程通解中任意常数的值的条件称为**初始条件**.

一阶微分方程的初始条件为 $y|_{x=x_0}=y_0$；二阶微分方程的初始条件为 $y|_{x=x_0}=y_0$，$y'|_{x=x_0}=y'_0$.

定义 5　确定了微分方程通解中任意常数的值的解称为微分方程的**特解**.

定义 6　求微分方程满足初始条件的解的问题称为**初值问题**.

一阶微分方程的初值问题记为

$$\begin{cases} y'=f(x,y) \\ y|_{x=x_0}=y_0 \end{cases}$$

类似地，二阶微分方程的初值问题记为

$$\begin{cases} y''=f(x,y,y') \\ y|_{x=x_0}=y_0，y'|_{x=x_0}=y'_0 \end{cases}$$

定义 7　微分方程的解的图形称为微分方程的**积分曲线**.

【例 2】 验证函数 $x=C_1\cos kt+C_2\sin kt$ 是微分方程 $\frac{d^2x}{dt^2}+k^2x=0$ 的解. 并求满足初始条件 $x|_{t=0}=A$，$x'|_{t=0}=0$ 的特解.

【解】 $\frac{dx}{dt}=-kC_1\sin kt+kC_2\cos kt$.

$\frac{d^2x}{dt^2}=-k^2C_1\cos kt-k^2C_2\sin kt=-k^2(C_1\cos kt+C_2\sin kt)$.

将 $\frac{d^2x}{dt^2}$ 和 x 的表达式代入原方程，得

$$-k^2(C_1\cos kt+C_2\sin kt)+k^2(C_1\cos kt+C_2\sin kt)\equiv 0$$

故 $x=C_1\cos kt+C_2\sin kt$ 是原方程的解.

因为　$x|_{t=0}=A$，$x'|_{t=0}=0$，

所以　$C_1=A$，$C_2=0$.

故所求特解为 $x=A\cos kt$.

练习 10.1

1. 说出下列微分方程的阶数.

① $x(y')^2-2yy'+x=0$；　　② $xy'''+2y''+x^2y=0$；

学习心得

③ $L\frac{d^2Q}{dt^2}+R\frac{dQ}{dt}+\frac{Q}{C}=0$； ④ $(7x-6y)dx+(x+y)dy=0$.

2. 指出下列各题中的函数是否为所给微分方程的解.

① $xy'=2y$，$y=5x^2$； ② $y''+y=0$，$y=3\sin x-4\cos x$；

③ $y''-2y'+y=0$，$y=x^2e^x$.

3. 在下列各题中，确定函数关系式中所含的常数值，使函数满足所给的初始条件.

① $x^2-y^2=C$，$y|_{x=0}=5$；

② $y=(C_1+C_2x)e^{2x}$，$y|_{x=0}=0$，$y'|_{x=0}=1$.

4. 曲线在点(x, y)处切线的斜率等于该点横坐标的平方，求曲线所满足的微分方程.

10.2 一阶微分方程

一阶微分方程的一般形式为

$$F(x, y, y')=0 \quad 或 \quad y'=f(x, y)$$

下面介绍几种形式简单的一阶微分方程及它们的解法.

10.2.1 可分离变量方程

定义 1 形如$\frac{dy}{dx}=f(y)g(x)$或$M(y)dy+N(x)dx=0$的方程称为**可分离变量的微分方程.**

设$f(y)$，$g(x)$连续，求解形如$\frac{dy}{dx}=f(y)g(x)$的可分离变量的微分方程的步骤如下.

① 分离变量，将微分方程写成$f(y)dy=g(x)dx$的形式.

② 在方程两边分别积分：$\int f(y)dy=\int g(x)dx$，设函数$F(y)$，$G(x)$分别为$f(y)$，$g(x)$的原函数，则得$F(y)=G(x)+C$是微分方程的通解.

【例 3】 ① 求微分方程$\frac{dy}{dx}=2xy$的通解；

② 求微分方程$y'=\sqrt{y}$的通解.

① 方程是可分离变量的，分离变量后得

$$\frac{1}{y}dy=2xdx$$

两边积分得

$$\int \frac{1}{y} \mathrm{d}y = \int 2x \mathrm{d}x$$

得
$$\ln|y| = x^2 + \ln C_1$$

从而得所给方程的通解

$$y = C\mathrm{e}^{x^2} \quad (C = \pm C_1)$$

② 分离变量，得

$$\frac{\mathrm{d}y}{\sqrt{y}} = \mathrm{d}x$$

两边积分，得通解为

$$2\sqrt{y} = x + C$$

或

$$y = \frac{1}{4}(x+C)^2 \quad (x + C \geqslant 0)$$

显然，$y=0$ 也是原方程的一个解，但它没有包含在通解中.

【例 4】 设质量为 m 的降落伞从跳伞塔下落后，所受空气阻力与速度成正比，并设降落伞离开跳伞塔时速度为零. 求降落伞下落速度与时间的函数关系.

【解】 设降落伞下落速度为 $v(t)$，如图 10-1 所示，降落伞所受外力为 $F = mg - kv$ （k 为比例系数）.

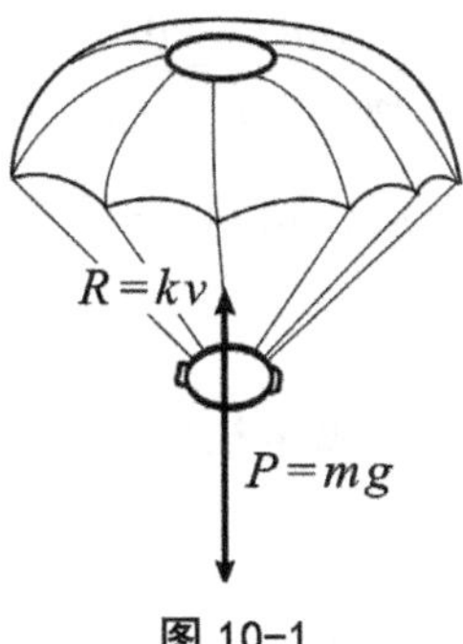

图 10-1

根据牛顿第二运动定律 $F = ma$，得函数 $v(t)$ 应满足方程

$$\begin{cases} m\dfrac{\mathrm{d}v}{\mathrm{d}t} = mg - kv \\ v(0) = 0 \end{cases}$$

分离变量，两边积分得

$$\int \frac{\mathrm{d}v}{mg - kv} = \int \frac{\mathrm{d}t}{m}$$

即

学习心得

学习心得

$$-\frac{1}{k}\ln(mg-kv)=\frac{t}{m}+C_1$$

由于 $mg-kv>0$，所以得

$$v=\frac{mg}{k}+Ce^{-\frac{k}{m}t}\quad (C=-\frac{e^{-kC_1}}{k})$$

将初始条件 $v(0)=0$ 代入通解，得 $C=-\frac{mg}{k}$.

降落伞下落的速度与时间的函数关系为 $v=\frac{mg}{k}(1-e^{-\frac{k}{m}t})$.

由 $v=\frac{mg}{k}(1-e^{-\frac{k}{m}t})$ 可以看出，随着时间 t 增大，速度 v 逐渐接近于常数 $\frac{mg}{k}$，且不会超过 $\frac{mg}{k}$，也就是说，跳伞后开始阶段是加速运动，但以后逐渐接近于等速运动.

10.2.2 齐次方程

定义 2 形如 $\frac{dy}{dx}=\varphi\left(\frac{y}{x}\right)$ 的方程称为**齐次方程**.

齐次方程的解法如下.

令 $u=\frac{y}{x}$，则 $y=xu$，$\frac{dy}{dx}=u+x\frac{du}{dx}$，原方程化为可分离变量的微分方程

$$\frac{du}{\varphi(u)-u}=\frac{dx}{x}$$

两边分别积分. 求出积分后，再将 $u=\frac{y}{x}$ 代回，即可得齐次方程的通解.

【例 5】 求方程 $\frac{dy}{dx}=\frac{xy}{x^2-y^2}$ 满足初始条件 $y|_{x=0}=1$ 的特解.

【解】 原方程可化成

$$\frac{dy}{dx}=\frac{\frac{y}{x}}{1-\left(\frac{y}{x}\right)^2}$$

这是齐次方程. 令 $u=\frac{y}{x}$，即 $y=ux$，由此可得

$$\frac{dy}{dx}=u+x\frac{du}{dx}$$

于是原方程变为

$$\frac{1-u^2}{u^3}\mathrm{d}u=\frac{\mathrm{d}x}{x}$$

两边积分，得

$$-\frac{1}{2u^2}-\ln u=\ln x+C_1$$

即
$$ux=Ce^{-\frac{1}{2u^2}}.$$

再将$u=\frac{y}{x}$代入上式，得方程的通解为

$$y=Ce^{-\frac{x^2}{2y^2}}$$

由初始条件$y|_{x=0}=1$，得C=1．因此，原方程的特解为$y=e^{-\frac{x^2}{2y^2}}$，这是隐函数形式的解．

【例6】探照灯的聚光镜的镜面是一个旋转曲面，它的形状由xOy坐标平面上的一条曲线L绕x轴旋转而成，按聚光镜性能的要求，在其旋转轴(x轴)上一点O处发出的一切光线，经它反射后都与旋转轴平行，求曲线L的方程．

【解】将光源所在点O取为坐标原点，如图10-2所示建立坐标系，且曲线L位于$y\geqslant 0$范围内．

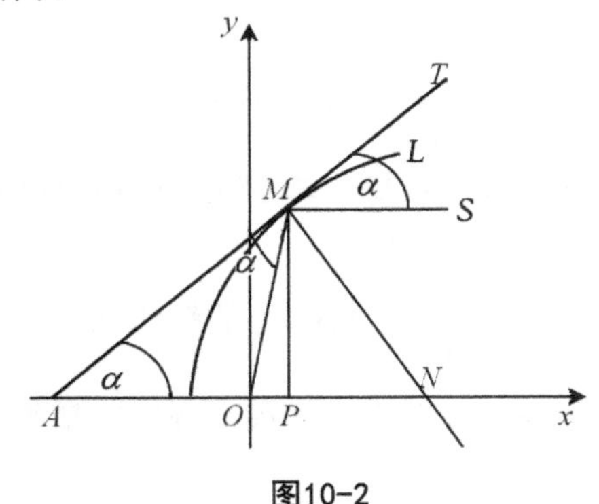

图10-2

设点$M(x, y)$为L上的任意一点，点O发出的某条光线经点M反射后是一条与x轴平行的直线MS．又设过点M的切线AT与x轴的夹角为α．根据题意，$\angle SMT=\alpha$．$\angle OMA$是入射角的余角，$\angle SMT$是反射角的余角，由光学中的反射定律可知：$\angle OMA=\angle SMT=\alpha=\angle OAM$．从而得：$AO=OM$，但$AO=AP-OP=PM\cot\alpha-OP=\frac{y}{y'}-x$，而$OM=\sqrt{x^2+y^2}$．于是得微分方程

$$\frac{y}{y'}-x=\sqrt{x^2+y^2}$$

把x看做因变量，y看做自变量，当$y>0$时，上式即为

学习心得

学习心得

$$\frac{\mathrm{d}x}{\mathrm{d}y}=\frac{x}{y}+\sqrt{\left(\frac{x}{y}\right)^2+1}$$

这是齐次方程．令$\frac{x}{y}=v$，则$x=yv$，$\frac{\mathrm{d}x}{\mathrm{d}y}=v+y\frac{\mathrm{d}v}{\mathrm{d}y}$，代入上式得

$$v+y\frac{\mathrm{d}v}{\mathrm{d}y}=v+\sqrt{v^2+1}$$

即 $$y\frac{\mathrm{d}v}{\mathrm{d}y}=\sqrt{v^2+1},$$

分离变量得 $$\frac{\mathrm{d}v}{\sqrt{v^2+1}}=\frac{\mathrm{d}y}{y},$$

两边积分得 $$\ln\left(v+\sqrt{v^2+1}\right)=\ln y-\ln C,$$

从而得 $$\frac{y^2}{C^2}-\frac{2yv}{C}=1,$$

以$x=yv$代入上式，得$y^2=2C\left(x+\frac{C}{2}\right)$，这是以$x$轴为对称轴、焦点在原点的抛物线．

10.2.3 一阶线性微分方程

定义3 形如

$$\frac{\mathrm{d}y}{\mathrm{d}x}+P(x)y=Q(x)$$

的微分方程称为**一阶线性微分方程**．当$Q(x)$恒为零时称为齐次的，否则称为非齐次的．

一阶齐次线性微分方程$\frac{\mathrm{d}y}{\mathrm{d}x}+P(x)y=0$的解法如下．

方程$\frac{\mathrm{d}y}{\mathrm{d}x}+P(x)y=0$为可分离变量方程，分离变量得

$$\frac{\mathrm{d}y}{y}=-P(x)\mathrm{d}x$$

两端积分得

$$\ln|y|=-\int P(x)\mathrm{d}x+C_1$$

从而得齐次线性方程的通解为

$$y=C\mathrm{e}^{-\int P(x)\mathrm{d}x}\quad (C=\pm\mathrm{e}^{C_1})$$

下面使用所谓的常数变易法求非齐次线性方程的通解．这种方法是把齐次线性方程通解中的C换成x的未知函数$u(x)$，即做变换

$$y=u(x)\mathrm{e}^{-\int P(x)\mathrm{d}x}$$

于是有

$$y' = u'(x)\mathrm{e}^{-\int P(x)\mathrm{d}x} + u(x)[-P(x)]\mathrm{e}^{-\int P(x)\mathrm{d}x}$$

将 y，y' 代入方程 $\frac{\mathrm{d}y}{\mathrm{d}x} + P(x)y = Q(x)$ 得

$$u'(x)\mathrm{e}^{-\int P(x)\mathrm{d}x} - u(x)P(x)\mathrm{e}^{-\int P(x)\mathrm{d}x} + P(x)u(x)\mathrm{e}^{-\int P(x)\mathrm{d}x} = Q(x)$$

化简得 $u'(x) = Q(x)\mathrm{e}^{\int P(x)\mathrm{d}x}$，

积分得 $u(x) = \int Q(x)\mathrm{e}^{\int P(x)\mathrm{d}x}\mathrm{d}x + C$，

把上式代回 $y = u(x)\mathrm{e}^{-\int P(x)\mathrm{d}x}$，便得非齐次线性方程的通解

$$y = \mathrm{e}^{-\int P(x)\mathrm{d}x}\left[\int Q(x)\mathrm{e}^{\int P(x)\mathrm{d}x}\mathrm{d}x + C\right]$$

或

$$y = C\mathrm{e}^{-\int P(x)\mathrm{d}x} + \mathrm{e}^{-\int P(x)\mathrm{d}x}\int Q(x)\mathrm{e}^{\int P(x)\mathrm{d}x}\mathrm{d}x$$

上式右端第一项是原方程对应的齐次线性方程的通解，第二项是非齐次线性方程的一个特解．由此可知，一阶非齐次线性方程的通解是对应的齐次方程的通解与非齐次方程的特解之和．

【例 7】 求方程 $\frac{\mathrm{d}y}{\mathrm{d}x} - \frac{2y}{x+1} = (x+1)^{\frac{5}{2}}$ 的通解．

【解】 方法 1（常数变易法） 先求对应的齐次线性方程 $\frac{\mathrm{d}y}{\mathrm{d}x} - \frac{2y}{x+1} = 0$ 的通解．

分离变量得

$$\frac{\mathrm{d}y}{y} = \frac{2\mathrm{d}x}{x+1}$$

两边积分得

$$\ln|y| = 2\ln|x+1| + C_1$$

齐次线性方程的通解为

$$y = C(x+1)^2$$

使用常数变易法，令 $y = u(x)(x+1)^2$，代入所给的非齐次线性方程，得

$$u'(x)(x+1)^2 + 2u(x)\cdot(x+1) - \frac{2}{x+1}u(x)\cdot(x+1)^2 = (x+1)^{\frac{5}{2}}$$

$$u'(x)=(x+1)^{\frac{1}{2}}$$

两边积分得

$$u(x)=\frac{2}{3}(x+1)^{\frac{3}{2}}+C$$

再把上式代入 $y = u(x)(x+1)^2$ 中，即得所求方程的通解为

$$y = (x+1)^2\left[\frac{2}{3}(x+1)^{\frac{3}{2}}+C\right]$$

学习心得

学习心得

方法 2（公式法） 将 $P(x)=-\frac{2}{x+1}$，$Q(x)=(x+1)^{\frac{5}{2}}$ 代入公式得通解

$$y=\mathrm{e}^{\int\frac{2}{x+1}\mathrm{d}x}\left[\int(x+1)^{\frac{5}{2}}\mathrm{e}^{-\int\frac{2}{x+1}\mathrm{d}x}\mathrm{d}x+C\right]$$

$$=(x+1)^2\left[\int(x+1)^{\frac{5}{2}}(x+1)^{-2}\mathrm{d}x+C\right]$$

$$=(x+1)^2\left[\frac{2}{3}(x+1)^{\frac{3}{2}}+C\right]$$

利用变量代换（因变量代换或自变量代换），把一个微分方程转换为变量可分离的方程，或转换为已经知其求解步骤的方程，是解微分方程最常用的方法．下面再举个例子．

【例 8】 解方程 $\frac{\mathrm{d}y}{\mathrm{d}x}=\frac{1}{x+y}$．

【解】 若把所给方程变形为

$$\frac{\mathrm{d}x}{\mathrm{d}y}=x+y$$

它是一阶线性方程，按一阶线性方程的解法可求得通解．这里用变量代换来解所给方程．

令 $u=x+y$，原方程化为 $\frac{\mathrm{d}u}{\mathrm{d}x}-1=\frac{1}{u}$，$\frac{\mathrm{d}u}{\mathrm{d}x}=\frac{u+1}{u}$．

分离变量，得 $\frac{u}{u+1}\mathrm{d}u=\mathrm{d}x$．

两端积分得 $u-\ln|u+1|=x+C$．

以 $u=x+y$ 代入上式得

$$y-\ln|x+y+1|=C \text{ 或 } x=C_1\mathrm{e}^y-y-1\quad(C_1=\pm\mathrm{e}^{-C})$$

练习 10.2

1. 求下列微分方程的通解．

① $xy'-y\ln y=0$； ② $xyy'=1-x^2$；

③ $x\mathrm{d}y=(y^2-3y+2)\mathrm{d}x$； ④ $\frac{\mathrm{d}y}{\mathrm{d}x}=\mathrm{e}^{x-y}$．

2. 求下列齐次方程的通解．

① $y'=\frac{y}{x}+\mathrm{e}^{\frac{y}{x}}$； ② $x(\ln x-\ln y)\mathrm{d}y-y\mathrm{d}x=0$．

3. 求下列微分方程的通解．

① $xy'-2y=x^3\cos x$； ② $\frac{\mathrm{d}y}{\mathrm{d}x}+xy=x\mathrm{e}^{-x^2}$；

③ $y'+\dfrac{y}{x+1}=\sin x$；　　④ $\dfrac{dy}{dx}+3y=x$.

4. 求下列微分方程满足所给初始条件的特解.

① $y'=e^{2x-y}$，$y|_{x=0}=1$；　　② $xdy+2ydx=0$，$y|_{x=2}=\dfrac{1}{2}$；

③ $\dfrac{dy}{dx}+\dfrac{y}{x}=\dfrac{\sin x}{x}$，$y|_{x=\pi}=1$；　　④ $\dfrac{dy}{dx}+3y=8$，$y|_{x=0}=2$.

10.3　可降阶的二阶微分方程

从这一节起讨论二阶微分方程. 可以通过代换将二阶微分方程化成较低阶的方程来求解，下面介绍三种容易降阶的二阶微分方程的求解方法.

10.3.1　$y''=f(x)$ 型的微分方程

把 y' 作为新的未知函数，那么上式就是新的未知函数的一阶微分方程，两边积分得

$$y'=\int f(x)dx+C_1$$

同理可得

$$y=\int\left[\int f(x)dx+C_1\right]dx+C_2$$

【例 9】求微分方程 $y''=e^{2x}-\cos x$ 的通解.

【解】对所给方程两边连续积分两次得

$$y'=\frac{1}{2}e^{2x}-\sin x+C_1$$

$$y=\frac{1}{4}e^{2x}+\cos x+C_1x+C_2$$

10.3.2　$y''=f(x,y')$ 型的微分方程

方程 $y''=f(x,y')$ 的右端不显含未知函数 y，设 $y'=p$，原方程化为

$$p'=f(x,p)$$

设 $p'=f(x,p)$ 的通解为 $p=\varphi(x,C_1)$，则

$$\frac{dy}{dx}=\varphi(x,C_1)$$

原方程的通解为

$$y=\int\varphi(x,C_1)dx+C_2$$

学习心得

学习心得

【例 10】求微分方程 $(1+x^2)y''=2xy'$，满足初始条件 $y|_{x=0}=1$，$y'|_{x=0}=3$ 的特解.

【解】设 $y'=p$，代入方程并分离变量后得

$$\frac{dp}{p}=\frac{2x}{1+x^2}dx$$

两边积分得 $\ln|p|=\ln(x^2+1)+C$，

即 $p=y'=C_1(1+x^2)\ (C_1=\pm e^C)$.

由条件 $y'|_{x=0}=3$ 得 $C_1=3$，

所以 $y'=3(1+x^2)$，

两边积分得 $y=x^3+3x+C_2$.

又由条件 $y|_{x=0}=1$ 得 $C_2=1$，

于是所求的特解为 $y=x^3+3x+1$.

10.3.3 $y''=f(y,y')$ 型的微分方程

方程 $y''=f(y,y')$ 中不明显地含自变量 x，令 $y'=p$，有

$$y''=\frac{dp}{dx}=\frac{dp}{dy}\cdot\frac{dy}{dx}=p\frac{dp}{dy}$$

原方程化为

$$p\frac{dp}{dy}=f(y,p)$$

设方程 $p\frac{dp}{dy}=f(y,p)$ 的通解为 $y'=p=\varphi(y,C_1)$，则原方程的通解为

$$\int\frac{dy}{\varphi(y,C_1)}=x+C_2$$

【例 11】求微分方程 $yy''-y'^2=0$ 的通解.

【解】设 $y'=p$，原方程化为

$$yp\frac{dp}{dy}-p^2=0$$

当 $y\neq0$，$p\neq0$ 时有

$$\frac{dp}{p}=\frac{1}{y}dy$$

积分得 $p=e^{\int\frac{1}{y}dy}=C_1y$，

即 $\frac{dy}{dx}=C_1y$.

从而原方程的通解为

$$y=C_2e^{\int C_1dx}=C_2e^{C_1x}$$

练习 10.3

1. 求下列各微分方程的通解.

① $y''=x+\sin x$；　② $y''=xe^{x}$；

③ $y''=y'+x$；　④ $y^{3}y''-1=0$.

2. 求下列各微分方程满足所给初始条件的特解.

① $y''=y'+1, y|_{x=1}=1, y'|_{x=1}=0$；

② $y''=2\left[(y')^{2}-y'\right], y|_{x=0}=1, y'|_{x=0}=2$.

10.4　二阶线性微分方程

在自然科学与工程技术问题中，经常遇到高阶线性微分方程. 其中应用最广泛的是二阶线性微分方程.

定义 1　形如

$$y''+P(x)y'+Q(x)y=f(x)$$

的方程称为二阶线性微分方程. 当方程右端 $f(x)\equiv 0$ 时，该方程称为齐次的，否则称为非齐次的.

10.4.1　二阶齐次线性微分方程解的结构

下面讨论齐次方程 $y''+P(x)y'+Q(x)y=0$ 的解法.

定理 1　如果函数 $y_1(x)$ 和 $y_2(x)$ 是齐次方程 $y''+P(x)y'+Q(x)y=0$ 的两个解，那么 $y=C_1y_1(x)+C_2y_2(x)$ 也是方程的解，其中 C_1，C_2 是任意常数.

证明　将 $y=C_1y_1(x)+C_2y_2(x)$ 代入方程的左端，有

$$\left[C_1y_1''+C_2y_2''\right]+P(x)\left[C_1y_1'+C_2y_2'\right]+Q(x)\left[C_1y_1+C_2y_2\right]$$

$$=C_1\left[y_1''+P(x)y_1'+Q(x)y_1\right]+C_2\left[y_2''+P(x)y_2'+Q(x)y_2\right]$$

$$=C_1\cdot 0+C_2\cdot 0=0$$

定义 2　设 $y_1(x), y_2(x), \cdots, y_n(x)$ 为定义在区间 I 上的 n 个函数. 如果存在 n 个不全为零的常数 $k_1, k_2, \cdots, k_n$，使得当 $x\in I$ 时有恒等式

$$k_1y_1(x)+k_2y_2(x)+\cdots+k_ny_n(x)\equiv 0$$

成立，那么称这 n 个函数在区间 I 上线性相关，否则称为线性无关.

注　两个函数 $y_1(x)$ 和 $y_2(x)$ 线性相关的充要条件是 $\dfrac{y_1(x)}{y_2(x)}=C$，其中 C 是任意常数；$y_1(x)$ 和 $y_2(x)$ 线性无关的充要条件是 $\dfrac{y_1(x)}{y_2(x)}\neq C$.

学习心得

定理 2 如果函数 $y_1(x)$ 和 $y_2(x)$ 是方程 $y''+P(x)y'+Q(x)y=0$ 的两个线性无关的解，那么 $y=C_1y_1(x)+C_2y_2(x)$ 是该方程的通解，其中 C_1，C_2 为任意常数.

【例 12】 验证 $y_1=\cos x$，$y_2=\sin x$ 是方程 $y''+y=0$ 的线性无关解，并写出其通解.

【解】 因为

$$y_1''+y_1=-\cos x+\cos x=0$$

$$y_2''+y_2=-\sin x+\sin x=0$$

所以 $y_1=\cos x$，$y_2=\sin x$ 都是方程的解. 因为 $\dfrac{\cos x}{\sin x}$ 不恒为常数，所以 $y_1=\cos x$ 和 $y_2=\sin x$ 线性无关，因此方程 $y''+y=0$ 的通解为

$$y=C_1\cos x+C_2\sin x$$

推论 如果 $y_1(x)$，$y_2(x)$，…，$y_n(x)$ 是方程

$$y^{(n)}+a_1(x)y^{(n-1)}+\cdots+a_{n-1}(x)y'+a_n(x)y=0$$

的 n 个线性无关的解，那么此方程的通解为

$$y=C_1y_1(x)+C_2y_2(x)+\cdots+C_ny_n(x)$$

其中 C_1，C_2，…，C_n 为任意常数.

10.4.2 二阶非齐次线性微分方程解的结构

定理 3 设 $y^*(x)$ 是二阶非齐次线性方程 $y''+P(x)y'+Q(x)y=f(x)$ 的一个特解，而 $Y(x)$ 是该方程对应的齐次线性方程 $y''+P(x)y'+Q(x)y=0$ 的通解，那么 $y=Y(x)+y^*(x)$ 是 $y''+P(x)y'+Q(x)y=f(x)$ 的通解.

证明 将 $y=Y(x)+y^*(x)$ 代入方程 $y''+P(x)y'+Q(x)y=f(x)$ 的左端，有

$$\begin{aligned}&\left[Y''+y^{*''}\right]+P(x)\left[Y'+y^{*'}\right]+Q(x)\left[Y+y^*\right]\\&=\left[Y''+P(x)Y'+Q(x)Y\right]+\left[y^{*''}+P(x)y^{*'}+Q(x)y^*\right]\\&=0+f(x)=f(x)\end{aligned}$$

例如 $y=C_1\cos x+C_2\sin x$ 是齐次方程 $y''+y=0$ 的通解，$y^*(x)=x^2-2$ 是 $y''+y=x^2$ 的一个特解，则 $y=C_1\cos x+C_2\sin x+x^2-2$ 是方程 $y''+y=x^2$ 的通解.

定理 4(解的叠加原理) 设 $y_1^*(x)$ 和 $y_2^*(x)$ 分别是方程

$$y''+P(x)y'+Q(x)y=f_1(x) \quad 和 \quad y''+P(x)y'+Q(x)y=f_2(x)$$

的特解，那么 $y=y_1^*(x)+y_2^*(x)$ 就是

$$y''+P(x)y'+Q(x)y=f_1(x)+f_2(x)$$

的特解.

证明　将 $y=y_1^*(x)+y_2^*(x)$ 代入方程 $y''+P(x)y'+Q(x)y=f_1(x)+f_2(x)$ 的左端，有

$$\begin{aligned}&\left[y_1^*+y_2^*\right]''+P(x)\left[y_1^*+y_2^*\right]'+Q(x)\left[y_1^*+y_2^*\right]\\&=\left[\left(y_1^*\right)''+P(x)\left(y_1^*\right)'+Q(x)y_1^*\right]+\left[\left(y_2^*\right)''+P(x)\left(y_2^*\right)'+Q(x)y_2^*\right]\\&=f_1(x)+f_2(x)\end{aligned}$$

练习 10.4

1. 下列各函数组在其定义区间内哪些是线性无关的？

① x，x^2；　　② $2x$，x；

③ e^x，e^{-x}；　　④ $\sin 2x$，$\cos x\sin x$．

2. 验证 $y_1=e^{x^2}$ 及 $y_2=xe^{x^2}$ 都是方程 $y''-4xy'+(4x^2-2)y=0$ 的解，并写出该方程的通解．

3. 解答题．

① 验证函数 $y=C_1e^x+C_2e^{2x}+\frac{1}{12}e^{5x}$（$C_1$，$C_2$ 是任意常数）是方程 $y''-3y'+2y=e^{5x}$ 的通解；

② 验证函数 $y=C_1x^2+C_2x^2\ln x$（C_1，C_2 是任意常数）是方程 $x^2y''-3xy'+4y=0$ 的通解．

10.5　二阶常系数齐次线性微分方程

本节讨论二阶常系数齐次线性微分方程的解法，下一节再讨论二阶常系数非齐次线性微分方程的解法．

定义　如果形如

$$y''+py'+qy=0 \tag{1}$$

的方程中 p、q 均为常数，则称该方程为二阶常系数齐次线性微分方程．

当 r 为常数时，指数函数 $y=e^{rx}$ 和它的各阶导数都只差一个常数因子，因此我们用函数 $y=e^{rx}$ 来尝试，看能否适当选取 r，使 $y=e^{rx}$ 满足方程 $y''+py'+qy=0$．

将 $y=e^{rx}$ 代入方程 $y''+py'+qy=0$，得

$$(r^2+pr+q)e^{rx}=0$$

由于 $e^{rx}\neq 0$，得 $y''+py'+qy=0$ 的**特征方程**

$$r^2+pr+q=0 \tag{2}$$

学习心得

学习心得

r 是特征方程(2)的解的充要条件是 $y=e^{rx}$ 是微分方程(1)的解．下面分三种情况讨论其解法．

特征方程 $r^2+pr+q=0$ 的特征根由 $r_{1,2}=\dfrac{-p\pm\sqrt{p^2-4q}}{2}$ 求出．

1．方程(2)有两个不等实根

设 r_1，r_2 是方程(2)的两个不等实根，则函数 $y_1=e^{r_1x}$，$y_2=e^{r_2x}$ 是方程(1)的两个线性无关的解（$\dfrac{y_1}{y_2}=\dfrac{e^{r_1x}}{e^{r_2x}}=e^{(r_1-r_2)x}$ 不是常数），因此方程(1)的通解为 $y=C_1e^{r_1x}+C_2e^{r_2x}$．

2．方程(2)有两个相等实根

当 $r_1=r_2$ 是方程(2)的两个相等实根时，函数 $y_1=e^{r_1x}$ 是方程(1)的解，还需求出它的另一个线性无关的解 y_2，设 $y_2=u(x)e^{r_1x}$，代入微分方程(1)，得

$$e^{r_1x}\left[\left(u''+2r_1u'+r_1^2u\right)+p\left(u'+r_1u\right)+qu\right]=0$$

由于 $e^{r_1x}\neq 0$，所以

$$u''+\left(2r_1+p\right)u'+\left(r_1^2+pr_1+q\right)u=0$$

因为 r_1 是特征方程(2)的二重根，因此 $r_1^2+pr_1+q=0$，$2r_1+p=0$，所以 $u''=0$．不妨取 $u=x$，由此可得 $y_2=xe^{r_1x}$，因此方程的通解为

$$y=\left(C_1+C_2x\right)e^{r_1x}$$

3．方程(2)有一对共轭复根

当方程(2)有一对共轭复根 $r_1=\alpha+i\beta$，$r_2=\alpha-i\beta$，$\beta\neq 0$ 时，函数 $y_1=e^{(\alpha+i\beta)x}$，$y_2=e^{(\alpha-i\beta)x}$ 是微分方程(1)的两个线性无关的复数形式的解．而由欧拉公式得

$$y_1=e^{(\alpha+i\beta)x}=e^{\alpha x}(\cos\beta x+i\sin\beta x)$$

$$y_2=e^{(\alpha-i\beta)x}=e^{\alpha x}(\cos\beta x-i\sin\beta x)$$

由解的叠加原理可得

$$\frac{y_1+y_2}{2}=e^{\alpha x}\cos\beta x$$

$$\frac{y_1-y_2}{2i}=e^{\alpha x}\sin\beta x$$

也是方程(1)的解．因此方程的通解为

$$y=e^{\alpha x}(C_1\cos\beta x+C_2\sin\beta x)$$

综上所述，求二阶常系数齐次线性微分方程 $y''+py'+qy=0$ 的通解的步骤如下．

① 列出微分方程的特征方程 $r^2+pr+q=0$．

② 求出特征方程的两个根 r_1，r_2．

③ 根据特征方程两个根的不同情况，写出微分方程的通解.

【例 13】① 求方程 $y''-2y'-3y=0$ 的通解；

② 求方程 $y''+2y'+y=0$ 满足初始条件 $y(0)=4$，$y'(0)=-2$ 的特解；

③ 求方程 $y''-2y'+5y=0$ 的通解.

【解】① $y''-2y'-3y=0$ 的特征方程为 $r^2-2r-3=0$，它有两个不相等的实根 $r_1=-1$，$r_2=3$，因此所给微分方程的通解为

$$y=C_1\mathrm{e}^{-x}+C_2\mathrm{e}^{3x}$$

② $y''+2y'+y=0$ 的特征方程为 $r^2+2r+1=0$，其根 $r_1=r_2=-1$，因此所给微分方程的通解为

$$y=(C_1+C_2x)\mathrm{e}^{-x}$$

将条件 $y(0)=4$ 代入通解，得 $C_1=4$，从而得 $y=(4+C_2x)\mathrm{e}^{-x}$，$y'=(C_2-4-C_2x)\mathrm{e}^{-x}$.

再把条件 $y'(0)=-2$ 代入 $y'=(C_2-4-C_2x)\mathrm{e}^{-x}$，得 $C_2=2$，于是得特解为

$$y=(4+2x)\mathrm{e}^{-x}$$

③ $y''-2y'+5y=0$ 的特征方程为 $r^2-2r+5=0$，其根为 $r_{1,2}=1\pm 2\mathrm{i}$，因此所给微分方程的通解为

$$y=\mathrm{e}^{x}(C_1\cos 2x+C_2\sin 2x)$$

练习 10.5

1. 求下列微分方程的通解.

① $y''+y'-2y=0$；　　② $y''-4y'=0$；

③ $y''+y=0$；　　④ $y''+6y'+13y=0$.

2. 求下列微分方程满足所给初始条件的特解.

① $y''-4y'+3y=0$，$y|_{x=0}=6$，$y'|_{x=0}=10$；

② $4y''+4y'+y=0$，$y|_{x=0}=2$，$y'|_{x=0}=0$；

③ $y''-25y=0$，$y|_{x=0}=2$，$y'|_{x=0}=5$.

*10.6　二阶常系数非齐次线性微分方程

二阶常系数非齐次线性微分方程的一般形式为

$$y''+py'+qy=f(x) \tag{1}$$

这类方程求解比较困难，本节只对两种特殊的非齐次项 $f(x)$ 给出求解方法.

学习心得

由 10.4 节的定理 3 可知，方程(1)的通解为对应的齐次线性方程的通解和它的一个特解之和，而求齐次线性方程通解的问题已在 10.5 节解决，所以这里只需讨论求方程(1)的一个特解 y^* 的方法.

10.6.1 $f(x)=p_m(x)e^{\lambda x}$ 型

在 $p_m(x)e^{\lambda x}$ 中，λ 是常数，$p_m(x)$ 是 x 的一个 m 次多项式. 因为(1)式右端 $f(x)$ 是多项式 $p_m(x)$ 与指数函数 $e^{\lambda x}$ 的乘积，而多项式与指数函数乘积的导数仍然是多项式与指数函数的乘积，因此，设想 $y^*=Q(x)e^{\lambda x}$ ($Q(x)$ 是某个多项式)为方程(1)的一个特解. 于是得

$$y^*=Q(x)e^{\lambda x}$$

$$\left(y^*\right)'=e^{\lambda x}\left[\lambda Q(x)+Q'(x)\right]$$

$$\left(y^*\right)''=e^{\lambda x}\left[\lambda^2 Q(x)+2\lambda Q'(x)+Q''(x)\right]$$

代入方程(1)并消去 $e^{\lambda x}$，得

$$Q''(x)+(2\lambda+p)Q'(x)+(\lambda^2+p\lambda+q)Q(x)=p_m(x) \tag{2}$$

方程(1)对应的齐次方程的特征方程为

$$r^2+pr+q=0 \tag{3}$$

设 $Q_m(x)=b_0x^m+b_1x^{m-1}+\cdots+b_{m-1}x+b_m$，可以按下述的步骤求方程(1)的特解.

① 根据 λ 的值，取 $Q(x)$：

如果 λ 不是方程(3)的根，即 $\lambda^2+p\lambda+q\neq 0$ ，取

$$Q(x)=Q_m(x)$$

如果 λ 是方程(3)的某个单根，即 $\lambda^2+p\lambda+q=0$，$2\lambda+p\neq 0$，取

$$Q(x)=xQ_m(x)$$

如果 λ 是方程(3)的重根，即 $\lambda^2+p\lambda+q=0$，$2\lambda+p=0$，取

$$Q(x)=x^2Q_m(x)$$

② 把 $Q(x)$ 代入(1)，求出 $b_0,b_1,b_2,\cdots,b_m$，即可得特解 $y^*=x^kQ_m(x)e^{\lambda x}$.

综上所述，得到如下结论：

如果 $f(x)=p_m(x)e^{\lambda x}$，则二阶常系数非齐次线性微分方程 $y''+py'+qy=f(x)$ 有形如

$$y^*=x^kQ_m(x)e^{\lambda x}$$

的特解，其中 $Q_m(x)$ 是与 $p_m(x)$ 同次(m 次)的多项式，而 k 按 λ 不是特征方程的根、是特征方程的某个单根或是特征方程的重根分别取为 0、1 或 2.

注 上述结论可推广到 n 阶常系数非齐次线性微分方程(k 是重根次数)的情况.

【例14】① 求微分方程 $y''-2y'-3y=3x+1$ 的通解；

② 求微分方程 $y''-5y'+6y=xe^{2x}$ 的通解．

【解】① 与方程 $y''-2y'-3y=3x+1$ 对应的齐次方程特征方程为

$$r^2-2r-3=0$$

其根为 $r_1=-1$，$r_2=3$．

齐次方程的通解　　$y=C_1e^{-x}+C_2e^{3x}$．

由于 $\lambda=0$ 不是特征方程的根，所以应设特解为

$$y^*=b_0x+b_1$$

把它代入所给的方程，得

$$-3b_0x-2b_0-3b_1=3x+1$$

比较上式两端 x 同次幂的系数，得

$$\begin{cases}-3b_0=3\\-2b_0-3b_1=1\end{cases}$$

解得 $b_0=-1$，$b_1=\frac{1}{3}$，于是求得一个特解为 $y^*=-x+\frac{1}{3}$．

故所求微分方程的通解为

$$y=C_1e^{-x}+C_2e^{3x}-x+\frac{1}{3}$$

② 与方程 $y''-5y'+6y=xe^{2x}$ 对应的齐次方程的特征方程为

$$r^2-5r+6=0$$

其根为 $r_1=2$，$r_2=3$．

齐次方程的通解　　$y=C_1e^{2x}+C_2e^{3x}$．

由于 $\lambda=2$ 是特征方程的一个单根，所以应设特解为

$$y^*=x(b_0x+b_1)e^{2x}$$

把它代入所给的方程，得

$$-2b_0x+2b_0-b_1=x$$

比较上式两端 x 同次幂的系数，得

$$\begin{cases}-2b_0=1\\2b_0-b_1=0\end{cases}$$

解得 $b_0=-\frac{1}{2}$，$b_1=-1$，因此求得一个特解为

$$y^*=x\left(-\frac{1}{2}x-1\right)e^{2x}$$

故所求微分方程的通解为

$$y=C_1e^{2x}+C_2e^{3x}-\frac{1}{2}(x^2+2x)e^{2x}$$

学习心得

学习心得

10.6.2 $f(x)=e^{\lambda x}\left[p_l^{(1)}(x)\cos\omega x+p_n^{(2)}(x)\sin\omega x\right]$型

应用欧拉公式

$$\cos\theta=\frac{1}{2}\left(e^{i\theta}+e^{-i\theta}\right),\ \sin\theta=\frac{1}{2i}\left(e^{i\theta}-e^{-i\theta}\right)$$

把 $f(x)$ 表示成复变指数函数的形式，有

$$\begin{aligned}f(x)&=e^{\lambda x}\left[p_l^{(1)}(x)\cos\omega x+p_n^{(2)}(x)\sin\omega x\right]\\&=e^{\lambda x}\left[p_l^{(1)}(x)\frac{e^{i\omega x}+e^{-i\omega x}}{2}+p_n^{(2)}(x)\frac{e^{i\omega x}-e^{-i\omega x}}{2i}\right]\\&=\left(\frac{p_l^{(1)}}{2}+\frac{p_n^{(2)}}{2i}\right)e^{(\lambda+i\omega)x}+\left(\frac{p_l^{(1)}}{2}-\frac{p_n^{(2)}}{2i}\right)e^{(\lambda-i\omega)x}\\&=p(x)e^{(\lambda+i\omega)x}+\overline{p(x)}e^{(\lambda-i\omega)x}\end{aligned}$$

其中 $p(x)$，$\overline{p(x)}$ 是互为共轭的 m 次多项式(即它们对应项的系数是共轭复数)，而 $m=\max\{l,n\}$.

应用上面的结果，设 $y''+py'+qy=f(x)$ 特解为

$$y_1^*=x^kQ_m(x)e^{(\lambda+i\omega)x}$$

由于 $\overline{p(x)}e^{(\lambda-i\omega)x}$ 和 $p(x)e^{(\lambda+i\omega)x}$ 成共轭，所以与 y_1^* 成共轭的函数 $y_2^*=x^k\overline{Q_m(x)}e^{(\lambda-i\omega)x}$ 必然是方程 $y''+py'+qy=\overline{p(x)}e^{(\lambda-i\omega)x}$ 的特解.

根据 10.4 节的定理 4，当 $f(x)=e^{\lambda x}\left[p_l^{(1)}(x)\cos\omega x+p_n^{(2)}(x)\sin\omega x\right]$时，方程 $y''+py'+qy=f(x)$ 具有形如

$$\begin{aligned}y^*&=x^kQ_m(x)e^{(\lambda+i\omega)x}+x^k\overline{Q_m(x)}e^{(\lambda-i\omega)x}\\&=x^ke^{\lambda x}\left[R_m^{(1)}\cos\omega x+R_m^{(2)}\sin\omega x\right]\end{aligned}$$

的特解，其中 $R_m^{(1)}(x)$，$R_m^{(2)}(x)$ 是 m 次多项式.

综上所述，有如下结论.

如果 $f(x)=e^{\lambda x}\left[p_l^{(1)}(x)\cos\omega x+p_n^{(2)}(x)\sin\omega x\right]$，则二阶常系数非齐次线性微分方程(1)的特解可设为

$$y^*=x^ke^{\lambda x}\left[R_m^{(1)}\cos\omega x+R_m^{(2)}\sin\omega x\right]$$

其中 $R_m^{(1)}(x)$，$R_m^{(2)}(x)$ 是 m 次多项式，$m=\max\{l,n\}$，而 k 按 $\lambda+i\omega$ 或$\lambda-i\omega$不是特征方程的根或是特征方程的单根依次取 0 或 1.

注 上述结论可推广到 n 阶常系数非齐次线性微分方程(k 是 $\lambda+i\omega$ 或$\lambda-i\omega$的重根次数)的情况.

【例 15】 求微分方程 $y''+y=x\cos 2x$ 的通解.

【解】 方程 $y''+y=x\cos 2x$ 对应的齐次方程的特征方程为

$$r^2+1=0$$

其根为$r_{1,2}=\pm i$.

齐次方程的通解 $y=C_1\cos 2x+C_2\sin 2x$.

由于 $\lambda+\mathrm{i}\omega=2\mathrm{i}$ 不是特征方程的根，所以应设特解为

$$y^*=(ax+b)\cos 2x+(cx+d)\sin 2x$$

把它代入所给的方程，得

$$(-3ax-3b+4c)\cos 2x-(3cx+3d+4a)\sin 2x=x\cos 2x$$

比较两端同类项的系数，得 $\begin{cases}-3a=1\\-3b+4c=0\\-3c=0\\-4a-3d=0\end{cases}$，

由此解得　$a=-\dfrac{1}{3}$，$b=0$，$c=0$，$d=\dfrac{4}{9}$.

于是求得一个特解为　$y^*=-\dfrac{1}{3}x\cos 2x+\dfrac{4}{9}\sin 2x$.

因此方程的通解为

$$y=C_1\cos x+C_2\sin x-\frac{1}{3}x\cos 2x+\frac{4}{9}\sin 2x$$

练习 10.6

求下列各微分方程满足已给初始条件的特解.

① $y''+y'-2y=2x$，$y|_{x=0}=0$，$y'|_{x=0}=3$；

② $y''+y=2\cos x$，$y|_{x=0}=2$，$y'|_{x=0}=0$.

习 题 10

一、选择题

1. 微分方程 $xy'''+(y'')^2=x^5$ 的阶数是(　　).

　A. 2　　　B. 3

　C. 4　　　D. 5

2. 下列方程中，不是微分方程的是(　　).

　A. $(y')^2+3y=0$　　　B. $\mathrm{d}y+\dfrac{1}{x}\mathrm{d}x=2\mathrm{d}x$

　C. $y''=\mathrm{e}^{x-y}$　　　D. $x^2+y^2=k^2$

3. 下列函数中，(　　)是微分方程 $\mathrm{d}y-2x\mathrm{d}x=0$ 的解.

　A. $y=2x$　　　B. $y=-2x$

　C. $y=-x$　　　D. $y=x^2$

4. 方程 $xy'''+(y'')^2=x^5y$ 的通解应该包含的常数的个数为(　　).

　A. 2　　　B. 3

学习心得

学习心得

C. 1　　D. 0

5. 下列方程中有一个是可分离变量的一阶微分方程，它是(　　).

A. $y'=e^{x+y}$　　B. $y'=e^{xy}$

C. $y'=e^{\frac{y}{x}}$　　D. $y'=e^{\frac{x}{y}}$

二、解答题

1. 说明下列方程的阶数.

① $x(y')^2-2xy'+x=0$；

② $x^2y''-xy'+y=0$；

③ $L\dfrac{d^2Q}{dt^2}+R\dfrac{dQ}{dt}+\dfrac{Q}{C}=0$；

④ $xy''-2y''+x^2y=0$；

⑤ $(7x-6y)dx+(x+y)dy=0$.

2. 判断下列各题中所给的函数是否为其后面方程的解或通解.

① $y=x^2e^x$，$y''-2y'+y=0$；

② $y=3\sin x-4\cos x$，$y''+y'=0$；

③ $y=C_1e^x+C_2e^{2x}+\dfrac{1}{12}e^{5x}$($C_1$，$C_2$是任意常数)，$y''-3y'+2y=0$.

3. 求下列可分离变量方程的通解.

① $xdy-ydx=0$；

② $xy'+y=0$；

③ $y'=e^{x+y}$.

4. 求下列方程的通解.

① $y'+y=e^x$；

② $y'-\dfrac{2}{x+1}y=(x+1)^3$；

③ $y'-y\tan x=\cos x$.

5. 求下列方程的通解.

① $y''-2y'+3y=0$；

② $y''-4y'+4y=0$；

③ $y''+3y=0$.

第11章 无穷级数

无穷级数是研究函数和进行数值计算的重要工具，它在数学和工程技术中有广泛的应用.

研究无穷级数，是研究数列及其极限的另一种形式，无论是研究极限的存在性还是计算极限，无穷级数这种形式都显示出巨大的优越性.

本章先讨论常数项级数，再介绍无穷级数的一些基本内容，然后讨论幂级数，分析如何将函数展开成幂级数.

11.1 常数项级数的概念与性质

11.1.1 常数项级数的概念

【引例】 设有一个小球从1米高处自由落下，落到地面后每次弹起的高度减少一半. 问小球是否在某时刻停止在地面上？说明理由.

由自由落体运动方程 $s=\frac{1}{2}gt^2$ 知 $t=\sqrt{\frac{2s}{g}}$，用 t_k 表示第 k 次小球落地的时间，则小球运动的总时间为：

$$
\begin{aligned}
T &= t_1+2t_2+2t_3+\cdots+2t_n+\cdots \\
&= \sqrt{\frac{2}{g}}\left[1+2\left(\frac{1}{\sqrt{2}}+\frac{1}{\left(\sqrt{2}\right)^2}+\frac{1}{\left(\sqrt{2}\right)^3}+\cdots+\frac{1}{\left(\sqrt{2}\right)^n}+\cdots\right)\right] \\
&= \lim_{n\to\infty}\sqrt{\frac{2}{g}}\left[1+2\cdot\frac{1}{\sqrt{2}}\cdot\frac{1-\left(\frac{1}{\sqrt{2}}\right)^n}{1-\frac{1}{\sqrt{2}}}\right] \\
&= \sqrt{\frac{2}{g}}\left[1+2\left(\sqrt{2}+1\right)\right]\approx 2.63
\end{aligned}
$$

学习心得

学习心得

由此可知，小球在某一时刻必将停止在地面上，不会出现一直反弹跳动的现象．这是利用极限将无穷多项相加的和

$$t_1+2t_2+2t_3+\cdots+2t_n+\cdots$$

转化为 n 项和的极限进行分析，得到的结果．

定义 1 设 $u_1,u_2,\cdots,u_n,\cdots$ 是一个给定的数列，按照数列 $\{u_n\}$ 下标的大小把各项依次相加，得

$$u_1+u_2+\cdots+u_n+\cdots$$

这个表达式称为(**常数项**)**无穷级数**，简称为**级数**，记为 $\sum\limits_{n=1}^{\infty}u_n$ ，即

$$\sum_{n=1}^{\infty}u_n=u_1+u_2+\cdots+u_n+\cdots$$

上述求和式中的每一个数称为常数项级数的**项**，其中 u_n 称为级数 $\sum\limits_{n=1}^{\infty}u_n$ 的**一般项或通项**．

无穷级数的定义在形式上表达了无穷多个数的和，可以通过考察无穷级数的前 n 项和随着 n 变化的趋势来认识这个级数．

级数 $\sum\limits_{n=1}^{\infty}u_n$ 的前 n 项和

$$s_n=u_1+u_2+\cdots+u_n=\sum_{i=1}^{n}u_i$$

称为级数 $\sum\limits_{n=1}^{\infty}u_n$ 的前 n 项**部分和**．当 n 依次取 $1,2,3,\cdots$ 时，它们构成一个新的数列 $\{s_n\}$ ，即

$$s_1=u_1,\quad s_2=u_1+u_2,\quad \cdots,\quad s_n=u_1+u_2+\cdots+u_n$$

数列 $\{s_n\}$ 称为级数 $\sum\limits_{n=1}^{\infty}u_n$ 的**部分和数列**．

下面根据数列 $\{s_n\}$ 是否存在极限，引进级数 $\sum\limits_{n=1}^{\infty}u_n$ 收敛与发散的概念．

定义 2 如果级数 $\sum\limits_{n=1}^{\infty}u_n$ 的部分和数列 $\{s_n\}$ 存在极限 s，即

$$\lim_{n\to\infty}s_n=s$$

则称级数 $\sum\limits_{n=1}^{\infty}u_n$ 收敛，极限 s 称为级数 $\sum\limits_{n=1}^{\infty}u_n$ 的和，并写成

$$s=u_1+u_2+\cdots+u_n+\cdots$$

如果 $\{s_n\}$ 没有极限，则称级数 $\sum\limits_{n=1}^{\infty}u_n$ 发散．

如果级数 $\sum\limits_{n=1}^{\infty}u_n$ 收敛于 s，则部分和 $s_n\approx s$ ，它们之间的差

$$r_n = s - s_n = u_{n+1} + u_{n+2} + \cdots$$

称为级数 $\sum_{n=1}^{\infty} u_n$ 的**余项**．当级数收敛时，显然有 $\lim_{n\to\infty} r_n = 0$，而 $|r_n|$ 是用 s_n 近似代替 s 所产生的**误差**．

根据上述定义，级数 $\sum_{n=1}^{\infty} u_n$ 与数列 $\{s_n\}$ 同时收敛或同时发散，且在收敛时，有 $\sum_{n=1}^{\infty} u_n = \lim_{n\to\infty} s_n$．而对于发散的级数则没有“和”可言．

【例 1】① 讨论等比级数(也称为几何级数)

$$\sum_{n=1}^{\infty} aq^{n-1} = a + aq + aq^2 + \cdots + aq^{n-1} + \cdots \quad (a \neq 0)$$

的敛散性；

② 判断级数 $\sum_{n=1}^{\infty} \frac{1}{n(n+1)} = \frac{1}{1\cdot 2} + \frac{1}{2\cdot 3} + \cdots + \frac{1}{n(n+1)} + \cdots$ 的敛散性．

【解】① 当 $q \neq 1$ 时，$s_n = a + aq + aq^2 + \cdots + aq^{n-1} = \frac{a - aq^n}{1-q}$．

当 $|q| < 1$ 时，$\lim_{n\to\infty} s_n = \frac{a}{1-q}$，这时级数收敛，其和为 $s = \frac{a}{1-q}$．

当 $|q| > 1$ 时，$\lim_{n\to\infty} s_n$ 不存在，这时级数发散．

当 $q = 1$ 时，$s_n = na$，$\lim_{n\to\infty} s_n$ 不存在，这时级数发散．

当 $q = -1$ 时，由于 $s_{2n} = 0$，$s_{2n+1} = a\ (\neq 0)$，这时级数发散．

综合上述结果得 $\sum_{n=1}^{\infty} aq^{n-1} = \begin{cases} \frac{a}{1-q}, & |q| < 1 \\ \text{发散}, & |q| \geqslant 1 \end{cases}$．

② 由于 $u_n = \frac{1}{n(n+1)} = \frac{1}{n} - \frac{1}{n+1}$，

所以 $s_n = \frac{1}{1} - \frac{1}{2} + \frac{1}{2} - \frac{1}{3} + \cdots + \frac{1}{n} - \frac{1}{n+1} = 1 - \frac{1}{n+1}$，

所以 $\lim_{n\to\infty} s_n = \lim_{n\to\infty}\left(1 - \frac{1}{n+1}\right) = 1$．因此原级数收敛，其和为 1．

【例 2】证明调和级数 $\sum_{n=1}^{\infty} \frac{1}{n}$ 发散．

【解】用反证法，假设级数收敛于 s，则有

$s_n \to s$，$s_{2n} \to s \quad (n \to \infty)$，

从而有 $s_{2n} - s_n \to 0 \quad (n \to \infty)$，

又因为 $s_{2n} - s_n = \frac{1}{n+1} + \frac{1}{n+2} + \cdots + \frac{1}{2n} \geqslant \frac{1}{2n} + \frac{1}{2n} + \cdots + \frac{1}{2n} = \frac{1}{2}$，

学习心得

学习心得

所以当$n\to\infty$，$s_{2n}-s_n$不趋向于 0，与前面得到的结论$s_{2n}-s_n\to 0 \quad (n\to\infty)$矛盾.

所以此调和级数发散.

注 请记住例 2 得到的重要结论.

11.1.2 收敛级数的性质

性质 1 设$\sum_{n=1}^{\infty}u_n=s$，则$\sum_{n=1}^{\infty}ku_n=ks$ （k为常数）.

证明 设$\sum_{n=1}^{\infty}u_n$和$\sum_{n=1}^{\infty}ku_n$的部分和分别为s_n和σ_n，则$\sigma_n=ks_n$.

由$s_n\to s$，得$\sigma_n=ks_n\to ks\ (n\to\infty)$.

从$\sigma_n=ks_n$可知，当$k\neq 0$时，若$\{s_n\}$不存在极限，则$\{\sigma_n\}$也不存在极限.

由此得到：级数的每一项同乘以一个不为零的常数后，它的敛散性不变.

性质 2 若$\sum_{n=1}^{\infty}u_n=s$，$\sum_{n=1}^{\infty}v_n=t$，则$\sum_{n=1}^{\infty}(u_n\pm v_n)=s\pm t$.

证明 设$\sum_{n=1}^{\infty}u_n$、$\sum_{n=1}^{\infty}v_n$和$\sum_{n=1}^{\infty}(u_n\pm v_n)$的部分和分别为$s_n$、$t_n$和$\tau_n$.

则 $\tau_n=s_n\pm t_n\to s\pm t \quad (n\to\infty)$.

从而得到：两个收敛的级数可以逐项相加和逐项相减.

发散级数没有类似的性质，例如当$a\neq 0$时，级数$\sum_{n=1}^{\infty}a$和$\sum_{n=1}^{\infty}(-a)$都发散，但$\sum_{n=1}^{\infty}[a+(-a)]=0$.

性质 3 在级数中去掉、加上或改变有限项，级数的敛散性不变.

证明 下面只证明“在级数的前面部分去掉或加上有限项，不会改变级数的敛散性”，其他情形(即在级数中任意去掉、加上或改变有限项的情形)都可以看成在级数的前面部分先去掉有限项，然后再加上有限项的结果.

将级数

$$u_1+u_2+\cdots+u_k+u_{k+1}+u_{k+2}+\cdots+u_{k+n}+\cdots$$

的前k项去掉，得新级数

$$u_{k+1}+u_{k+2}+\cdots+u_{k+n}+\cdots$$

设$\sum_{n=1}^{\infty}u_n$的部分和为s_n，则新级数的部分和为

$$\sigma_n=u_{k+1}+u_{k+2}+\cdots+u_{k+n}+\cdots=s_{n+k}-s_k$$

由于s_k为常数，所以$\{\sigma_n\}$和$\{s_{n+k}\}$同时收敛或发散.

同样可以证明在级数的前面加上有限项，也不会改变级数的敛散性.

性质 4　如果一个级数收敛，则对其任意加括号所成的级数仍收敛，且其和不变.

性质 5（级数收敛的必要条件）　若级数$\sum_{n=1}^{\infty}u_n$收敛，则当$n\to\infty$时，有$u_n\to 0$.

证明　设$\sum_{n=1}^{\infty}u_n$的部分和为s_n，且$s_n\to s\ (n\to\infty)$.

则$u_n=s_n-s_{n-1}\to s-s=0\ (n\to\infty)$.

由此可知，当$n\to\infty$时，若u_n不趋向于0，则级数$\sum_{n=1}^{\infty}u_n$必定发散.

【例 3】 判断下列级数的敛散性.

① $\sum_{n=1}^{\infty}\frac{n-1}{2n+1}$；　　② $\sum_{n=1}^{\infty}\frac{3^n}{n-3^n}$.

【解】 ① 由于$\lim_{n\to\infty}u_n=\lim_{n\to\infty}\frac{n-1}{2n+1}=\frac{1}{2}\neq 0$，所以$\sum_{n=1}^{\infty}\frac{n-1}{2n+1}$发散.

② 由于$\lim_{n\to\infty}\frac{3^n}{n-3^n}=-1\neq 0$，所以$\sum_{n=1}^{\infty}\frac{3^n}{n-3^n}$发散.

注意　如果当$n\to\infty$时，$u_n\to 0$，则级数$\sum_{n=1}^{\infty}u_n$不一定收敛.

例如，$\lim_{n\to\infty}\frac{1}{n}=0$，但级数$\sum_{n=1}^{\infty}\frac{1}{n}$是发散的.

练习 11.1

1. 写出下列级数中前 5 项和的表达式.

① $\sum_{n=1}^{\infty}\frac{1+n}{1+n^2}$；　　② $\sum_{n=1}^{\infty}\frac{(-1)^{n-1}}{5^n}$；

③ $\sum_{n=1}^{\infty}\frac{1\cdot 3\cdot\cdots\cdot(2n-1)}{2\cdot 4\cdot\cdots\cdot 2n}$；　　④ $\sum_{n=1}^{\infty}\frac{n!}{n^n}$.

2. 写出下列级数的一般项.

① $1+\frac{1}{3}+\frac{1}{5}+\frac{1}{7}+\cdots$；　　② $\frac{2}{1}-\frac{3}{2}+\frac{4}{3}-\frac{5}{4}+\frac{6}{5}-\cdots$；

③ $\frac{\sqrt{x}}{2}+\frac{x}{2\cdot 4}+\frac{x\sqrt{x}}{2\cdot 4\cdot 6}+\frac{x^2}{2\cdot 4\cdot 6\cdot 8}+\cdots$.

3. 判断下列级数的敛散性.

① $\sum_{n=1}^{\infty}\left(\sqrt{n+1}-\sqrt{n}\right)$；

学习心得

学习心得

② $\sum_{n=1}^{\infty}\frac{2n-1}{2^n}$；

③ $\sum_{n=1}^{\infty}\frac{e^n\cdot n!}{n^n}$；

④ $\left(\frac{1}{2}+\frac{1}{3}\right)+\left(\frac{1}{2^2}+\frac{1}{3^2}\right)+\left(\frac{1}{2^3}+\frac{1}{3^3}\right)+\cdots+\left(\frac{1}{2^n}+\frac{1}{3^n}\right)+\cdots$.

11.2 正项级数及其敛散性判别法

11.1 节给出了常数项级数敛散性的定义，但直接用定义来讨论级数的敛散性比较困难，所以有必要建立一些不直接使用定义判断级数敛散性的方法，以便讨论级数敛散性问题，本节讨论正项级数的敛散性问题.

11.2.1 正项级数及基本定理

若级数 $\sum_{n=1}^{\infty}u_n$ 满足 $u_n\geqslant 0$，则称此级数为**正项级数**.

正项级数特别重要，以后将看到，许多级数的收敛性判断问题可归结为正项级数的收敛性判断问题.

定理 1(基本定理) 正项级数收敛的充分必要条件为其部分和数列 $\{s_n\}$ 有界.

证明 设级数 $\sum_{n=1}^{\infty}u_n$ 的各项 $u_n\geqslant 0$，其部分和为 s_n，显然数列 $\{s_n\}$ 单调上升，并且有 $s_1\leqslant s_2\leqslant\cdots\leqslant s_n\leqslant\cdots$.

若 $\{s_n\}$ 有界，则由单调有界数列必有极限可知，$\{s_n\}$ 必有极限，从而 $\sum_{n=1}^{\infty}u_n$ 收敛. 反之，若 $\sum_{n=1}^{\infty}u_n$ 收敛，则 $\{s_n\}$ 有极限，由收敛数列必有界可知，数列 $\{s_n\}$ 有界.

注意 若正项级数 $\sum_{n=1}^{\infty}u_n$ 发散，则必定有 $s_n\to\infty\quad(n\to\infty)$.

11.2.2 正项级数的审敛法

定理 2(比较审敛法) 设级数 $\sum_{n=1}^{\infty}u_n$ 和级数 $\sum_{n=1}^{\infty}v_n$ 都是正项级数，并且 $u_n\leqslant v_n\ (n=1,2,\cdots)$，则有下述结论.

① 若级数 $\sum_{n=1}^{\infty}v_n$ 收敛，则级数 $\sum_{n=1}^{\infty}u_n$ 也收敛；

② 若级数 $\sum_{n=1}^{\infty}u_n$ 发散，则级数 $\sum_{n=1}^{\infty}v_n$ 也发散.

证明　设$\sum_{n=1}^{\infty}u_n$和$\sum_{n=1}^{\infty}v_n$的部分和分别为s_n和t_n. 由$u_n \leqslant v_n$　$(n=1,2,\cdots)$可知

$$s_n = u_1 + u_2 + \cdots + u_n \leqslant t_n = v_1 + v_2 + \cdots + v_n$$

① 若级数$\sum_{n=1}^{\infty}v_n$收敛，则$\{t_n\}$有界，从而$\{s_n\}$有界，所以级数$\sum_{n=1}^{\infty}u_n$收敛.

② 若级数$\sum_{n=1}^{\infty}u_n$发散，则级数$\sum_{n=1}^{\infty}v_n$也发散. 因为若级数$\sum_{n=1}^{\infty}v_n$收敛，则级数$\sum_{n=1}^{\infty}u_n$也收敛，与定理中所给的条件矛盾.

推论 1　设$\sum_{n=1}^{\infty}u_n$和$\sum_{n=1}^{\infty}v_n$都是正项级数，则有下述结论：

① 若级数$\sum_{n=1}^{\infty}v_n$收敛，且存在自然数N，使当$n \geqslant N$时，有$u_n \leqslant kv_n$ $(k>0)$成立，则级数$\sum_{n=1}^{\infty}u_n$收敛；

② 若级数$\sum_{n=1}^{\infty}v_n$发散，且存在自然数N，使当$n \geqslant N$时，有$u_n \geqslant kv_n$ $(k>0)$成立，则级数$\sum_{n=1}^{\infty}u_n$发散.

【例 4】讨论p级数$\sum_{n=1}^{\infty}\frac{1}{n^p}$的敛散性，其中常数$p>0$.

【解】当$p \leqslant 1$时，由于$\frac{1}{n^p} \geqslant \frac{1}{n}$，而$\sum_{n=1}^{\infty}\frac{1}{n}$发散，所以$\sum_{n=1}^{\infty}\frac{1}{n^p}$发散.

当$p>1$时，则当$n-1 \leqslant x \leqslant n$　$(n=2, 3, \cdots)$时，有$\frac{1}{n^p} \leqslant \frac{1}{x^p}$，所以

$$\frac{1}{n^p} = \int_{n-1}^{n}\frac{1}{n^p}\mathrm{d}x \leqslant \int_{n-1}^{n}\frac{1}{x^p}\mathrm{d}x = \frac{1}{p-1}\left[\frac{1}{(n-1)^{p-1}} - \frac{1}{n^{p-1}}\right] \quad (n=2, 3, \cdots)$$

而正项级数$\frac{1}{1^{p-1}} + \sum_{n=2}^{\infty}\left[\frac{1}{(n-1)^{p-1}} - \frac{1}{n^{p-1}}\right]$的部分和为

$$s_n = 1 + \left[1 - \frac{1}{2^{p-1}}\right] + \left[\frac{1}{2^{p-1}} - \frac{1}{3^{p-1}}\right] + \cdots + \left[\frac{1}{(n-1)^{p-1}} - \frac{1}{n^{p-1}}\right]$$
$$= 2 - \frac{1}{n^{p-1}} \to 2 \qquad (n \to \infty)$$

所以$\sum_{n=1}^{\infty}\frac{1}{n^p}$收敛.

结论：当$p \leqslant 1$时，$\sum_{n=1}^{\infty}\frac{1}{n^p}$发散；当$p>1$时，$\sum_{n=1}^{\infty}\frac{1}{n^p}$收敛.

学习心得

由此得到与 p 级数相比较的下述推论.

推论 2 设 $\sum_{n=1}^{\infty}u_n$ 是正项级数，则有下述结论：

① 若有 $p>1$，使 $u_n\leqslant\frac{1}{n^p}$ $(n=1,2,\cdots)$，则 $\sum_{n=1}^{\infty}u_n$ 收敛；

② 若有 $p\leqslant1$，使 $u_n\geqslant\frac{1}{n^p}$ $(n=1,2,\cdots)$，则 $\sum_{n=1}^{\infty}u_n$ 发散.

【例 5】 判断下列正项级数的敛散性.

① $\sum_{n=1}^{\infty}\frac{n^{n-1}}{(n^2+1)^{\frac{n+1}{2}}}$；　　② $\sum_{n=1}^{\infty}\frac{n+1}{n^2+1}$.

【解】 ① 由于 $\frac{n^{n-1}}{(n^2+1)^{\frac{n+1}{2}}}<\frac{n^{n-1}}{n^{n+1}}=\frac{1}{n^2}$，而 $\sum_{n=1}^{\infty}\frac{1}{n^2}$ 收敛，所以 $\sum_{n=1}^{\infty}\frac{n^{n-1}}{(n^2+1)^{\frac{n+1}{2}}}$ 收敛.

② 由于 $\frac{n+1}{n^2+1}\geqslant\frac{n+1}{n^2+n}=\frac{1}{n}$，而 $\sum_{n=1}^{\infty}\frac{1}{n}$ 发散，所以 $\sum_{n=1}^{\infty}\frac{n+1}{n^2+1}$ 发散.

定理 3(比较审敛法的极限形式) 设级数 $\sum_{n=1}^{\infty}u_n$ 和参照级数 $\sum_{n=1}^{\infty}v_n$ 都是正项级数，若 $\lim_{n\to\infty}\frac{u_n}{v_n}=l\ (0<l<+\infty)$，则级数 $\sum_{n=1}^{\infty}u_n$ 和级数 $\sum_{n=1}^{\infty}v_n$ 同时收敛或同时发散.

证明 略.

注(特殊情形) ① 当 $l=0$ 时，若级数 $\sum_{n=1}^{\infty}v_n$ 收敛，则级数 $\sum_{n=1}^{\infty}u_n$ 也收敛；

② 当 $l=+\infty$ 时，若级数 $\sum_{n=1}^{\infty}v_n$ 发散，则级数 $\sum_{n=1}^{\infty}u_n$ 也发散.

【例 6】 判断下列正项级数的敛散性.

① $\sum_{n=1}^{\infty}\frac{1}{n^p}\sin\frac{\pi}{n}$；　　② $\sum_{n=2}^{\infty}\frac{1}{n^2-2n+1}$；

③ $\sum_{n=1}^{\infty}\frac{2}{\sqrt{n^2+n}}$；　　④ $\sum_{n=1}^{\infty}\left(\sqrt{n+1}-\sqrt{n}\right)\ln\frac{n+2}{n+1}$.

【解】 ① 因为 $\lim_{n\to\infty}\left(\frac{1}{n^p}\sin\frac{\pi}{n}\Big/\frac{\pi}{n^{p+1}}\right)=\lim_{n\to\infty}\left(\sin\frac{\pi}{n}\Big/\frac{\pi}{n}\right)=1$，

所以级数 $\sum_{n=1}^{\infty}\frac{1}{n^p}\sin\frac{\pi}{n}$ 与 $\sum_{n=1}^{\infty}\frac{\pi}{n^{p+1}}$ 具有相同的敛散性.

又因为级数 $\sum_{n=1}^{\infty}\frac{\pi}{n^{p+1}}$ 当 $p>0$ 时收敛，当 $p\leqslant0$ 时发散，

所以级数$\sum_{n=1}^{\infty}\frac{1}{n^p}\sin\frac{\pi}{n}$当$p>0$时收敛，当$p\leqslant 0$时发散.

② 因为$\sum_{n=1}^{\infty}\frac{1}{n^2}$是收敛级数，而$\lim_{n\to\infty}\left(\frac{1}{n^2-2n+1}\Big/\frac{1}{n^2}\right)=\lim_{n\to\infty}\frac{n^2}{n^2-2n+1}=1$，所以级数 $\sum_{n=2}^{\infty}\frac{1}{n^2-2n+1}$收敛.

③ 因为$\sum_{n=1}^{\infty}\frac{1}{n}$是发散的，而$\lim_{n\to\infty}\frac{\frac{2}{\sqrt{n^2+n}}}{\frac{1}{n}}=2$，

所以级数 $\sum_{n=1}^{\infty}\frac{2}{\sqrt{n^2+n}}$是发散的.

④ 因为

$$\lim_{n\to\infty}\left[\left(\sqrt{n+1}-\sqrt{n}\right)\ln\frac{n+2}{n+1}\Big/\frac{1}{n^{3/2}}\right]=\lim_{n\to\infty}\frac{n^{\frac{3}{2}}\cdot\ln\frac{n+2}{n+1}}{\sqrt{n+1}+\sqrt{n}}$$

$$=\lim_{n\to\infty}\left[\frac{1}{1+\sqrt{1+\frac{1}{n}}}\frac{\ln\left(1+\frac{1}{n+1}\right)}{\frac{1}{n+1}}\frac{n}{n+1}\right]=\frac{1}{1+1}\cdot 1\cdot 1=\frac{1}{2},$$

所以级数 $\sum_{n=1}^{\infty}\left(\sqrt{n+1}-\sqrt{n}\right)\ln\frac{n+2}{n+1}$收敛.

由上述例题可知，在定理 3 的使用过程中常选择p级数作为参照级数，此时p值的选择十分重要，选择时注意下述技巧.

① 若级数通项是关于n的分式，则p值为分母的最高次幂减分子的最高次幂.

② 若级数通项不是关于n的分式，可适当考虑用等价无穷小替换.

定理 4（比值审敛法）　若正项级数$\sum_{n=1}^{\infty}u_n$中后项与前项比值的极限等于ρ，即$\lim_{n\to\infty}\frac{u_{n+1}}{u_n}=\rho$，则有下述结论：

① 当$\rho<1$时，级数收敛；

② 当$\rho>1$（或$\rho=+\infty$）时，级数发散；

③ 当$\rho=1$时，级数可能收敛也可能发散.

证明　① 当$\rho<1$时，取正数ε，使$\rho+\varepsilon=r<1$，由$\lim_{n\to\infty}\frac{u_{n+1}}{u_n}=\rho$可知，存在正数$m$，当$n\geqslant m$时，有

$$\frac{u_{n+1}}{u_n}<\rho+\varepsilon=r$$

即

$$u_{n+1}<ru_n.$$

从而得

学习心得

学 习 心 得

$$u_{m+1} < ru_m,\ u_{m+2} < ru_{m+1} < r^2u_m,\ \cdots,\ u_n < r^{n-m}u_m,\ \cdots$$

由于级数

$$ru_m + r^2u_m + \cdots + r^{n-m}u_m + \cdots \quad (|r|<1)$$

收敛．所以由比较审敛法可知，级数 $u_{m+1}+u_{m+2}+\cdots+u_n+\cdots$ 收敛，从而得到级数 $\sum_{n=1}^{\infty}u_n$ 收敛．

② 当 $\rho>1$ 时，取正数 ε，使 $\rho-\varepsilon=l>1$，由 $\lim_{n\to\infty}\frac{u_{n+1}}{u_n}=\rho$ 可知，存在正数 N，当 $n\geqslant N$ 时，有

$$\frac{u_{n+1}}{u_n}>\rho-\varepsilon=l$$

即

$$u_{n+1}>lu_n>u_n$$

从而可知，当 $n\geqslant N$ 时，数列 $\{u_n\}$ 单调增加．所以当 $n\to\infty$ 时，u_n 不趋向于 0（事实上，$n\to\infty$ 时，$u_n\to\infty$）．

所以级数 $\sum_{n=1}^{\infty}u_n$ 发散．

③ 当 $\rho=1$ 时，$\sum_{n=1}^{\infty}u_n$ 可能收敛，也可能发散．

例如 p 级数 $\sum_{n=1}^{\infty}\frac{1}{n^p}$，对于任意的实数 p，有

$$\lim_{n\to\infty}\frac{u_{n+1}}{u_n}=\lim_{n\to\infty}\left[\frac{1}{(n+1)^p}\Big/\frac{1}{n^p}\right]=1$$

当 $p>1$ 时级数收敛，当 $p\leqslant1$ 时级数发散．

【例 7】判断下列正项级数的敛散性．

① $\sum_{n=1}^{\infty}(n+1)^2\tan\frac{\pi}{3^n}$；　　② $\sum_{n=1}^{\infty}\frac{2^{n^2}}{n!}$；

③ $\sum_{n=1}^{\infty}\frac{(a+1)(2a+1)\cdots(na+1)}{(b+1)(2b+1)\cdots(nb+1)}\quad(a>0,b>0)$；

④ $\sum_{n=1}^{\infty}\frac{1}{(2n-1)\cdot2n}$．

【解】① $\because\ \lim_{n\to\infty}\frac{u_{n+1}}{u_n}=\lim_{n\to\infty}\left[(n+2)^2\tan\frac{\pi}{3^{n+1}}\Big/(n+1)^2\tan\frac{\pi}{3^n}\right]=\frac{1}{3}<1$，

$\therefore$ 级数 $\sum_{n=1}^{\infty}(n+1)^2\tan\frac{\pi}{3^n}$ 收敛．

② $\because\ \lim_{n\to\infty}\frac{u_{n+1}}{u_n}=\lim_{n\to\infty}\left[\frac{2^{(n+1)^2}}{(n+1)!}\Big/\frac{2^{n^2}}{n!}\right]=\lim_{n\to\infty}\frac{2\cdot4^n}{n+1}=+\infty$，

∴ 级数$\sum_{n=1}^{\infty}\frac{2^{n^2}}{n!}$发散.

③ ∵ $\lim\limits_{n\to\infty}\frac{u_{n+1}}{u_n}=\lim\limits_{n\to\infty}\frac{(n+1)a+1}{(n+1)b+1}=\frac{a}{b}$,

∴ 当$a<b$时，级数收敛；

当$a>b$时，级数发散；

当$a=b$时，有$u_n=1$，级数发散.

④ 由于$\lim\limits_{n\to\infty}\frac{u_{n+1}}{u_n}=1$，所以不能用比值审敛法判断，要采用其他方法.

∵ $\frac{1}{(2n-1)\cdot 2n}<\frac{1}{n^2}$,

∴ 级数$\sum_{n=1}^{\infty}\frac{1}{(2n-1)\cdot 2n}$收敛.

定理 5（根值审敛法） 设$\sum_{n=1}^{\infty}u_n$是正项级数，且$\lim\limits_{n\to\infty}\sqrt[n]{u_n}=\rho$，则有下述结论：

① 若$\rho<1$，$\sum_{n=1}^{\infty}u_n$收敛；

② 若$\rho>1$，$\sum_{n=1}^{\infty}u_n$发散；

③ 若$\rho=1$，$\sum_{n=1}^{\infty}u_n$可能收敛也可能发散.

证明 略.

【例 8】 判断下列正项级数的敛散性.

① $\sum_{n=1}^{\infty}\left(\frac{n}{3n-2}\right)^n$;　　　② $\sum_{n=1}^{\infty}\left(\frac{2n+1}{n}\right)^n$.

【解】 ① $u_n=\left(\frac{n}{3n-2}\right)^n>0\ (n=1,2,\cdots)$，并且

$$\lim_{n\to\infty}\sqrt[n]{u_n}=\lim_{n\to\infty}\sqrt[n]{\left(\frac{n}{3n-2}\right)^n}=\lim_{n\to\infty}\frac{n}{3n-2}=\frac{1}{3}<1$$

由根值审敛法可知，级数$\sum_{n=1}^{\infty}\left(\frac{n}{3n-2}\right)^n$收敛.

② $u_n=\left(\frac{2n+1}{n}\right)^n>0\ (n=1,2,\cdots)$，并且

$$\lim_{n\to\infty}\sqrt[n]{u_n}=\lim_{n\to\infty}\sqrt[n]{\left(\frac{2n+1}{n}\right)^n}=\lim_{n\to\infty}\frac{2n+1}{n}=2>1$$

由根值审敛法可知，级数$\sum_{n=1}^{\infty}\left(\frac{2n+1}{n}\right)^n$发散.

学习心得

学习心得

练习 11.2

1. 判断下列级数的敛散性.

① $\sum_{n=1}^{\infty}\frac{1}{2n-1}$；　② $\sum_{n=1}^{\infty}\frac{1}{n^n}$；

③ $\sum_{n=1}^{\infty}\frac{1}{n\sqrt{n^2-n}}$；　④ $\sum_{n=1}^{\infty}\frac{1}{3^n-n}$；

⑤ $\sum_{n=1}^{\infty}\frac{1}{n(n+2)}$；　⑥ $\sum_{n=1}^{\infty}2^n\sin\frac{\pi}{3^n}$；

⑦ $\sum_{n=1}^{\infty}\frac{n^2}{3^n}$；　⑧ $\sum_{n=1}^{\infty}\frac{2^n\cdot n!}{3^n}$.

2. 思考题.

① 设正项级数$\sum_{n=1}^{\infty}u_n$收敛，能否推得$\sum_{n=1}^{\infty}u_n^2$收敛？反之是否成立？

② 假设$\sum_{n=1}^{\infty}a_n$与$\sum_{n=1}^{\infty}b_n$均收敛，并且$a_n\leqslant c_n\leqslant b_n$．证明级数$\sum_{n=1}^{\infty}c_n$也收敛.

③ 假设正项级数$\sum_{n=1}^{\infty}u_n$与$\sum_{n=1}^{\infty}v_n$均收敛，证明级数$\sum_{n=1}^{\infty}(u_n+v_n)^2$也收敛.

11.3　一般项级数

11.2 节讨论了正项级数敛散性的问题，本节讨论一般项级数的敛散性．所谓一般项级数，是指各项可能是正数也可能是负数的级数．由于一般项级数的敛散性问题比正项级数的敛散性问题复杂得多，因此本节着重讨论某些特殊类型级数的敛散性问题.

11.3.1　交错级数及其审敛法

定义 1　称
$$\sum_{n=1}^{\infty}(-1)^{n-1}u_n=u_1-u_2+u_3-u_4+\cdots+(-1)^{n-1}u_n+\cdots\quad(u_n\geqslant 0)$$
或
$$\sum_{n=1}^{\infty}(-1)^{n}u_n=-u_1+u_2-u_3+u_4-\cdots+(-1)^{n}u_n+\cdots\quad(u_n\geqslant 0)$$
为**交错级数**.

由于$\sum_{n=1}^{\infty}(-1)^n u_n=(-1)\sum_{n=1}^{\infty}(-1)^{n-1}u_n$，故两者敛散性一致，因此下面只讨论交错级数$\sum_{n=1}^{\infty}(-1)^{n-1}u_n$的敛散性.

定理 1（莱布尼茨（leibniz）定理）　如果交错级数$\sum_{n=1}^{\infty}(-1)^{n-1}u_n$　$(u_n \geqslant 0)$满足条件：① $u_n \geqslant u_{n+1}$　$(n=1,2,\cdots)$，② $\lim_{n\to\infty}u_n=0$，则级数$\sum_{n=1}^{\infty}(-1)^{n-1}u_n$收敛，且其和$s \leqslant u_1$，其前$n$项部分和的余项的绝对值满足$|r_n| \leqslant u_{n+1}$.

证明　设级数的部分和为s_n，则

$$s_{2n}=(u_1-u_2)+(u_3-u_4)+\cdots+(u_{2n-1}-u_{2n}) \tag{1}$$

$$s_{2n}=u_1-(u_2-u_3)-\cdots-(u_{2n-2}-u_{2n-1})-u_{2n} \tag{2}$$

由条件①可知，(1)、(2)两式中每个括号内两数的差都是非负的，于是由(1)式知，$\{s_{2n}\}$单调上升，且$s_{2n} \geqslant 0$；由(2)式知$s_{2n} \leqslant u_1$. 根据单调有界数列必有极限可知，数列$\{s_{2n}\}$存在极限，记为s，显然$s \leqslant u_1$.

又由于　$s_{2n+1}=s_{2n}+u_{2n+1}$，而$u_{2n+1}\to 0$　$(n\to\infty)$.

所以　$s_{2n+1}=s_{2n}+u_{2n+1}\to s$　$(n\to\infty)$.

由于　$s_{2n+1}\to s$，$s_{2n}\to s$　$(n\to\infty)$，所以$s_n\to s$　$(n\to\infty)$.

即交错级数收敛，且其和$s \leqslant u_1$.

又由于此时前n项部分和的余项$r_n=\pm(u_{n+1}-u_{n+2}+u_{n+3}-u_{n+4}+\cdots)$，所以其绝对值$|r_n|=u_{n+1}-u_{n+2}+u_{n+3}-u_{n+4}+\cdots$，这个等式右端的级数也是一个交错级数，且满足定理条件，从而其和应小于级数的第一项的绝对值，即$|r_n| \leqslant u_{n+1}$.

【例9】① 判断级数$\sum_{n=1}^{\infty}(-1)^{n-1}\frac{1}{n}$的敛散性；

② 判断级数$\sum_{n=1}^{\infty}(-1)^{n-1}\frac{\ln n}{n}$的敛散性.

【解】① 级数$\sum_{n=1}^{\infty}(-1)^{n-1}\frac{1}{n}$为交错级数，由于$u_n=\frac{1}{n}>\frac{1}{n+1}=u_{n+1}$，且$u_n\to 0$　$(n\to\infty)$，所以级数$\sum_{n=1}^{\infty}(-1)^{n-1}\frac{1}{n}$收敛.

其和$s(<1)$较难求解，但若以

$$s_n=1-\frac{1}{2}+\frac{1}{3}-\cdots+(-1)^{n-1}\frac{1}{n}$$

代替s. 则所产生的误差r_n满足$|r_n| \leqslant \frac{1}{n+1}$. 当$n$足够大时，近似效果较好.

② 级数$\sum_{n=1}^{\infty}(-1)^{n-1}\frac{\ln n}{n}$为交错级数，

由于$\lim_{x\to+\infty}\frac{\ln x}{x}=\lim_{x\to+\infty}\frac{1}{x}=0$，所以$\lim_{n\to+\infty}u_n=\lim_{n\to+\infty}\frac{\ln n}{n}=0$.

设$f(x)=\frac{\ln x}{x}$，则有$f'(x)=\frac{1-\ln x}{x^2}$，当$x \geqslant 3$时，有$f'(x) \leqslant 0$，所以当$x \geqslant 3$时，$f(x)$单调下降.

学习心得

学习心得

于是当$n \geqslant 3$时，有$u_n = \frac{\ln n}{n} > \frac{\ln(n+1)}{n} = u_{n+1}$，

所以级数$\sum_{n=1}^{\infty}(-1)^{n-1}\frac{\ln n}{n}$收敛.

11.3.2 绝对收敛与条件收敛

定义 2 对于一般项级数$\sum_{n=1}^{\infty}u_n$.

① 如果$\sum_{n=1}^{\infty}|u_n|$收敛，则称级数$\sum_{n=1}^{\infty}u_n$绝对收敛；

② 如果$\sum_{n=1}^{\infty}u_n$收敛，但$\sum_{n=1}^{\infty}|u_n|$发散，则称$\sum_{n=1}^{\infty}u_n$条件收敛.

例如，$\sum_{n=1}^{\infty}(-1)^n\frac{1}{n^2}$绝对收敛，而$\sum_{n=1}^{\infty}(-1)^n\frac{1}{n}$条件收敛.

定理 2(绝对收敛定理) 若$\sum_{n=1}^{\infty}u_n$绝对收敛，则$\sum_{n=1}^{\infty}u_n$必定收敛.

证明 设$\sum_{n=1}^{\infty}u_n$绝对收敛，即$\sum_{n=1}^{\infty}|u_n|$收敛.

记 $\omega_n = \frac{1}{2}\left(|u_n| + u_n\right)$，$v_n = \frac{1}{2}\left(|u_n| - u_n\right)$.

显然 $0 \leqslant \omega_n, v_n \leqslant |u_n|$，

由于$\sum_{n=1}^{\infty}|u_n|$收敛，所以正项级数$\sum_{n=1}^{\infty}\omega_n$和$\sum_{n=1}^{\infty}v_n$收敛.

因为$u_n = \omega_n - v_n$，由级数的性质可知，级数$\sum_{n=1}^{\infty}u_n$收敛.

注 ① 上述定理的逆定理不成立，例如，$\sum_{n=1}^{\infty}(-1)^n\frac{1}{n}$收敛，但$\sum_{n=1}^{\infty}\frac{1}{n}$发散.

② 在某些情况下，对$\sum_{n=1}^{\infty}u_n$敛散性的判断，可转化为对正项级数$\sum_{n=1}^{\infty}|u_n|$的敛散性的判断.

③ 当$\sum_{n=1}^{\infty}|u_n|$发散时，不能断定$\sum_{n=1}^{\infty}u_n$发散，但当用比值法得到正项级数$\sum_{n=1}^{\infty}|u_n|$发散时，则可断定级数$\sum_{n=1}^{\infty}u_n$发散. 因为此时$n \to \infty$时，$|u_n|$不趋向于0，从而可知u_n也不趋向于0.

【例 10】判断下列级数的敛散性，如果级数收敛，指明是绝对收敛还是条件收敛.

① $\sum_{n=1}^{\infty}(-1)^n\frac{1}{n}$；　　② $\sum_{n=1}^{\infty}(-1)^{n-1}\frac{2n+1}{2^n}$；

③ $\sum_{n=1}^{\infty}\frac{1}{n}\sin^n\theta$；　　④ $\sum_{n=1}^{\infty}(-1)^{n+1}\frac{2^{n^2}}{n!}$.

【解】① 因为 $u_n=\frac{1}{n}>\frac{1}{n+1}=u_{n+1}$，且 $u_n\to 0\ (n\to\infty)$，所以交错级数 $\sum_{n=1}^{\infty}(-1)^n\frac{1}{n}$ 收敛.

由于调和级数 $\sum_{n=1}^{\infty}\frac{1}{n}$ 发散，故级数 $\sum_{n=1}^{\infty}(-1)^n\frac{1}{n}$ 非绝对收敛.

因此级数 $\sum_{n=1}^{\infty}(-1)^n\frac{1}{n}$ 条件收敛.

② ∵ $\lim_{n\to\infty}\frac{|u_{n+1}|}{|u_n|}=\lim_{n\to\infty}\left[\frac{2(n+1)+1}{2^{n+1}}\cdot\frac{2^n}{2n+1}\right]=\frac{1}{2}<1$，

∴ $\sum_{n=1}^{\infty}|u_n|$ 收敛，因此级数 $\sum_{n=1}^{\infty}(-1)^{n-1}\frac{2n+1}{2^n}$ 绝对收敛.

③ ∵ $\lim_{n\to\infty}\frac{|u_{n+1}|}{|u_n|}=\lim_{n\to\infty}\left[\frac{n}{n+1}\cdot\frac{|\sin\theta|^{n+1}}{|\sin\theta|^n}\right]=|\sin\theta|$，

∴ 当 $|\sin\theta|<1$，即 $\theta\neq 2k\pi\pm\frac{\pi}{2}$ 时，级数绝对收敛；

当 $\sin\theta=1$，即 $\theta=2k\pi+\frac{\pi}{2}$ 时，级数发散；

当 $\sin\theta=-1$，即 $\theta=2k\pi-\frac{\pi}{2}$ 时，级数收敛，但非绝对收敛.

④ ∵ $|u_n|=\frac{2^{n^2}}{n!}=\frac{(2^n)^n}{n!}=\frac{[(1+1)^n]^n}{n!}\geqslant\frac{(1+n)^n}{n!}>\frac{n^n}{n!}>1$，

∴ 当 $n\to\infty$，$|u_n|$ 不趋向于 0，因此级数 $\sum_{n=1}^{\infty}(-1)^{n+1}\frac{2^{n^2}}{n!}$ 发散.

练习 11.3

判断下列级数是否收敛？若收敛，是绝对收敛还是条件收敛？

① $\sum_{n=1}^{\infty}(-1)^n\frac{1}{\sqrt{n}}$；　　② $\sum_{n=1}^{\infty}(-1)^{n-1}\ln\left(1+\frac{1}{n}\right)$；

③ $\sum_{n=1}^{\infty}\frac{(-1)^n}{n^3}$；　　④ $\sum_{n=1}^{\infty}(-1)^{n-1}\ln\left(1+\frac{1}{n^2}\right)$；

学习心得

学习心得

⑤ $\sum_{n=1}^{\infty}(-1)^{n-1}\frac{n}{3^{n-1}}$；　　⑥ $\sum_{n=1}^{\infty}(-1)^{n+1}\frac{2^n}{n!}$；

⑦ $\sum_{n=1}^{\infty}\frac{(-1)^n}{n^p}\quad(p>0)$；　　⑧ $\sum_{n=1}^{\infty}\frac{\sin n}{3^n-n}$.

11.4 幂级数

11.4.1 函数项级数的概念

定义 1 如果给出一个定义在区间 I 上的函数列

$$u_1(x), u_2(x), u_3(x), \cdots, u_n(x)$$

则由这函数列构成的表达式

$$u_1(x)+u_2(x)+u_3(x)+\cdots+u_n(x)+\cdots \tag{1}$$

称为定义在区间 I 上的**函数项级数**.

对于每一个确定的值 $x_0\in I$，函数项级数(1)成为常数项级数

$$u_1(x_0)+u_2(x_0)+u_3(x_0)+\cdots+u_n(x_0)+\cdots \tag{2}$$

级数(2)可能收敛也可能发散.

如果级数(2)收敛，则称点 x_0 是函数项级数(1)的**收敛点**. 函数项级数(1)的所有收敛点的全体称为它的**收敛域**. 如果(2)发散，则称点 x_0 是函数项数项级数(1)的**发散点**. 函数项级数(1)的所有发散点的全体称为它的**发散域**. 对于收敛域内的任意一个数 x，函数项级数成为一个收敛的常数项级数，因而有一个确定的和 s. 这样，在收敛域上，函数项数项级数的和是 x 的函数 $s(x)$，通常称 $s(x)$ 为函数项级数的**和函数**，函数 $s(x)$ 的定义域就是级数(1)的收敛域，并写成

$$s(x)=u_1(x)+u_2(x)+u_3(x)+\cdots+u_n(x)+\cdots$$

而称

$$s_n(x)=u_1(x)+u_2(x)+u_3(x)+\cdots+u_n(x)$$

为函数项级数(1)的**前 n 项的部分和**.

在收敛域上有 $\lim\limits_{n\to\infty}s_n(x)=s(x)$，称

$$r_n(x)=s(x)-s_n(x)$$

为**函数项级数的余项**(只有当 x 在收敛点处 $r_n(x)$ 才有意义)，于是有

$$\lim_{n\to\infty}r_n(x)=0$$

11.4.2 幂级数及其收敛性

1. 幂级数的定义

定义 2 称形如

$$\sum_{n=0}^{\infty} a_n x^n = a_0 + a_1 x + a_2 x^2 + \cdots + a_n x^n + \cdots \tag{3}$$

或形如

$$\sum_{n=0}^{\infty} a_n (x - x_0)^n = a_0 + a_1 (x - x_0) + a_2 (x - x_0)^2 + \cdots + a_n (x - x_0)^n + \cdots \tag{4}$$

的级数为**幂级数**．其中常数 $a_0, a_1, a_2, \cdots, a_n, \cdots$ 称为幂级数的系数，(3) 称为标准式，(4) 称为一般式．

注 为简化叙述，对于 $\sum_{n=0}^{\infty} a_n x^n$，无论 x 是否等于 0，都把 x^0 视为 1．

例如：

$$1 + x + x^2 + \cdots + x^n + \cdots$$

$$1 + (x-1) + \frac{1}{2!}(x-1)^2 + \cdots + \frac{1}{n!}(x-1)^n + \cdots$$

都是幂级数．

对级数 (4) 作代换 $t = x - x_0$ 可将其变为级数 (3) 的形式，因此下面主要讨论级数 (3) 形式的幂级数．

2. 幂级数的收敛域与发散域

下面讨论 x 取数轴上哪些点时幂级数收敛，取哪些点时幂级数发散？即讨论幂级数的收敛性．

【例 11】 考察幂级数 $\sum_{n=0}^{\infty} x^n = 1 + x + x^2 + \cdots + x^n + \cdots$ 的敛散性．

【解】 当 $|x| < 1$ 时，级数 $\sum_{n=0}^{\infty} x^n$ 收敛于和 $\frac{1}{1-x}$；当 $|x| \geqslant 1$ 时，级数 $\sum_{n=0}^{\infty} x^n$ 发散．

因此，幂级数 $\sum_{n=0}^{\infty} x^n$ 的收敛域是 $(-1,1)$，发散域是 $(-\infty,-1]$ 及 $[1,+\infty)$．

如果 x 在区间 $(-1,1)$ 内取值，则

$$\frac{1}{1-x} = 1 + x + x^2 + \cdots + x^n + \cdots$$

在这个例子中，幂级数的收敛域是一个区间，事实上，对于一般的幂级数有如下的定理．

学习心得

定理 1(阿贝尔定理) 如果级数$\sum_{n=0}^{\infty}a_n x^n$当$x=x_0$（$x_0\neq 0$）时收敛，则对适合不等式$|x|<|x_0|$的一切$x$，这幂级数绝对收敛；反之，如果级数$\sum_{n=0}^{\infty}a_n x^n$当$x=x_0$时发散，则对适合不等式$|x|>|x_0|$的一切$x$，这幂级数发散.

证明 设x_0是幂级数$\sum_{n=0}^{\infty}a_n x^n$的收敛点，

即级数 $a_0+a_1x_0+a_2x_0^2+\cdots+a_nx_0^n+\cdots$ 收敛.

根据级数收敛的必要条件，有

$$\lim_{n\to\infty}\left(a_n x_0^n\right)=0$$

于是存在一个常数$M>0$，使得

$$\left|a_n x_0^n\right|\leqslant M \quad (n=0,1,2,\cdots)$$

这样级数$\sum_{n=0}^{\infty}a_n x^n$一般项的绝对值

$$\left|a_n x^n\right|=\left|a_n x_0^n\cdot\frac{x^n}{x_0{}^n}\right|=\left|a_n x_0^n\right|\cdot\left|\frac{x^n}{x_0{}^n}\right|\leqslant M\left|\frac{x}{x_0}\right|^n$$

因为当$|x|<|x_0|$时，公比$\left|\frac{x}{x_0}\right|<1$的等比级数$\sum_{n=0}^{\infty}M\left|\frac{x}{x_0}\right|^n$收敛，所以级数$\sum_{n=0}^{\infty}\left|a_n x^n\right|$收敛，即级数$\sum_{n=0}^{\infty}a_n x^n$绝对收敛.

定理的第二部分可以用反证法证明：如果幂级$\sum_{n=0}^{\infty}a_n x^n$当$x=x_0$时发散，而有一点$x_1$适合$|x_1|>|x_0|$，且使级数在点$x_1$处收敛，则级数当$x=x_0$时应收敛，这与定理中给出的条件矛盾，由此定理得证.

由定理 1 可知，如幂级数在$x=x_0$处收敛，则对开区间$\left(-|x_0|,|x_0|\right)$内的任何$x$，幂级数都收敛；如幂级数在$x=x_0$处发散，则对区间$\left[-|x_0|,|x_0|\right]$外的任何$x$，幂级数都发散.

设一个幂级数在数轴上既有收敛点(不仅是原点)也有发散点. 现在从原点沿数轴向右方走，最初只遇到收敛点，然后就只遇到发散点，这两部分的分界点P可能是收敛点也可能是发散点；从原点沿数轴向左方走，也会遇到两部分的分界点P'，它也可能是收敛点或发散点，两个分界点P与P'在原点的两侧，由定理 1 可知，它们到原点的距离相等.

根据上面的几何说明，可以得到下述重要的推论.

推论 如果幂级数$\sum_{n=0}^{\infty}a_n x^n$不是仅在$x_0$一点收敛，也不是在整个数轴上都收敛，则必存在一个确定的正数R，使得：

① 当$|x|<R$时，幂级数绝对收敛；

② 当$|x|>R$时，幂级数发散；

③ 当$x=R$与$x=-R$时，幂级数可能收敛也可能发散.

正数R称为幂级数$\sum\limits_{n=0}^{\infty}a_nx^n$的收敛半径，对应的开区间$(-R,R)$称为幂级数$\sum\limits_{n=0}^{\infty}a_nx^n$的**收敛区间**．由幂级数在$x=\pm R$时的收敛性可以确定，$\sum\limits_{n=0}^{\infty}a_nx^n$的收敛域为下列四种情况$(-R,R)$、$[-R,R)$、$(-R,R]$、$[-R,R]$之一．如果幂级数$\sum\limits_{n=0}^{\infty}a_nx^n$只在$x=0$时收敛，收敛域就只有$x=0$这一点，这时规定收敛半径$R=0$，并说收敛区间只有一点$x=0$；如果幂级数$\sum\limits_{n=0}^{\infty}a_nx^n$对一切$x$都收敛，则规定收敛半径$R=+\infty$，收敛区间是$(-\infty,+\infty)$．

3. 幂级数收敛半径的求法

定理 2　如果$\lim\limits_{n\to\infty}\left|\dfrac{a_{n+1}}{a_n}\right|=\rho$，其中$a_n$，$a_{n+1}$是幂级数$\sum\limits_{n=0}^{\infty}a_nx^n$相邻两项的系数，则幂级数的收敛半径

$$R=\begin{cases}\dfrac{1}{\rho}, & \rho\neq 0\\ +\infty, & \rho=0\\ 0, & \rho=+\infty\end{cases}$$

证明　考察幂级数$\sum\limits_{n=0}^{\infty}a_nx^n$的各项取绝对值所成的级数

$$\sum_{n=0}^{\infty}\left|a_nx^n\right|=|a_0|+|a_1x|+\left|a_2x^2\right|+\cdots+\left|a_nx^n\right|+\cdots$$

这级数相邻两项之比为$\dfrac{\left|a_{n+1}x^{n+1}\right|}{\left|a_nx^n\right|}=\dfrac{|a_{n+1}|}{|a_n|}\cdot|x|$.

(1) 如果$\lim\limits_{n\to\infty}\dfrac{|a_{n+1}|}{|a_n|}=\rho$　($\rho\neq 0$)存在，根据比值审敛法有：

① 当$\rho|x|<1$即$|x|<\dfrac{1}{\rho}$时，级数$\sum\limits_{n=0}^{\infty}\left|a_nx^n\right|$收敛，从而级数$\sum\limits_{n=0}^{\infty}a_nx^n$绝对收敛；

② 当$\rho|x|>1$即$|x|>\dfrac{1}{\rho}$时，级数$\sum\limits_{n=0}^{\infty}\left|a_nx^n\right|$发散，并且从某一个$n$开始有$\left|a_{n+1}x^{n+1}\right|>\left|a_nx^n\right|$，因此一般项$\left|a_nx^n\right|$不趋向于 0，所以$a_nx^n$不趋向于 0．从而级数$\sum\limits_{n=0}^{\infty}a_nx^n$发散.

学习心得

学习心得

因此得收敛半径为 $R=\dfrac{1}{\rho}$.

（2）如果 $\rho=0$，则对任何 $x\neq 0$，有 $\dfrac{|a_{n+1}x^{n+1}|}{|a_nx^n|}\to 0\ (n\to\infty)$，所以级数 $\sum\limits_{n=0}^{\infty}|a_nx^n|$ 收敛，从而级数 $\sum\limits_{n=0}^{\infty}a_nx^n$ 绝对收敛，因此 $R=+\infty$.

（3）如果 $\rho=+\infty$，则对于除 $x=0$ 外的一切 x 值，从某一个 n 开始有 $|a_{n+1}x^{n+1}|>|a_nx^n|$，因此一般项 $|a_nx^n|$ 不趋向于 0，所以 a_nx^n 不趋向于0. 从而级数 $\sum\limits_{n=0}^{\infty}a_nx^n$ 发散，因此得收敛半径 $R=0$.

【例 12】① 求幂级数 $\sum\limits_{n=1}^{\infty}(-1)^{n-1}\dfrac{x^n}{n}=x-\dfrac{x^2}{2}+\dfrac{x^3}{3}-\cdots+(-1)^{n-1}\dfrac{x^n}{n}+\cdots$ 的收敛半径与收敛域；

② 求幂级数 $\sum\limits_{n=0}^{\infty}\dfrac{x^n}{n!}=1+x+\dfrac{1}{2!}x^2+\cdots+\dfrac{1}{n!}x^n+\cdots$ 的收敛区间.

【解】① 因为 $\rho=\lim\limits_{n\to\infty}\dfrac{|a_{n+1}|}{|a_n|}=\lim\limits_{n\to\infty}\dfrac{n}{n+1}=1$，所以收敛半径 $R=\dfrac{1}{\rho}=1$.

当 $x=1$ 时，原级数成为交错级数 $\sum\limits_{n=1}^{\infty}\dfrac{(-1)^{n-1}}{n}=1-\dfrac{1}{2}+\dfrac{1}{3}-\cdots+(-1)^{n-1}\dfrac{1}{n}+\cdots$，此时级数收敛；

当 $x=-1$ 时，原级数成为 $\sum\limits_{n=1}^{\infty}\dfrac{-1}{n}=-1-\dfrac{1}{2}-\dfrac{1}{3}-\cdots-\dfrac{1}{n}-\cdots$，此时级数发散.

因此，级数的 $\sum\limits_{n=1}^{\infty}(-1)^{n-1}\dfrac{x^n}{n}$ 的收敛域是 $(-1,1]$.

② 因为 $\rho=\lim\limits_{n\to\infty}\dfrac{|a_{n+1}|}{|a_n|}=\lim\limits_{n\to\infty}\dfrac{1}{n+1}=0$，

所以收敛半径 $R=+\infty$，$\sum\limits_{n=0}^{\infty}\dfrac{x^n}{n!}$ 的收敛区间是 $(-\infty,+\infty)$.

【例 13】求下列幂级数的收敛半径.

① $\sum\limits_{n=0}^{\infty}n!x^n$；　　② $\sum\limits_{n=0}^{\infty}\dfrac{(2n)!}{(n!)^2}x^{2n}$.

【解】① 因为 $\rho=\lim\limits_{n\to\infty}\dfrac{|a_{n+1}|}{|a_n|}=\lim\limits_{n\to\infty}\dfrac{(n+1)!}{n!}=+\infty$，

所以收敛半径 $R=0$，即级数仅在 $x=0$ 处收敛.

② 级数 $\sum\limits_{n=0}^{\infty}\dfrac{(2n)!}{(n!)^2}x^{2n}$ 缺奇次幂的项，不能直接应用定理 2.

根据比值审敛法求收敛半径：

$$\lim_{n\to\infty}\left|\frac{\dfrac{[2(n+1)]!}{[(n+1)!]^2}x^{2(n+1)}}{\dfrac{(2n)!}{(n!)^2}x^{2n}}\right|=4|x|^2$$

当$4|x|^2<1$即$|x|<\dfrac{1}{2}$时级数收敛；

当$4|x|^2>1$即$|x|>\dfrac{1}{2}$时级数发散.

所以级数$\sum\limits_{n=0}^{\infty}\dfrac{(2n)!}{(n!)^2}x^{2n}$的收敛半径$R=\dfrac{1}{2}$.

【例 14】 求幂级数$\sum\limits_{n=1}^{\infty}\dfrac{(x-1)^n}{2^n n}$的收敛域.

【解】 令$t=x-1$，则级数变为$\sum\limits_{n=1}^{\infty}\dfrac{t^n}{2^n n}$.

因为$\rho=\lim\limits_{n\to\infty}\dfrac{|a_{n+1}|}{|a_n|}=\lim\limits_{n\to\infty}\dfrac{2^n n}{2^{n+1}(n+1)}=\dfrac{1}{2}$，所以收敛半径$R=2$.

当$t=2$时，原级数转化为$\sum\limits_{n=1}^{\infty}\dfrac{1}{n}$，这级数发散；

当$t=-2$时，原级数转化为$\sum\limits_{n=1}^{\infty}\dfrac{(-1)^n}{n}$，这级数收敛.

因此$\sum\limits_{n=1}^{\infty}\dfrac{t^n}{2^n n}$收敛域为：$-2\leqslant t<2$，即$-2\leqslant x-1<2$，也就是$-1\leqslant x<3$，所以原级数$\sum\limits_{n=1}^{\infty}\dfrac{(x-1)^n}{2^n n}$的收敛域为$[-1,3)$.

11.4.3　幂级数的运算及和函数的性质

1. 幂级数的运算

设幂级数

$$a_0+a_1x+a_2x^2+\cdots+a_nx^n+\cdots$$

及

$$b_0+b_1x+b_2x^2+\cdots+b_nx^n+\cdots$$

分别在区间$(-R,+R)$及$(-R',+R')$内收敛，对于这两个幂级数，可以进行下列运算.

加法

$$(a_0+a_1x+a_2x^2+\cdots+a_nx^n+\cdots)+(b_0+b_1x+b_2x^2+\cdots+b_nx^n+\cdots)$$
$$=(a_0+b_0)+(a_1+b_1)x+(a_2+b_2)x^2+\cdots+(a_n+b_n)x^n+\cdots$$

学习心得

学习心得

减法

$$(a_0+a_1x+a_2x^2+\cdots+a_nx^n+\cdots)-(b_0+b_1x+b_2x^2+\cdots+b_nx^n+\cdots)$$
$$=(a_0-b_0)+(a_1-b_1)x+(a_2-b_2)x^2+\cdots+(a_n-b_n)x^n+\cdots$$

根据收敛级数的基本性质，上面两式在$(-R, R)$与$(-R', R')$中较小的区间内成立.

2. 幂级数的和函数性质

性质 1 设幂级数$\sum_{n=0}^{\infty}a_nx^n$的收敛半径为$R$（$R>0$），则其和函数$s(x)$在区间$(-R,+R)$内连续，如果幂级数在$x=R$处或$x=-R$处也收敛，则和函数$s(x)$在$(-R,+R]$或$[-R,+R)$上连续.

性质 2 设幂级数$\sum_{n=0}^{\infty}a_nx^n$的收敛半径为$R$（$R>0$），则其和函数$s(x)$在区间$(-R,+R)$内是可导的，且有逐项求导公式

$$s'(x)=\left(\sum_{n=0}^{\infty}a_nx^n\right)'=\sum_{n=0}^{\infty}\left(a_nx^n\right)'=\sum_{n=1}^{\infty}n\alpha_nx^{n-1}$$

其中$|x|<R$，逐项求导后得到的幂级数和原级数有相同的收敛半径.

性质 3 设幂级数$\sum_{n=0}^{\infty}a_nx^n$的收敛半径为$R$（$R>0$），则其和函数$s(x)$在区间$(-R,+R)$内是可积的，且有逐项积分公式

$$\int_0^x s(t)\mathrm{d}t=\int_0^x\left[\sum_{n=0}^{\infty}a_nt^n\right]\mathrm{d}t=\sum_{n=0}^{\infty}\int_0^x a_nt^n\mathrm{d}t=\sum_{n=0}^{\infty}\frac{a_n}{n+1}x^{n+1}$$

其中$|x|<R$，逐项积分后得到的幂级数和原级数有相同的收敛半径.

【例 15】 求级数$\sum_{n=0}^{\infty}\frac{x^n}{n+1}$的和函数.

【解】 此级数的收敛区间为$(-1,1)$.

设和函数为 $s(x)=\sum_{n=0}^{\infty}\frac{x^n}{n+1}$，则有$s(0)=1$，而$xs(x)=\sum_{n=0}^{\infty}\frac{x^{n+1}}{n+1}$，于是有

$$[xs(x)]'=\sum_{n=0}^{\infty}\left(\frac{x^{n+1}}{n+1}\right)'=\sum_{n=0}^{\infty}x^n=\frac{1}{1-x}\qquad(-1<x<1)$$

所以
$$xs(x)=\int_0^x\frac{1}{1-t}\mathrm{d}t=-\ln(1-x)$$

从而得
$$s(x)=\begin{cases}-\frac{1}{x}\ln(1-x), & 0<|x|<1\\ 1, & x=0\end{cases}.$$

练习 11.4

1. 求下列幂级数的收敛域.

① $\sum_{n=0}^{\infty}\frac{x^{n+1}}{(n+1)^2}$；　　② $\sum_{n=0}^{\infty}\frac{x^n}{n!}$；

③ $\sum_{n=0}^{\infty}\frac{(x-3)^n}{2n+1}$；　　④ $\sum_{n=1}^{\infty}\frac{(-1)^n}{n}x^n$.

2. 利用逐项求导或逐项积分，求下列级数的和函数.

① $\sum_{n=0}^{\infty}(n+1)x^n$；　　② $\sum_{n=0}^{\infty}\frac{x^{2n+1}}{2n+1}$.

3. 利用幂级数求常数项级数 $\sum_{n=0}^{\infty}\frac{(-1)^n}{n+1}$ 的和.

11.5 函数展开成幂级数

11.5.1 泰勒级数

在例 15 中求得幂级数 $\sum_{n=0}^{\infty}\frac{x^n}{n+1}$ 的和函数，但在许多应用中，我们遇到的却是相反的问题：是否存在这样的幂级数，它在收敛域内以某个 $f(x)$ 为和函数，也就是函数展开成幂级数的问题，即寻求 $\sum_{n=0}^{\infty}a_n(x-x_0)^n$，使

$$f(x)=\sum_{n=0}^{\infty}a_n(x-x_0)^n$$

问题：

① 如果能把 $f(x)$ 展开成幂级数，a_n 是什么？

② 展开式是否唯一？

③ 在什么条件下可以展开？

定义 给定函数 $f(x)$，若存在一个幂级数，在某区间内收敛，且收敛的和函数为 $f(x)$，则称函数 $f(x)$ 在该区间内能展开成幂级数.

如果记 $f^{(0)}(x)=f(x)$，则有下面的定理.

定理 如果函数 $f(x)$ 在 $U(x_0,\delta)$ 内具有任意阶导数，且在 $U(x_0,\delta)$ 内能展开成 $(x-x_0)$ 的幂级数，即

$$f(x)=\sum_{n=0}^{\infty}a_n(x-x_0)^n$$

则其系数 $a_n=\frac{1}{n!}f^{(n)}(x_0)$　$(n=0,1,2,\cdots)$，且有如下唯一的展开式

学习心得

学习心得

$$f(x)=f(x_0)+f'(x_0)(x-x_0)+\frac{f''(x_0)}{2!}(x-x_0)^2+\cdots+\frac{f^{(n)}(x_0)}{n!}(x-x_0)^n+\cdots \tag{1}$$

证明　因为$\sum_{n=0}^{\infty}a_n(x-x_0)^n$在$U(x_0,\delta)$内收敛于$f(x)$，即

$$f(x)=a_0+a_1(x-x_0)+\cdots+a_n(x-x_0)^n+\cdots$$

对上式两端逐项任意次求导，得

$$f'(x)=a_1+2a_2(x-x_0)+\cdots+na_n(x-x_0)^{n-1}+\cdots$$

……

$$f^{(n)}(x)=n!a_n+(n+1)n\cdots3\cdot2a_{n+1}(x-x_0)+\cdots$$

……

令$x=x_0$，即可得　$a_n=\frac{1}{n!}f^{(n)}(x_0)\quad(n=0,1,2,\cdots)$．

称(1)式中等号右面的幂级数为函数$f(x)$在点x_0处的**泰勒级数**，$a_n=\frac{1}{n!}f^{(n)}(x_0)$称为$f(x)$在点$x_0$处的**泰勒系数**．由定理可知，各$a_n$对应的泰勒系数是唯一的，所以$f(x)$在点$x_0$处的泰勒级数是唯一的．

在(1)式中取$x_0=0$，得

$$f(x)=\sum_{n=0}^{\infty}\frac{f^{(n)}(0)}{n!}x^n=f(0)+f'(0)x+\frac{f''(0)}{2!}x^2+\cdots+\frac{f^{(n)}(0)}{n!}x^n+\cdots$$

此级数称为函数$f(x)$的**麦克劳林级数**．

11.5.2　函数展开成幂级数

下面叙述中提到的幂级数，如没有特别说明，均指麦克劳林级数．

1. 直接法

将函数$f(x)$展开成x的幂级数的步骤如下．

① 求出$f(x)$的各阶导数，如果$f(x)$在x=0处的某阶导数不存在，表明此函数不能展开成x的幂级数，则停止展开；否则继续完成下述步骤．

② 计算$f(x)$在点x=0处的各阶导数值：

$$f(0),f'(0),f''(0),\cdots,f^{(n)}(0),\cdots$$

③ 写出幂级数，求出收敛半径R．

④ 对端点$x=\pm R$另外进行讨论．

【例16】将函数$f(x)=e^x$展成x的幂级数．

【解】所给函数的各阶导数为$f^{(n)}(x)=e^x\quad(n=1,2,\cdots)$．

$f^{(n)}(0)=1 \quad (n=0,1,2,\cdots)$，这里记 $f^{(0)}(0)=f(0)=1$.

于是得级数

$$\sum_{n=0}^{\infty}\frac{x^n}{n!}=1+x+\frac{x^2}{2!}+\frac{x^3}{3!}+\cdots+\frac{x^n}{n!}+\cdots$$

它的收敛半径 $R=+\infty$，即

$$e^x=1+x+\frac{x^2}{2!}+\frac{x^3}{3!}+\cdots+\frac{x^n}{n!}+\cdots \quad (-\infty<x<+\infty)$$

【例 17】将函数 $f(x)=\sin x$ 展开成 x 的幂级数.

【解】函数的各阶导数为 $f^{(n)}(x)=\sin\left(x+n\cdot\frac{\pi}{2}\right) \quad (n=1,2,\cdots)$.

$f^{(n)}(0)$ 顺序循环地取 $0,1,0,-1,\cdots \ (n=0,1,2,\cdots)$，于是得级数

$$x-\frac{x^3}{3!}+\frac{x^5}{5!}-\cdots+(-1)^{n-1}\frac{x^{2n-1}}{(2n-1)!}+\cdots$$

它的收敛半径 $R=+\infty$．因此得展开式

$$\sin x=x-\frac{x^3}{3!}+\frac{x^5}{5!}-\cdots+(-1)^{n-1}\frac{x^{2n-1}}{(2n-1)!}+\cdots \quad (-\infty<x<+\infty)$$

【例 18】将函数 $f(x)=(1+x)^m$ 展开成 x 的幂级数，其中 m 为任意常数.

【解】$f(x)$ 的各阶导数如下.

$f'(x)=m(1+x)^{m-1}$,

$f''(x)=m(m-1)(1+x)^{m-2}$,

……

$f^{(n)}(x)=m(m-1)(m-2)\cdots(m-n+1)(1+x)^{m-n}$,

……

$$f(0)=1,\ f'(0)=m,\ f''(0)=m(m-1),\cdots,$$
$$f^{(n)}(0)=m(m-1)\cdots(m-n+1),\ \cdots$$

于是得级数

$$1+mx+\frac{m(m-1)}{2!}x^2+\cdots+\frac{m(m-1)\cdots(m-n+1)}{n!}x^n+\cdots$$

由于 $\lim\limits_{n\to\infty}\left|\frac{a_{n+1}}{a_n}\right|=\left|\frac{m-n}{n+1}\right|=1$，因此，对于任意常数 m，这级数在开区间 $(-1,1)$ 内收敛.

因此在区间 $(-1,1)$ 内有展开式

$$(1+x)^m=1+mx+\frac{m(m-1)}{2!}x^2+\cdots+\frac{m(m-1)\cdots(m-n+1)}{n!}x^n+\cdots$$

在区间的端点，展开式是否成立要看 m 的数值而定.

此公式称为二项展开式，特殊地，当 m 为正整数时，即为二项式定理.

对应于 $m=\frac{1}{2}$，$m=-\frac{1}{2}$ 的二项展开式分别为

学习心得

$$\sqrt{1+x}=1+\frac{1}{2}x-\frac{1}{2\cdot 4}x^2+\frac{1\cdot 3}{2\cdot 4\cdot 6}x^3-\frac{1\cdot 3\cdot 5}{2\cdot 4\cdot 6\cdot 8}x^4+\cdots \quad (-1\leqslant x\leqslant 1)$$

$$\frac{1}{\sqrt{1+x}}=1-\frac{1}{2}x+\frac{1\cdot 3}{2\cdot 4}x^2-\frac{1\cdot 3\cdot 5}{2\cdot 4\cdot 6}x^3+\frac{1\cdot 3\cdot 5\cdot 7}{2\cdot 4\cdot 6\cdot 8}x^4-\cdots \quad (-1\leqslant x\leqslant 1)$$

函数 $\frac{1}{1-x}$（见例 11），e^x，$\sin x$，$(1+x)^m$ 的幂级数展开式可以直接引用.

2. 间接法

所谓间接法就是根据幂级数展开式的唯一性，利用常见函数的幂级数展开式，通过变量代换、四则运算、恒等变形、逐项求导或逐项积分等方法，求函数的幂级数展开式.

【例 19】 ① 将函数 $\cos x$ 展开成 x 的幂级数；

② 将函数 $\frac{1}{1+x^2}$ 展开成 x 的幂级数.

【解】 ① 利用逐项求导的方法可得

$$\cos x=(\sin x)'=1-\frac{x^2}{2!}+\frac{x^4}{4!}-\cdots+(-1)^n\frac{x^{2n}}{(2n)!}+\cdots \quad (-\infty<x<+\infty)$$

② 因为 $\frac{1}{1+x}=1-x+x^2-\cdots+(-1)^n x^n+\cdots \quad (-1<x<1)$，

把 x 换成 x^2，得

$$\frac{1}{1+x^2}=1-x^2+x^4-\cdots+(-1)^n x^{2n}+\cdots \quad (-1<x<1)$$

必须指出，当函数 $f(x)$ 在开区间 $(-R,R)$ 内的展开式为 $f(x)=\sum_{n=0}^{\infty}a_n x^n$ 时，如果得到的幂级数在该区间的端点 $x=R$（或 $x=-R$）处仍然收敛，而函数 $f(x)$ 在 $x=R$（或 $x=-R$）处有定义且连续，那么根据幂级数的和函数的连续性，该展开式在 $x=R$（或 $x=-R$）时也成立.

【例 20】 将函数 $f(x)=\ln(1+x)$ 展开成 x 的幂级数.

【解】 $f'(x)=\frac{1}{1+x}=1-x+x^2-x^3+\cdots+(-1)^n x^n+\cdots \quad (-1<x<1)$，

将上式从 0 到 x 逐项积分，得

$$\ln(1+x)=x-\frac{x^2}{2}+\frac{x^3}{3}-\frac{x^4}{4}+\cdots+(-1)^n\frac{x^{n+1}}{n+1}+\cdots \quad (-1<x<1)$$

由于右端的幂级数当 $x=1$ 时收敛，而 $\ln(1+x)$ 在 $x=1$ 处有定义且连续. 因此展开式在 $x=1$ 时也成立，即有

$$\ln(1+x)=x-\frac{x^2}{2}+\frac{x^3}{3}-\frac{x^4}{4}+\cdots+(-1)^n\frac{x^{n+1}}{n+1}+\cdots \quad (-1<x\leqslant 1)$$

【例 21】将函数 $\sin x$ 展开成 $\left(x-\frac{\pi}{4}\right)$ 的幂级数.

【解】 $\sin x=\sin\left[\frac{\pi}{4}+\left(x-\frac{\pi}{4}\right)\right]=\sin\frac{\pi}{4}\cos\left(x-\frac{\pi}{4}\right)+\cos\frac{\pi}{4}\sin\left(x-\frac{\pi}{4}\right)$

$$=\frac{1}{\sqrt{2}}\left[\cos\left(x-\frac{\pi}{4}\right)+\sin\left(x-\frac{\pi}{4}\right)\right],$$

$$\cos\left(x-\frac{\pi}{4}\right)=1-\frac{\left(x-\frac{\pi}{4}\right)^2}{2!}+\frac{\left(x-\frac{\pi}{4}\right)^4}{4!}-\cdots \quad (-\infty<x<+\infty),$$

$$\sin\left(x-\frac{\pi}{4}\right)=\left(x-\frac{\pi}{4}\right)-\frac{\left(x-\frac{\pi}{4}\right)^3}{3!}+\frac{\left(x-\frac{\pi}{4}\right)^5}{5!}-\cdots \quad (-\infty<x<+\infty),$$

由上述三个式子可得

$$\sin x=\frac{1}{\sqrt{2}}\left[1+\left(x-\frac{\pi}{4}\right)-\frac{\left(x-\frac{\pi}{4}\right)^2}{2!}-\frac{\left(x-\frac{\pi}{4}\right)^3}{3!}+\cdots\right] \quad (-\infty<x<+\infty).$$

【例 22】将函数 $f(x)=\frac{1}{x^2+4x+3}$ 展开成 $(x-1)$ 的幂级数.

【解】 $f(x)=\frac{1}{x^2+4x+3}=\frac{1}{(x+1)(x+3)}$

$$=\frac{1}{2(1+x)}-\frac{1}{2(3+x)}=\frac{1}{4\left(1+\frac{x-1}{2}\right)}-\frac{1}{8\left(1+\frac{x-1}{4}\right)},$$

$$\frac{1}{4\left(1+\frac{x-1}{2}\right)}=\frac{1}{4}\left[1-\frac{x-1}{2}+\frac{(x-1)^2}{2^2}-\cdots+(-1)^n\frac{(x-1)^n}{2^n}+\cdots\right] \quad \left|\frac{x-1}{2}\right|<1,$$

$$\frac{1}{8\left(1+\frac{x-1}{4}\right)}=\frac{1}{8}\left[1-\frac{x-1}{4}+\frac{(x-1)^2}{4^2}-\cdots+(-1)^n\frac{(x-1)^n}{4^n}+\cdots\right] \quad \left|\frac{x-1}{4}\right|<1.$$

由上述三个式子可得

$$f(x)=\frac{1}{x^2+4x+3}=\sum_{n=0}^{\infty}\left[(-1)^n\left(\frac{1}{2^{n+2}}-\frac{1}{2^{2n+3}}\right)(x-1)^n\right] \quad (-1<x<+3).$$

【例 23】将 $f(x)=\arctan\frac{1+x}{1-x}$ 展开成 x 的幂级数.

【解】因为 $f'(x)=\left[\arctan\frac{1+x}{1-x}\right]'=\frac{1}{1+x^2}=\sum_{n=0}^{\infty}(-1)^n x^{2n} \quad x\in(-1,1)$,

所以 $f(x)=\int_0^x f'(t)\mathrm{d}t+f(0)=\sum_{n=0}^{\infty}\int_0^x(-1)^n t^{2n}\mathrm{d}t+\frac{\pi}{4}=\frac{\pi}{4}+\sum_{n=0}^{\infty}\frac{(-1)^n}{2n+1}x^{2n+1}$.

学习心得

学习心得

当$x=\pm1$时，级数为交错级数，且满足收敛条件，从而级数收敛，所以收敛域为$[-1,1]$．从而得

$$\arctan\frac{1+x}{1-x}=\frac{\pi}{4}+\sum_{n=0}^{\infty}\frac{(-1)^n}{2n+1}x^{2n+1}\qquad x\in[-1,1]$$

11.5.3 幂级数在近似计算中的应用

【例 24】计算$\sqrt[5]{240}$的近似值，误差不超过 0.0001.

【解】$\sqrt[5]{240}=\sqrt[5]{243-3}=3\left(1-\frac{1}{3^4}\right)^{\frac{1}{5}}$.

写出$3\left(1-\frac{1}{3^4}\right)^{\frac{1}{5}}$的二项展开式，其中，$m=\frac{1}{5},x=-\frac{1}{3^4}$.

$$\sqrt[5]{240}=3\left(1-\frac{1}{5}\cdot\frac{1}{3^4}-\frac{1\cdot4}{5^2\cdot2!}\cdot\frac{1}{3^8}-\frac{1\cdot4\cdot9}{5^3\cdot3!}\cdot\frac{1}{3^{12}}-\cdots\right)$$

取前两项的和作为近似值，则有

$$\begin{aligned}|r_n|&=3\left(\frac{1\cdot4}{5^2\cdot2!}\cdot\frac{1}{3^8}+\frac{1\cdot4\cdot9}{5^3\cdot3!}\cdot\frac{1}{3^{12}}+\cdots\right)\\&<3\cdot\frac{1\cdot4}{5^2\cdot2!}\cdot\frac{1}{3^8}\left[1+\frac{1}{81}+\frac{1}{81^2}+\cdots\right]\\&=\frac{1}{25\cdot27\cdot40}<\frac{1}{20000}\end{aligned}$$

因此，$\sqrt[5]{240}\approx\left(1-\frac{1}{5}\cdot\frac{1}{3^4}\right)\approx2.9925$.

练习 11.5

1. 将下列函数展开为麦克劳林级数.

① e^{2x}；　　② $\cos^2x$；　　③ $\frac{1}{1+x^2}$.

2. 将函数$f(x)=\frac{1}{x}$展开为$x-2$的幂级数.

3. 求下列各式的近似值(精确到 0.0001).

① $\sin1$；　　② $\sqrt[4]{80}$.

习 题 11

一、选择题

1. 下列级数中收敛的是(　　).

A. $\sum_{n=1}^{\infty}\frac{n+1}{n+2}$　　B. $\sum_{n=1}^{\infty}\frac{1}{n^2}$

C. $\sum_{n=1}^{\infty}2^n$　　D. $\sum_{n=1}^{\infty}\frac{4}{\sqrt{n}}$

2. 若 $\lim_{n\to\infty}u_n=0$，则对于级数 $\sum_{n=1}^{\infty}u_n$，下列说法中正确的是(　　).

A. 收敛　　B. 发散

C. 敛散性不确定　　D. 既不收敛也不发散

3. 已知 $\sum_{n=1}^{\infty}u_n$ 收敛，$\sum_{n=0}^{\infty}v_n$ 收敛，则下列说法中不正确的是(　　).

A. $\lim_{n\to\infty}u_n=0$　　B. $\sum_{n=0}^{\infty}(u_n+v_n)$ 收敛

C. $\sum_{n=0}^{\infty}ku_n$ 收敛　　D. $\sum_{n=0}^{\infty}u_nv_n$ 收敛

4. 幂级数 $\sum_{n=1}^{\infty}\frac{(-1)^n}{\sqrt[3]{n}}x^n$ 的收敛域是(　　).

A. $(-1,1)$　　B. $(-1,1]$

C. $[-1,1)$　　D. $[-1,1]$

5. 对于级数 $\sum_{n=1}^{\infty}u_n$，下列说法中正确的是(　　).

A. 当 $\sum_{n=0}^{\infty}|u_n|$ 收敛时，$\sum_{n=0}^{\infty}u_n$ 必收敛

B. 当 $\sum_{n=0}^{\infty}|u_n|$ 收敛时，$\sum_{n=0}^{\infty}u_n$ 不一定收敛

C. 当 $\lim_{n\to\infty}u_n=0$ 时，$\sum_{n=0}^{\infty}u_n$ 必收敛

D. 当 $\lim_{n\to\infty}u_n\neq 0$ 时，$\sum_{n=0}^{\infty}u_n$ 敛散性不定

6. 对于级数 $\sum_{n=1}^{\infty}\frac{(-1)^n}{n^p}\ (p\in R)$，下列说法中正确的是(　　).

A. 对于每个 $p\in R$，级数都收敛

B. 当 $0\leqslant p<1$ 时，级数条件收敛

学习心得

学习心得

C. 当 $p \geqslant 1$ 时，级数绝对收敛

D. 当 $p < 0$ 时，级数发散

7. 设 $\sum_{n=1}^{\infty} u_n$ 与 $\sum_{n=0}^{\infty} v_n$ 都是正项级数，$\lim_{n\to\infty} \frac{u_n}{v_n} = \rho$ 且 $0 < \rho < +\infty$，则下列说法中正确的是（　）.

A. 若 $\sum_{n=1}^{\infty} u_n$ 收敛，则 $\sum_{n=0}^{\infty} v_n$ 发散

B. 若 $\sum_{n=1}^{\infty} u_n$ 发散，则 $\sum_{n=0}^{\infty} v_n$ 收敛

C. 若 $\sum_{n=0}^{\infty} v_n$ 发散，则 $\sum_{n=1}^{\infty} u_n$ 发散

D. 若 $\sum_{n=0}^{\infty} v_n$ 收敛，则 $\sum_{n=1}^{\infty} u_n$ 发散

8. 部分和数列 $\{s_n\}$ 有界是正项级数 $\sum_{n=1}^{\infty} u_n$ 收敛的（　）条件.

A. 充分不必要　　B. 必要不充分

C. 充要　　D. 既不充分又不必要

二、填空题（第 3 题到第 6 题填“收敛”或“发散”）

1. 如果级数 $\sum_{n=1}^{\infty} u_n$ 收敛，则 $\lim_{n\to\infty} u_n =$________.

2. 级数 $\sum_{n=1}^{\infty} [2(0.1)^n + (0.2)^n]$ 的和是________.

3. 如果级数 $\sum_{n=1}^{\infty} u_n$ 收敛，则 $\sum_{n=1}^{\infty} u_{2n-1}$ ________.

4. 级数 $\sum_{n=1}^{\infty} \frac{n}{n+1}$________.

5. 级数 $\sum_{n=1}^{\infty} \sin\frac{1}{n}$________.

6. 级数 $\sum_{n=1}^{\infty} \sin\frac{1}{n^2}$ ________.

7. 级数 $\sum_{n=1}^{\infty} u_n$ 为正项级数，如果 $\lim_{n\to\infty} \frac{u_{n+1}}{u_n} = \rho$，则当 $\rho <$____时，级数收敛.

三、解答题

1. 用定义判别下列级数的收敛性.

① $4 + \frac{8}{5} + \frac{16}{25} + \frac{32}{125} + \cdots$；　　② $\frac{2}{3} - \frac{2}{9} + \frac{2}{27} - \frac{2}{81} + \cdots$；

③ $\sum_{n=1}^{\infty}\frac{1}{(3n-2)(3n+1)}$；　　④ $\sum_{n=1}^{\infty}\frac{n}{\sqrt{n^2+1}}$；

⑤ $\sum_{n=1}^{\infty}\frac{3^n+2^n}{6^n}$.

2. 用比较审敛法判别下列级数的收敛性.

① $\sum_{n=1}^{\infty}\frac{1}{n^2+n^3}$；　　② $\sum_{n=1}^{\infty}\frac{3}{n2^n}$；

③ $\sum_{n=1}^{\infty}\frac{n-1}{n^3+1}$；　　④ $\sum_{n=1}^{\infty}\frac{2^n}{1+3^n}$；

⑤ $\sum_{n=1}^{\infty}\frac{\ln n}{n^3}$；　　⑥ $\sum_{n=1}^{\infty}\frac{1}{n!}$.

3. 用比值审敛法判别下列级数的收敛性.

① $\sum_{n=1}^{\infty}\frac{3^n}{n2^n}$；　　② $\sum_{n=1}^{\infty}\frac{n!}{3^n}$；

③ $\sum_{n=2}^{\infty}\frac{n^2}{2^n}$；　　④ $\sum_{n=1}^{\infty}\frac{n^n}{n!}$.

4. 判别下列级数是否绝对收敛、条件收敛或发散.

① $\sum_{n=1}^{\infty}(-1)^n\frac{1}{n\sqrt{n}}$；　　② $\sum_{n=1}^{\infty}\frac{(-1)^n}{n^3}$；

③ $\sum_{n=1}^{\infty}\frac{(-1)^{n+1}}{2n+1}$；　　④ $\sum_{n=1}^{\infty}\frac{(-1)^{n-1}}{(2n-1)!}$；

⑤ $\sum_{n=1}^{\infty}(-1)^n\frac{n}{n^2+4}$；　　⑥ $\sum_{n=1}^{\infty}(-1)^n\frac{2n}{3n-4}$；

⑦ $\sum_{n=1}^{\infty}\frac{\sin(2n)}{n^2}$；　　⑧ $\sum_{n=1}^{\infty}\frac{(-2)^{n+1}}{n3^n}$.

5. 求下列幂级数的收敛域.

① $\sum_{n=0}^{\infty}\frac{x^n}{n+2}$；　　② $\sum_{n=0}^{\infty}nx^n$；

③ $\sum_{n=0}^{\infty}\frac{x^n}{n!}$；　　④ $\sum_{n=1}^{\infty}(-1)^n\frac{x^n}{n2^n}$.

6. 将下列函数在给定的点 a 展开成泰勒级数或麦克劳林级数.

① $\sin x$，$a=\frac{\pi}{4}$；　　② $\frac{1}{x}$，$a=1$；

③ e^x，$a=3$；　　④ $\sin^2 x$，$a=0$.

7. 求下列幂级数的和函数.

① $\sum_{n=0}^{\infty}\frac{1}{n+1}x^n$；　　② $\sum_{n=1}^{\infty}(n+1)x^n$.

学习心得

附录　习题参考答案或提示

第 6 章

练习 6. 1

1. ① $\dfrac{3}{2}$；　② -2；　③ $\mathrm{e}-1$；　④ 0.

2. ① $\displaystyle\int_0^1 \frac{\mathrm{d}x}{1+x^2}$；　② $\displaystyle\int_0^1 \frac{\mathrm{d}x}{1+x}$.

练习 6. 2

1. ① $0 \leqslant \displaystyle\int_1^4 (x^2-1)\mathrm{d}x \leqslant 45$；　② $\pi \leqslant \displaystyle\int_{\frac{\pi}{4}}^{\frac{5\pi}{4}} (1+\cos^2 x)\mathrm{d}x \leqslant 2\pi$；

③ $\dfrac{\pi}{9} \leqslant \displaystyle\int_{\frac{1}{\sqrt{3}}}^{\sqrt{3}} x\arctan x\mathrm{d}x \leqslant \dfrac{2\pi}{3}$；　④ $-2\mathrm{e}^2 \leqslant \displaystyle\int_2^0 \mathrm{e}^{x^2-x}\mathrm{d}x \leqslant -2\mathrm{e}^{-\frac{1}{4}}$.

2. ① $\displaystyle\int_0^1 x^2\mathrm{d}x > \int_0^1 x^3\mathrm{d}x$；　② $\displaystyle\int_3^4 \ln x\mathrm{d}x < \int_3^4 \ln^3 x\mathrm{d}x$；

③ $\displaystyle\int_0^{-2} x\mathrm{d}x > \int_0^{-2} \mathrm{e}^x\mathrm{d}x$；　④ $\displaystyle\int_0^1 x\mathrm{d}x > \int_0^1 \ln(1+x)\mathrm{d}x$.

3. 提示：设 $f(x)=\sqrt{1+x^4}$，在区间 $[-1,1]$ 上，$1 \leqslant f(x) \leqslant \sqrt{2}$.

练习 6. 3

1. ① $2x\sqrt{1+x^4}$；　② $\dfrac{\cos\sqrt{x}}{2\sqrt{x}}$；

③ $-\sin x$；

④ $-\cos(\cos^2 x)\sin x-\cos(\sin^2 x)\cos x$.

2. ① $a^3-\dfrac{a^2}{2}$；　② $2\dfrac{5}{8}$；　③ $-\dfrac{7}{6}$；　④ $\dfrac{\pi}{3}$；

⑤ $1-\dfrac{\pi}{4}$；　⑥ -1；　⑦ $2\sqrt{2}\left(1-\dfrac{\sqrt{2}}{2}\right)$；　⑧ 4；

⑨ $\frac{8}{3}$.

3. ① 1；　② 0；　③ $\frac{1}{3}$.

练习 6.4

1. ① 0；　② $\frac{21}{169}$；　③ $\frac{1}{3}$；　④ π；

⑤ $\frac{2}{3}\sqrt{2}$；　⑥ $\frac{\pi}{12}$；　⑦ $2+2\ln\frac{2}{3}$；　⑧ $2\ln 2-1$；

⑨ $\frac{\pi}{2}$；　⑩ $\frac{\pi}{12}-\frac{\sqrt{3}}{8}$；　⑪ $\frac{\pi}{16}$；　⑫ $\frac{\pi}{2}$.

2. ① $\frac{\pi^3}{324}$；　② 0.

练习 6.5

① $\frac{\pi}{2}-1$；　② $1-\frac{2}{e}$；　③ $\frac{1}{4}(e^2+1)$；　④ $\frac{\pi}{4}-\frac{1}{2}$；

⑤ $\ln\frac{27}{4}-1$；　⑥ 2π.

练习 6.6

1. ① $\frac{1}{6}$；　② 发散；　③ $\frac{1}{4}$；　④ $\frac{1}{2}$；

⑤ 0；　⑥ $\frac{\pi}{2}$；　⑦ 发散；　⑧ $\frac{8}{3}$.

2 ① $\Gamma\left(\frac{3}{2}\right)=\frac{\sqrt{\pi}}{2}$；　② $e\Gamma(4)=6e$.

练习 6.7

1. ① $\frac{1}{6}$；　② 1；　③ $\frac{9}{2}$；　④ 18；

⑤ $\frac{3}{2}-\ln 2$；　⑥ $e+e^{-1}-2$.

2. ① $\frac{128}{7}\pi$；　② $\frac{3}{10}\pi$；　③ 12π.

3. $\frac{1}{2}\pi R^2 h$.

4. 500.

5. ① 2.4×10^5（元）；　② 6.4×10^5（元）.

学习心得

学习心得

习题 6

一、选择题

1. C　2. D　3. B　4. C　5. D　6. D
7. A　8. C　9. D　10. A　11. D　12. B

二、填空题

1. $\cos x^2$.　2. 0.　3. 4.　4. 2.
5. $\frac{1}{2}e^2+e-\frac{3}{2}$.　6. $xf(x^2)$.

三、解答题

1. $22+3\ln 3$.　2. 4.　3. $\frac{1}{6}$.　4. $2\ln 2-1$.
5. $e-2$.　6. $\frac{\pi}{2}-1$.　7. $\frac{1}{\ln 2}-\frac{1}{2}$.　8. 2π.

第7章

练习 7.1

1. A：Ⅳ；　B：Ⅴ；　C：Ⅷ；　D：Ⅲ.
2. A 点在 xOy 平面上，B 点在平面上，C 点在 x 轴上，D 点在 y 轴上.

练习 7.2

1. $x^2+y^2+z^2-2x-6y+4z=0$.
2. 以点 $(1,-2,-1)$ 为球心，半径等于 $\sqrt{6}$ 的球面.
3. 绕 x 轴：$4x^2-9(y^2+z^2)=36$；绕 y 轴：$4(x^2+z^2)-9y^2=36$.
5. ① xOy 平面上的椭圆 $\frac{x^2}{4}+\frac{y^2}{9}=1$ 绕 x 轴旋转一周；
② xOy 平面上的双曲线 $x^2-y^2=1$ 绕 x 轴旋转一周.

练习 7.3

2. 母线平行于 x 轴的柱面方程：$3y^2-z^2=16$.
母线平行于 y 轴的柱面方程：$3x^2+2z^2=16$.
3. $\begin{cases} x^2+y^2+(1-x)^2=9 \\ z=0 \end{cases}$.
4. $x^2+y^2\leqslant ax; z^2+ax\leqslant a^2, x\geqslant 0, z\geqslant 0$.

习题 7

1. $(0,2,0)$.　2. $\sqrt{30}$.　3. $4(z-1)=(x-1)^2+(y+1)^2$.

4. ① $\begin{cases}x=0\\z=2y^2\end{cases}$， z 轴； ② $\begin{cases}x=0\\\dfrac{y^2}{9}+\dfrac{z^2}{36}=1\end{cases}$， y 轴；

③ $\begin{cases}x=0\\z=\sqrt{3}y\end{cases}$， z 轴； ④ $\begin{cases}z=0\\x^2-\dfrac{y^2}{4}=1\end{cases}$， x 轴.

5. $z=0$，$x^2+y^2=x+y$；

$x=0$，$2y^2+2yz+z^2-4y-3z+2=0$；

$y=0$，$2x^2+2xz+z^2-4x-3z+2=0$.

第8章

练习 8.1

1. $\left(xy+\dfrac{x}{y}\right)^2=x^2\left(y+\dfrac{1}{y}\right)^2$. 2. $e^{\frac{\sqrt{3}}{4}}+\ln\dfrac{1+\sqrt{3}}{2}$.

3. ① $\{(x,y)|x\neq y\}$； ② $\{(x,y)|xy>0\}$；

③ $\{(x,y)|x^2\geqslant y\geqslant 0, x\geqslant 0\}$； ④ $\{(x,y)|x+y>1\}$；

⑤ $\{(x,y)|x-y\neq k\pi+\dfrac{\pi}{2}, k\in Z\}$；

⑥ $\{(x,y,z)|4<x^2+y^2+z^2\leqslant 9\}$.

练习 8.2

1. ① 提示：考查动点 (x,y) 分别沿直线 $y=x$ 和 $y=3x$ 趋近于原点 $(0,0)$ 时的极限；

② 提示：考查动点 (x,y) 分别沿直线 $y=x$ 和抛物线 $y^2=x$ 趋近于原点 $(0,0)$ 时的极限.

2. ① $-\dfrac{1}{4}$； ② 0； ③ 1； ④ $e^{\frac{2}{3}}$.

3. ① $\{(x,y)|x^2>y\}$； ② $\{(x,y)|x+y>0\}$；

③ $\{(x,y)|x^2+y^2<2, x\neq y\}$.

练习 8.3

1. ① $\dfrac{\partial z}{\partial x}=3x^2y-y^3$， $\dfrac{\partial z}{\partial y}=x^3-3xy^2$；

② $\dfrac{\partial s}{\partial u}=\dfrac{1}{v}-\dfrac{v}{u^2}$， $\dfrac{\partial s}{\partial v}=\dfrac{1}{u}-\dfrac{u}{v^2}$；

学习心得

③ $\dfrac{\partial z}{\partial x}=\dfrac{1}{2x\sqrt{\ln(xy)}}$，$\dfrac{\partial z}{\partial y}=\dfrac{1}{2y\sqrt{\ln(xy)}}$；

④ $\dfrac{\partial z}{\partial x}=y[\cos(xy)-\sin(2xy)]$，$\dfrac{\partial z}{\partial y}=x[\cos(xy)-\sin(2xy)]$；

⑤ $\dfrac{\partial z}{\partial x}=\dfrac{2}{y}\csc\dfrac{2x}{y}$，$\dfrac{\partial z}{\partial y}=-\dfrac{2x}{y^2}\csc\dfrac{2x}{y}$；

⑥ $\dfrac{\partial z}{\partial x}=y^2(1+xy)^{y-1}$，$\dfrac{\partial z}{\partial y}=(1+xy)^y\left[\ln(1+xy)+\dfrac{xy}{1+xy}\right]$；

⑦ $\dfrac{\partial u}{\partial x}=\dfrac{z(x-y)^{z-1}}{1+(x-y)^{2z}}$，$\dfrac{\partial u}{\partial y}=-\dfrac{z(x-y)^{z-1}}{1+(x-y)^{2z}}$，$\dfrac{\partial u}{\partial z}=\dfrac{(x-y)^z\ln(x-y)}{1+(x-y)^{2z}}$；

⑧ $\dfrac{\partial u}{\partial x}=\dfrac{y}{z}x^{\frac{y}{z}-1}$，$\dfrac{\partial u}{\partial y}=\dfrac{1}{z}x^{\frac{y}{z}}\ln x$，$\dfrac{\partial u}{\partial z}=-\dfrac{y}{z^2}x^{\frac{y}{z}}\ln x$.

2. $f_x'(x,1)=1$.

3. ① $\dfrac{\partial^2 z}{\partial x^2}=\dfrac{2xy}{(x^2+y^2)^2}$，$\dfrac{\partial^2 z}{\partial x\partial y}=\dfrac{y^2-x^2}{(x^2+y^2)^2}$，$\dfrac{\partial^2 z}{\partial y^2}=-\dfrac{2xy}{(x^2+y^2)^2}$；

② $\dfrac{\partial^2 z}{\partial x^2}=y^x\ln^2 y$，$\dfrac{\partial^2 z}{\partial x\partial y}=y^{x-1}(1+x\ln y)$，$\dfrac{\partial^2 z}{\partial y^2}=x(x-1)y^{x-2}$.

练习 8. 4

1. ① $\mathrm{d}z=\left(y+\dfrac{1}{y}\right)\mathrm{d}x+x\left(1-\dfrac{1}{y^2}\right)\mathrm{d}y$；

② $\mathrm{d}z=-\dfrac{1}{x}\mathrm{e}^{\frac{y}{x}}\left(\dfrac{y}{x}\mathrm{d}x-\mathrm{d}y\right)$；

③ $\mathrm{d}z=-\dfrac{x}{(x^2+y^2)^{3/2}}(y\mathrm{d}x-x\mathrm{d}y)$；

④ $\mathrm{d}u=zyx^{zy-1}\mathrm{d}x+zx^{zy}\ln x\mathrm{d}y+yx^{zy}\ln x\mathrm{d}z$.

2. ① $0.25\mathrm{e}$；　　② $\dfrac{1}{3}\mathrm{d}x+\dfrac{2}{3}\mathrm{d}y$.

练习 8. 5

1. ① $\dfrac{\partial z}{\partial x}=6(3x-2y)\ln(3x+2y)+\dfrac{3(3x-2y)^2}{3x+2y}$，

$\dfrac{\partial z}{\partial y}=-4(3x-2y)\ln(3x+2y)+\dfrac{2(3x-2y)^2}{3x+2y}$；

② $\mathrm{d}z=\cos(2x-x^2y)[(2-2xy)\mathrm{d}x-x^2\mathrm{d}y]$；

③ $\dfrac{\partial z}{\partial x}=(2y^2+1)(\mathrm{e}^{2xy^2+x}-3)$，$\dfrac{\partial z}{\partial y}=4xy(\mathrm{e}^{2xy^2+x}-3)$.

2. ① $\dfrac{\mathrm{d}z}{\mathrm{d}x}=\dfrac{1+x-x^2}{\mathrm{e}^x}$；

② $\mathrm{d}z=\mathrm{e}^{x}\left(\ln^{2}x+2\mathrm{e}^{x}\ln x+\dfrac{\mathrm{e}^{x}+2\ln x}{x}\right)\mathrm{d}x$.

3. ① $\dfrac{\partial z}{\partial x}=f_1'+2xf_2'$，$\dfrac{\partial z}{\partial y}=f_1'-2yf_2'$；

② $\dfrac{\partial z}{\partial x}=3f_1'-\dfrac{y}{x^2}f_2'$，$\dfrac{\partial z}{\partial y}=\dfrac{1}{x}f_2'$.

4. ① $\dfrac{\mathrm{d}y}{\mathrm{d}x}=\dfrac{\mathrm{e}^{y}}{1-x\mathrm{e}^{y}}$；　② $\dfrac{\mathrm{d}y}{\mathrm{d}x}=-\dfrac{y+x^2y\sin(xy)}{x+x^2y\sin(xy)}$；

③ $\dfrac{\mathrm{d}y}{\mathrm{d}x}=-\dfrac{y^2-\cos x}{\mathrm{e}^{y}-2xy}$；　④ $\dfrac{\partial z}{\partial x}=\dfrac{z}{x+z},\dfrac{\partial z}{\partial y}=\dfrac{z^2}{y(x+z)}$；

⑤ $\dfrac{\partial z}{\partial x}=\dfrac{yz}{\mathrm{e}^{z}-xy},\dfrac{\partial z}{\partial y}=\dfrac{xz}{\mathrm{e}^{z}-xy}$.

5. 提示：用隐函数求导法分别求出$\dfrac{\partial z}{\partial x},\dfrac{\partial x}{\partial y},\dfrac{\partial y}{\partial z}$，然后将它们相乘.

练习 8.6

1. ① 极小值 $z(1,0)=0$；　② 极大值 $z(2,-2)=8$；

③ 极大值 $z(\frac{1}{\sqrt[3]{2}},-\sqrt[3]{4})=-3\sqrt[3]{2}$；　④ 极小值 $z(0,1)=-1$.

2. 生产 120 单位的甲产品和生产 80 单位的乙产品时，工厂可获得最大利润.

3. 长、宽、高分别为$\frac{2}{3}\sqrt{A}$、$\frac{2}{3}\sqrt{A}$、$\frac{1}{6}\sqrt{A}$时，盒子的容积最大.

4. 为了得到更多产品，应该安排 22500 元用于劳动力投入，7500 元用于原材料投入.

练习 8.7

1. $C_x'(50,70)=130$，$C_y'(50,70)=202$.

2. ① $C(80,50)=322000$(元)，$C_r'(80,50)=1300$(元)，$C_s'(80,50)=2800$(元)；

② $R(80,50)=880000$(元)，$R_r'(80,50)=6000$(元)，$R_s'(80,50)=8000$(元)；

③ $L(80,50)=558000$(元)，$L_r'(80,50)=4700$(元)，$L_s'(80,50)=5200$(元).

3. 需求量的价格偏弹性$E_{P_\mathrm{A}}=\dfrac{P_\mathrm{A}}{Q_\mathrm{A}}\dfrac{\partial Q_\mathrm{A}}{\partial P_\mathrm{A}}=-0.75$.

经济意义如下：当商品 B 的价格P_B和消费者收入y保持不变，而商品 A 的价格在此基础上上涨 1%时，商品的需求量Q_A将在相应基础上下降 0.75%.

交叉价格偏弹性$E_{P_\mathrm{B}}=\dfrac{P_\mathrm{B}}{Q_\mathrm{A}}\dfrac{\partial Q_A}{\partial P_\mathrm{B}}=-1.5$.

学习心得

学习心得

经济意义如下：当商品 A 的价格 P_A 和消费者收入 y 保持不变，而商品 B 的价格在此基础上上涨 1%时，商品的需求量 Q_A 将在相应基础上下降 1.5%.

对消费者收入的偏弹性 $E_y=\dfrac{y}{Q_A}\dfrac{\partial Q_A}{\partial y}=0.25$.

经济意义如下：当商品 A 的价格 P_A 和商品 B 的价格 P_B 保持不变，而消费者收入 y 在此基础上上涨 1%时，商品的需求量 Q_A 将在相应基础上增加 0.25%，商品需求量的增幅小于消费者收入的增幅.

习题 8

一、选择题

1. D　　2. A　　3. C　　4. D　　5. C

二、解答题

1. ① $\{(x,y)|x\neq y\}$；

② $\{(x,y)|-2\leqslant x\leqslant 2,-3\leqslant y\leqslant 3\}$；

③ $\{(x,y)|x+y>0且x+y\neq 1\}$；

④ $\{(x,y)|x\geqslant y^2且0<x^2+y^2<1\}$.

2. $f\left(\dfrac{y}{x},xy\right)=\left(\dfrac{y}{x}\right)^{xy}$，$f(x+y,x-y)=(x+y)^{x-y}$.

3. $f'_x(x,b)$ 表示二元函数 $f(x,y)$ 在点 (x,b) 处关于变量 x 的偏导数，$\dfrac{d}{dx}f(x,b)$ 表示一元函数 $F(x)=f(x,b)$ 在点 x 处的导数.

4. ① $\left.\dfrac{\partial z}{\partial x}\right|_{(e,1)}=1,\left.\dfrac{\partial z}{\partial y}\right|_{(e,1)}=e$；　② $\left.\dfrac{\partial z}{\partial x}\right|_{(1,2)}=4+2e^2,\left.\dfrac{\partial z}{\partial y}\right|_{(1,2)}=1+e^2$；

③ $f'_x\left(0,\dfrac{\pi}{4}\right)=-2\ln 3$，$f'_y\left(0,\dfrac{\pi}{4}\right)=0$.

5. 设所求夹角为 β，则 $\tan\beta=\left.\dfrac{\partial z}{\partial y}\right|_{(1,1)}=\left.\dfrac{y}{\sqrt{x^2+y^2+1}}\right|_{(1,1)}=\dfrac{1}{\sqrt{3}}$，故 $\beta=\dfrac{\pi}{6}$.

6. ① $\dfrac{\partial z}{\partial x}=(x^2+2x+a^2)e^{x+y}$，$\dfrac{\partial z}{\partial y}=(x^2+a^2)e^{x+y}$；

② $\left.\dfrac{\partial z}{\partial x}\right|_{\substack{x=1\\y=1}}=2,\left.\dfrac{\partial z}{\partial y}\right|_{\substack{x=1\\y=1}}=-1$；　③ $\left.\dfrac{\partial z}{\partial x}\right|_{\substack{x=2\\y=1}}=\dfrac{1+e^2}{2+e^2}$，$\left.\dfrac{\partial z}{\partial y}\right|_{\substack{x=2\\y=1}}=\dfrac{2e^2}{2+e^2}$.

11. ① $dz=(e^{x-y}-y)dx-(e^{x-y}+x)dy$；

② $dz=y\ln y dx+(x\ln y+x)dy$；

③ $dz=e^{\frac{x^2+y^2}{xy}}\left[\left(2x+\dfrac{x^4-y^4}{x^2y}\right)dx+\left(2y-\dfrac{x^4-y^4}{xy^2}\right)dy\right]$；

④ $dz=2dx+dy$.

12. ① $\frac{\partial z}{\partial x}=ye^{xy}\cdot f_1'+\frac{1}{x+y}\cdot f_2'$，$\frac{\partial z}{\partial y}=xe^{xy}\cdot f_1'+\frac{1}{x+y}\cdot f_2'$；

② $\frac{\partial z}{\partial x}=\frac{y}{2\sqrt{xy}}\cdot f_1'+\frac{1}{y}\cdot f_2'$，$\frac{\partial z}{\partial y}=\frac{x}{2\sqrt{xy}}\cdot f_1'-\frac{x}{y^2}\cdot f_2'$；

③ $\frac{\partial z}{\partial x}=2x\cdot f_1'-\frac{y}{x^2}e^{\frac{y}{x}}\cdot f_2'$，$\frac{\partial z}{\partial y}=-2y\cdot f_1'+\frac{1}{x}e^{\frac{y}{x}}\cdot f_2'$，

$$\mathrm{d}z=\frac{\partial z}{\partial x}\mathrm{d}x+\frac{\partial z}{\partial y}\mathrm{d}y=(2x\cdot f_1'-\frac{y}{x^2}e^{\frac{y}{x}}\cdot f_2')\mathrm{d}x+(-2y\cdot f_1'+\frac{1}{x}e^{\frac{y}{x}}\cdot f_2')\mathrm{d}y；$$

④ $\mathrm{d}z=(3x^2\cdot f-x^3y\sin x\cdot f_1'+x^2\cdot f_2')\mathrm{d}x+(x^3\cos x\cdot f_1'+x^3\cdot f_2')\mathrm{d}y$；

⑤ $\frac{\partial z}{\partial x}=x(1+2\ln xy)e^{2y}+(1+\ln xy)\sqrt{y}e^{y}$，

$$\frac{\partial z}{\partial y}=\left(\frac{1}{y}+2\ln xy\right)x^2e^{2y}+(\frac{1}{\sqrt{y}}+\sqrt{y}\ln xy+\frac{\ln xy}{2\sqrt{y}})xe^{y}+\frac{3}{2}\sqrt{y}.$$

13. ① $\frac{\partial z}{\partial x}=-\frac{z(xyze^{xyz}+1)}{x(xyze^{xyz}+1)}$，$\frac{\partial z}{\partial y}=-\frac{xz^2e^{xyz}}{xyze^{xyz}+1}$；

② $\frac{\partial z}{\partial x}=-\frac{\sin 2x}{\sin 2z}$，$\frac{\partial z}{\partial y}=-\frac{\sin 2y}{\sin 2z}$；

③ $\frac{\partial z}{\partial x}=-\frac{\sqrt{xyz}-yz}{\sqrt{xyz}-xy}$，$\frac{\partial z}{\partial y}=\frac{2\sqrt{xyz}-xz}{\sqrt{xyz}-xy}$；

④ $\mathrm{d}z=\frac{1}{c}(a\mathrm{d}x+b\mathrm{d}y)$；

⑤ $\mathrm{d}z=\frac{\varphi'(u)}{\varphi'(u)+1}(\mathrm{d}x+\mathrm{d}y)$，其中$u=x+y-z$.

16. ① 在点(3，2)处取得极大值 36；

② 在点(3，-2)处取得极大值 30.

17. 两种产品各生产50kg时，总利润最大．最大总利润为 10500 元．

18. 提示：利用拉格朗日乘数法．在约束条件下，$x=10$，$y=5$时能获得最大效益．

第 9 章

练习 9.1

1. 8.

2. ① $I_1\geqslant I_2$；　② $I_1\leqslant I_2$.

3. ① $0\leqslant I\leqslant 16$；　② $36\pi\leqslant I\leqslant 100\pi$.

学习心得

学习心得

练习 9.2

1. ① $\frac{8}{3}$； ② $\frac{2}{9}$； ③ $\frac{20}{3}$； ④ $(e^2-1)(e-1)$；

⑤ $\frac{37}{60}$； ⑥ $\frac{6}{55}$.

2. ① $\int_0^1 dx\int_{x^2}^{x} f(x,y)dy$； ② $\int_1^e dx\int_0^{\ln x} f(x,y)dy$；

③ $\int_0^4 dy\int_0^{\sqrt{y}} f(x,y)dx$；

④ $\int_{\frac{1}{2}}^{2} dy\int_{\frac{1}{y}}^{2} f(x,y)dx+\int_2^5 dy\int_{\frac{1}{2}(y-1)}^{2} f(x,y)dx$；

⑤ $\int_0^1 dy\int_{\sqrt{y}}^{2-y} f(x,y)dx$.

3. ① $\frac{\pi}{4}(2\ln 2-1)$； ② $\frac{8}{15}$.

练习 9.3

1. $\frac{4}{3}$. 2. $\frac{88}{105}$.

习题 9

一、选择题

1. C 2. B 3. D 4. C

5. C 6. D 7. A 8. B

二、填空题

1. 4π. 2. $\frac{1}{6}$. 3. $\frac{2\pi R^3}{3}$.

4. $\iint\limits_D e^{r^2} r dr d\theta$.

5. $\int_0^{2\pi} d\theta\int_1^2 rf(r\cos\theta, r\sin\theta)dr$.

三、解答题

1. $\frac{49}{16}$. 2. $\frac{1}{3}e^3+\frac{5}{3}$. 3. $1-\ln 2$.

4. $\frac{\pi}{4}(2\ln 2-1)$. 5. $\sqrt{2}\left(1-\frac{\pi}{4}\right)$.

第 10 章

练习 10.1

1. ① 一阶； ② 三阶； ③ 二阶； ④ 一阶.

2. ① 是；　② 是；　③ 否.

3. ① $C=-25$；　② $C_1=0, C_2=1$.

4. $y'=x^2$.

练习 10.2

1. ① $y=e^{Cx}$；　② $y^2=2\ln|x|-x^2+C$；

③ $\frac{y-2}{y-1}=Cx$；　④ $e^y=e^x+C$.

2. ① $\ln|x|=C-e^{-\frac{y}{x}}$；　② $y=C\left(\ln\frac{y}{x}+1\right)$.

3. ① $y=x^2(\sin x+C)$；　② $y=Ce^{\frac{x^2}{2}}-e^{-x^2}$；

③ $y=\frac{\sin x+C}{x+1}-\cos x$；　④ $y=Ce^{-3x}+\frac{x}{3}-\frac{1}{9}$.

4. ① $e^y=\frac{1}{2}e^{2x}+\frac{1}{2}$；　② $yx^2=2$；

③ $y=\frac{\pi-1-\cos x}{x}$；　④ $y=\frac{8}{3}-\frac{2}{3}e^{-3x}$.

练习 10.3

1. ① $y=\frac{1}{6}x^3-\sin x+C_1x+C_2$；　② $y=(x-2)e^x+C_1x+C_2$；

③ $y=C_1e^x-\frac{1}{2}x^2-x+C_2$；　④ $y=\tan\left(x+\frac{\pi}{4}\right)$.

2. ① $y=e^{x-1}-x+1$；　② $y=\tan\left(x+\frac{\pi}{4}\right)$.

练习 10.4

1. ①、③线性无关.

2. $y=C_1e^{x^2}+C_2xe^{x^2}$.

3. 略.

练习 10.5

1. ① $y=C_1e^{-2x}+C_2e^x$；　② $y=C_1+C_2e^{4x}$；

③ $y=C_1\cos x+C_2\sin x$；　④ $y=e^{-3x}(C_1\cos 2x+C_2\sin 2x)$.

2. ① $y=4e^x+2e^{3x}$；　② $y=2e^{-\frac{x}{2}}-xe^{-\frac{x}{2}}$；

③ $y=\frac{1}{2}e^{5x}-\frac{1}{2}e^{-5x}$.

学习心得

学习心得

练习 10.6

① $y=-\frac{7}{6}e^{-2x}+\frac{5}{3}e^{x}-x-\frac{1}{2}$；　② $y=2\cos x+x\sin x$.

习题 10

一、选择题

1. B　2. D　3. D　4. B　5. A

二、解答题

1. ① 一阶；　② 二阶；　③ 二阶；　④ 二阶；　⑤ 一阶.

2. ① 否；　② 是；　③ 否.

3. ① $y=Cx$；　② $xy=C$；　③ $e^{x}+e^{-y}+C=0$.

4. ① $y=Ce^{-x}+\frac{1}{2}e^{x}$；　② $y=(x+1)^2\left[\frac{1}{2}(x+1)^2+C\right]$；

③ $y=\sec x\cdot\left(\frac{x}{2}+\frac{\sin 2x}{4}+C\right)$.

5. ① $y=C_1e^{-x}+C_2e^{3x}$；　② $y=C_1e^{2x}+C_2xe^{2x}$；

③ $y=C_1\cos 3x+C_2\sin 3x$.

第 11 章

练习 11.1

1. ① $1+\frac{3}{5}+\frac{2}{5}+\frac{5}{17}+\frac{3}{13}$；　② $\frac{1}{5}-\frac{1}{5^2}+\frac{1}{5^3}-\frac{1}{5^4}+\frac{1}{5^5}$；

③ $\frac{1}{2}+\frac{1\cdot 3}{2\cdot 4}+\frac{1\cdot 3\cdot 5}{2\cdot 4\cdot 6}+\frac{1\cdot 3\cdot 5\cdot 7}{2\cdot 4\cdot 6\cdot 8}+\frac{1\cdot 3\cdot 5\cdot 7\cdot 9}{2\cdot 4\cdot 6\cdot 8\cdot 10}$；

④ $1+\frac{2!}{2^2}+\frac{3!}{3^3}+\frac{4!}{4^4}+\frac{5!}{5^5}$.

2. ① $\frac{1}{2n-1}$；　② $(-1)^{n-1}\frac{n+1}{n}$；

③ $\frac{x^{\frac{n}{2}}}{2\cdot 4\cdot 6\cdot\cdots\cdot 2n}$.

3. ① 发散；　② 收敛；　③ 发散；　④ 收敛.

练习 11.2

1. ① 发散；　② 收敛；　③ 收敛；　④ 收敛；

⑤ 收敛；　⑥ 收敛；　⑦ 收敛；　⑧ 发散.

2. ① 能，反之不成立；　② 略；　③ 略.

练习 11.3

① 条件收敛；　② 条件收敛；

③ 绝对收敛；　④ 绝对收敛；

⑤ 绝对收敛；　⑥ 绝对收敛；

⑦ 当 $p>1$ 绝对收敛，当 $0<p<1$ 条件收敛；

⑧ 绝对收敛.

练习 11.4

1. ① $[-1,1]$；　② $(-\infty,+\infty)$；

③ $[2,4)$；　④ $(-1,1]$.

2. ① $\dfrac{1}{(1-x)^2}, x\in(-1,1)$；　② $\dfrac{1}{2}\ln\dfrac{1+x}{1-x}, x\in(-1,1)$.

3. $\ln 2$.

练习 11.5

1. ① $\sum\limits_{n=0}^{\infty}\dfrac{2^n x^n}{n!}$，$x\in(-\infty,+\infty)$；

② $1+\sum\limits_{n=1}^{\infty}\dfrac{(-1)^n 2^{2n} x^{2n}}{2(2n)!}, x\in(-\infty,+\infty)$；

③ $\sum\limits_{n=0}^{\infty}(-1)^n x^{2n}, x\in(-1,1)$.

2. $\sum\limits_{n=0}^{\infty}\dfrac{(-1)^n (x-2)^n}{2^{n+1}}, x\in(0,4)$.

3. ① $\sin 1\approx 0.8415$；

② $\sqrt[4]{80}\approx 2.9917$.

习题 11

一、选择题

1. B　2. C　3. D　4. B

5. A　6. B　7. C　8. C

二、填空题

1. 0.　2. $\dfrac{17}{36}$.　3. 收敛.　4. 发散.

5. 发散.　6. 收敛.　7. 1.

三、解答题

1. ① 收敛；　② 收敛；　③ 收敛；　④ 发散；

学习心得

学习心得

⑤ 收敛.

2. ① 收敛; ② 收敛; ③ 收敛; ④ 收敛;
⑤ 收敛; ⑥ 收敛.

3. ① 发散; ② 发散; ③ 收敛; ④ 发散.

4. ① 绝对收敛; ② 绝对收敛; ③ 条件收敛; ④ 绝对收敛;
⑤ 条件收敛; ⑥ 发散; ⑦ 绝对收敛; ⑧ 绝对收敛.

5. ① $[-1,1)$; ② $(-1,1)$ ③ $(-\infty,+\infty)$ ④ $(-2,2]$.

6. ① $\sin x=\frac{1}{\sqrt{2}}\left[1+\left(x-\frac{\pi}{4}\right)-\frac{\left(x-\frac{\pi}{4}\right)^2}{2!}-\frac{\left(x-\frac{\pi}{4}\right)^3}{3!}+\cdots\right]$, $x\in(-\infty,+\infty)$;

② $\sum\limits_{n=0}^{\infty}\frac{(-1)^n(x-1)^n}{2^{n+1}}$, $x\in(0,2)$;

③ $e^3\sum\limits_{n=0}^{\infty}\frac{(x-3)^n}{n!}$, $x\in(-\infty,+\infty)$;

④ $\sum\limits_{n=1}^{\infty}\frac{(-1)^{n+1}\cdot 2^{2n-1}}{(2n)!}x^{2n}$, $x\in(-\infty,+\infty)$.

7. ① $s(x)=\begin{cases}-\frac{1}{x}\ln(1-x), & x\in[-1,0)\cup(0,1]\\ 1, & x=0\end{cases}$;

② $s(x)=\frac{1}{(1-x^2)}$, $x\in(-1,1)$.